国家"十二五"重点图书
健康养殖致富技术丛书

鸭健康养殖技术

王生雨　　张风祥　主编

中国农业大学出版社
·北京·

图书在版编目(CIP)数据

鸭健康养殖技术/王生雨,张风祥主编.—北京:中国农业大学
出版社,2013.1

　ISBN 978-7-5655-0642-0

　Ⅰ.①鸭…　Ⅱ.①王…　Ⅲ.①鸭-饲养管理　Ⅳ.①S834

中国版本图书馆 CIP 数据核字(2012)第 300046 号

书　名	鸭健康养殖技术
作　者	王生雨　张风祥　主编

策划编辑	赵　中	责任编辑	潘晓丽
封面设计	郑　川	责任校对	陈　莹　王晓凤
出版发行	中国农业大学出版社		
社　址	北京市海淀区圆明园西路 2 号	邮政编码	100193
电　话	发行部 010-62818525,8625	读者服务部	010-62732336
	编辑部 010-62732617,2618	出 版 部	010-62733440
网　址	http://www.cau.edu.cn/caup	**E-mail**	cbsszs @ cau.edu.cn
经　销	新华书店		
印　刷	涿州市星河印刷有限公司		
版　次	2013 年 2 月第 1 版　2013 年 2 月第 1 次印刷		
规　格	880×1 230　32 开本　10.25 印张　280 千字		
印　数	1~5 500		
定　价	19.00 元		

图书如有质量问题本社发行部负责调换

编写人员

主　　编　　王生雨　张风祥

副 主 编　　程好良　张全臣　殷若新　李惠敏　亓丽红
　　　　　　艾　武　韩　薇

编写人员　　王生雨　张风祥　宫桂芬　程好良　庄志伟
　　　　　　张全臣　张　伟　殷若新　李惠敏　李惠芳
　　　　　　亓丽红　艾　武　韩　薇　吴　俊　刘海军
　　　　　　李红军　吴振林　刘振林　许传宝　韩增寿
　　　　　　李天伟　禚艳书　向华莉　冯亚伟　韩　冰
　　　　　　罗炳强　马中元　宗宪伟　孙　凯　董以雷
　　　　　　孙晓军

发展健康养殖　造福城乡居民

　　近年来,我国养殖业得到了长足发展,同时也极大地丰富了人们的膳食结构。但从业者对养殖业可持续发展的意识不足,在发展的同时,也面临诸多问题,例如养殖生态环境恶化,病害、污染事故频繁发生,产品质量下降引发消费者健康问题等。这些问题已成为养殖业健康持续发展的巨大障碍,同时也给一切违背自然规律的生产活动敲响了警钟。那么,如何改变这一现状? 健康养殖是养殖业的发展方向,发展健康养殖势在必行。作为新时代的养殖从业者,必须提高对健康养殖的认识,在养殖生产过程中选择优质种畜禽和优良鱼种,规范管理,不要滥用药物,保证产品质量,共同维护养殖业的健康发展!

　　健康养殖的概念最早是在 20 世纪 90 年代中后期我国海水养殖界提出的,以后陆续向淡水养殖、生猪养殖和家禽养殖领域渗透并完善。健康养殖概念的提出,目的是使养殖行为更加符合客观规律,使人与自然和谐发展。专家认为:健康养殖是根据养殖对象的生物学特性,运用生态学、营养学原理来指导生产,为养殖对象营造一个良好的、有利于快速生长的生态环境,提供充足的全价营养饲料,使其在生长发育期间,最大限度地减少疾病发生,使生产的食用商品无污染,个体健康,产品营养丰富、与天然鲜品相当;并对养殖环境无污染,实现养殖生态体系平衡,人与自然和谐发展。

　　健康养殖业是以安全、优质、高效、无公害为主要内涵的可持续发展的养殖业,是在以主要追求数量增长为主的传统养殖业的基础上实现数量、质量和生态效益并重发展的现代养殖业。推进动物健康养殖,实现养殖业安全、优质、高效、无公害健康生产,保障畜产品安全,是养殖业发展的必由之路。

　　健康养殖跟传统养殖有很大的区别,健康养殖业提出了生产的规

1

模化、产业化、良种化和标准化。健康养殖要靠规模化转变养殖方式,靠产业化转变经营方式,靠良种化提高生产水平,靠标准化提高畜产品和水产品的质量安全。养殖方式要从散养户发展到养殖小区和养殖场;在生产过程中,要有档案记录和标识,抓好监督和监控,达到生态生产、清洁生产,实现资源再利用;产品要达到无公害标准等。

近年来,我国对健康养殖非常重视,陆续出台了一系列重要方针政策,健康养殖得到快速发展。例如,2004 年提出"积极发展农区畜牧业",2005 年提出"加快发展畜牧业,增强农业综合生产能力必须培育发达的畜牧业",2006 年提出"大力发展畜牧业",2007 年又提出了"做大做强畜牧产业,发展健康养殖业"。同时,我国把发展养殖业作为农村经济结构调整的重要举措和建设现代农业的重要任务,采取了一系列促进养殖业发展的措施,实施健康养殖业推进行动,加快养殖业增长方式转变,优化产品区域布局,实施良种工程,加强饲料质量监管,提高畜牧业产业化水平,努力做好重大动物疫病防控工作,等等。

但是,我国健康养殖研究的广度与深度还十分有限,加上对健康养殖概念理解和认识上存在一定的片面性与分歧,许多具体的"健康养殖模式"尚处于尝试探索阶段。

这套丛书的专家们对健康养殖技术进行系统的分析与总结,从养殖场的选址、投资建设、环境控制以及饲养管理、疫病防控等环节,对健康养殖进行了详细的剖析,为我国健康养殖的快速发展提供理论参考和技术支持,以促进我国健康养殖快速、有序、健康的发展。

有感于专家们对畜禽水产养殖技术的精心设计与打造,是为序。

山东省畜牧协会会长　张幼群

2012 年 10 月 20 日于泉城

前　言

近几年来，我国鸭业发展非常迅速，据 FAO 数据（2010）：鸭存栏 7.90 亿只，占世界存栏量的 66.48%；出栏 20.84 亿只，占世界出栏量的 79.64%；鸭肉产量 273.60 万吨，占世界鸭肉总产量的 68.80%。中国家禽协会根据 FAO 近 10 年的鸭生产统计数据推算出，2011 年我国鸭存栏 8.16 亿只，出栏 21.48 亿只，鸭肉产量 282.05 万吨。从数据看，我国虽然走在世界的前头，但由于技术水平的落后，目前我国家禽平均死亡率较高，尤以育雏期与产蛋后期最为明显，传染病占 80%，普通病占 20%。传染病中的 85% 为病毒病，15% 为细菌病与寄生虫病等。虽然近几年来，国家大力推动规模化、标准化养殖，但对场址选择不严格，不能按照工程防疫建厂设计，如养殖场与场间距过短导致密集不利于防疫，从而疫病流行严重难以控制；另外选场时只考虑土地价格，对地下水质监测不严，严重危害鸭群健康，经常处于细菌超标、氯化物或氟超标，导致鸭群慢性蓄积中毒；由于舍内通风设计管理问题，导致环境气体如二氧化碳、氨气超标；由于对饲料原料管理不严，霉菌污染问题比较严重，鸭群经常发现霉菌中毒的病例。在饲养模式方面，比较传统的饲养模式是水禽水养，不仅造成水的浪费，更重要的是水禽污染的水环境问题比较突出，对人类健康造成威胁；等等。由于饲养和管理问题，鸭群长期处于亚健康状态。2010 年发生的鸭黄病毒，诱因就是选场不严、饲养管理及卫生管理比较差，并首先在这种条件不好的养鸭企业发病，这就是鲜明的事实。

以上存在的这些问题，严重制约着我国鸭业的健康发展。因此，我国对健康养殖已经开始重视起来。从一开始对健康养殖概念模糊，到后来吸收国际家禽健康养殖新理念，20 世纪 60 年代以来"防重于治"的原则已演绎为现今"养重于防，养防结合"发展的健康养殖新理念，也纠正了历来"重医轻养"的陋习。在 20 世纪 90 年代,美国、欧盟、日本先后提出改善家禽饲养环境,提高家禽福利;维护家禽自身免疫机能和健康;为保护禽产品安全,制定更严格的禽产品质量、养禽环境、家禽福利等各项标准。

在我国,健康养殖的概念最早起源于 20 世纪 90 年代中后期的水产养殖,鉴于当时水产养殖在规模化、集约化的快速发展过程中,出现了抗生素的使用量过多、病害严重、水产品存在重大质量安全隐患的背景下,专家学者提出了健康养殖的理念和健康养殖技术措施。随后,国家制定出台了相关政策。在 2003 年《水产养殖质量安全管理规定》中,官方首次对健康养殖进行了界定。为推行无公害化畜牧业生产,提供安全的畜产品,保护人类健康,国家大力推广了水产健康养殖成熟完善的技术,并逐步将该技术延伸到生猪养殖和家禽养殖领域,健康养殖的内容涵盖了健康的种苗、健康的营养、健康的环境、健康的管理、健康的产品。

为尽快推动我国鸭业健康养殖,在得到山东省科技发展计划项目"肉种鸭旱养高效配套技术的研究与应用"(2009 GG10009065)的资助下,组织了部分科研单位科技人员和养鸭企业技术人员编写了《鸭健康养殖技术》。由于作者水平有限,缺点或错误在所难免,敬请同行指正为盼。

作 者
2012 年 9 月

目　录

第一章　我国鸭业生产状况及趋势分析 ……………………… 1
　第一节　我国鸭业生产状况 ……………………………………… 1
　第二节　2012 年我国鸭业趋势分析 …………………………… 12
第二章　鸭健康养殖投资效益分析 …………………………… 19
　第一节　商品鸭健康养殖投资效益分析 ………………………… 19
　第二节　种鸭健康养殖投资效益分析 …………………………… 28
第三章　鸭健康养殖的品种与引种 …………………………… 40
　第一节　鸭健康养殖的我国地方品种 …………………………… 41
　第二节　鸭健康养殖的主要引进品种 …………………………… 69
第四章　鸭健康养殖的营养需要和饲养标准 ………………… 77
　第一节　鸭健康养殖的营养需要 ………………………………… 77
　第二节　鸭健康养殖的饲养标准 ………………………………… 82
第五章　鸭健康养殖的环境控制 ……………………………… 94
　第一节　鸭健康养殖的温度及其控制 …………………………… 94
　第二节　鸭健康养殖鸭舍的湿度及其控制 …………………… 102
　第三节　鸭健康养殖鸭舍内有害气体及影响 ………………… 104
　第四节　鸭健康养殖鸭舍其他环境条件的改善与控制 ……… 110
第六章　健康养殖肉种鸭饲养管理 ………………………… 117
　第一节　健康养殖肉种鸭育雏期的饲养管理 ………………… 117
　第二节　健康养殖肉种鸭育成期的饲养管理 ………………… 132
　第三节　健康养殖肉种鸭产蛋期的饲养管理 ………………… 138
　第四节　健康养殖肉种鸭强制换羽技术 ……………………… 152
第七章　健康养殖商品肉鸭的饲养管理 …………………… 157
　第一节　健康养殖商品肉鸭育雏期的饲养管理 ……………… 157

第二节　健康养殖商品肉鸭育肥期的管理…………………… 167

第八章　健康养殖蛋用鸭饲养管理…………………………… 172

第一节　健康养殖蛋用鸭育雏期的饲养管理………………… 172

第二节　健康养殖蛋用鸭育成期的饲养管理………………… 179

第三节　健康养殖蛋鸭产蛋期的饲养管理…………………… 185

第九章　健康养殖鸭场舍建筑与设计………………………… 197

第一节　健康养殖鸭场场址的选择…………………………… 197

第二节　健康养殖鸭场区划布局和建筑设计………………… 200

第十章　健康养殖鸭的疾病…………………………………… 210

第一节　健康养殖鸭疫病发生及流行规律…………………… 210

第二节　健康养殖鸭场生物安全控制措施…………………… 213

第三节　健康养殖鸭的病毒病………………………………… 224

第四节　健康养殖鸭的细菌病………………………………… 247

第五节　健康养殖鸭的寄生虫病……………………………… 265

第六节　健康养殖鸭的营养代谢病…………………………… 276

第七节　健康养殖鸭的其他常见病…………………………… 288

第八节　健康养殖鸭常见疾病的鉴别诊断…………………… 301

第九节　健康养殖鸭的抗体检测与药敏试验………………… 303

参考文献………………………………………………………… 315

第一章

我国鸭业生产状况及趋势分析

第一节　我国鸭业生产状况

一、我国鸭业生产的基本情况

FAO 数据（2010）显示，鸭存栏 7.90 亿只，占世界存栏量的 66.48%，出栏 20.84 亿只，占世界出栏量的 79.64%，鸭肉产量 273.60 万吨，占世界鸭肉总产量的68.80%。中国家禽协会根据 FAO 近 10 年的鸭生产统计数据推算分析，2011 年我国鸭存栏 8.16 亿只，出栏 21.48 亿只，鸭肉产量 282.05 万吨。2000—2011 年我国的鸭存栏量和出栏量与世界鸭存栏量和出栏量的对比图见图 1-1、图 1-2。2000—2011 年我国与世界鸭肉产量的对比图见图 1-3。

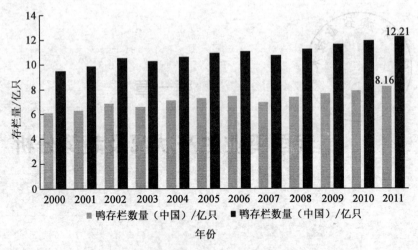

图 1-1　2000—2011 年我国与世界鸭存栏量对比图

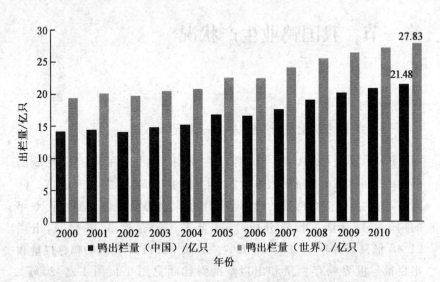

图 1-2　2000—2011 年我国与世界鸭出栏量对比图

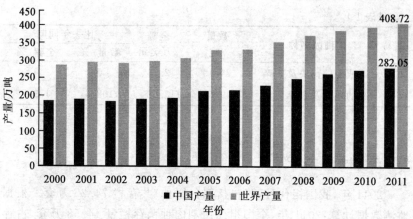

图 1-3 2000—2011 年我国与世界鸭肉产量对比图

二、我国鸭产品的贸易情况

2011 年我国鸭产品的进出口情况:出口冰鲜鸭 2.18 万吨,同比增长 5.7%;冻鸭 4 085.02 吨,同比增长 14.1%;出口冰鲜鸭块及杂碎 8.26 吨,同比增长 77.6%;冻鸭块及杂碎 3 052.6 吨,同比增长 42.7%;鲜鸭蛋 12.63 吨,同比减少 50.1%;进口冰鲜鸭块及杂碎 24.49 吨;进口冻的鸭块及杂碎 1 049.63 吨,同比增加 102.6%。见表 1-1。

表 1-1 2011 年我国鸭产品的贸易情况

贸易	商品名称	数量/吨	金额/万美元	比去年同期 数量/%	比去年同期 金额/%
出口	整只的鲜、冷鸭	21 806.20	4 192.89	5.7	27.1
	整只的冻鸭	4 085.02	812.04	14.1	46.2
	鲜、冷的鸭块及杂碎	8.26	3.48	77.6	211.9
	冻的鸭块及杂碎	3 052.60	612.15	42.7	51.8
	鲜鸭蛋	12.63	1.33	−50.1	−24.4

续表 1-1

贸易	商品名称	数量/吨	金额/万美元	比去年同期	
				数量/%	金额/%
进口	鲜或冷的鸭块及杂碎	24.49	2.74	0	0
	冻的鸭块及杂碎	1 049.63	113.62	102.6	139.7

三、种鸭情况

2011年,我国祖代种鸭(包括部分原种)共存栏74.25万套。根据监测数据计算:2011年,全国祖代白羽肉种鸭存栏量44.58万套,占存栏总数的60.04%;地方鸭存栏29.67万套,占存栏总数的39.96%。表1-2是2011年各类别祖代种鸭(包括部分原种)存栏数量及比重。

表1-2   2011年各类别祖代种鸭(包括部分原种)存栏数量及比重

类别	存栏数量/万套	比重/%
白羽肉鸭	44.58	60.04
地方鸭种	29.67	39.96
合计	74.25	100

在地方鸭种中(32个),绍兴鸭比重最大,存栏10.52万套,占总数的35.46%。存栏数量超1万套的品种有绍兴鸭、金定鸭、中国番鸭、临武鸭、吉安红毛鸭、高邮鸭、山麻鸭。表1-3是2011年地方种鸭(包括部分原种)存栏数量及比重。

表1-3   2011年地方种鸭(包括部分原种)存栏数量及比重

类别	存栏数量/万套	比重/%
绍兴鸭	10.52	35.46
中国番鸭	4.50	15.17
高邮鸭	3.60	12.13

续表1-3

类别	存栏数量/万套	比重/%
山麻鸭	2.40	8.09
吉安红毛鸭	2.19	7.38
临武鸭	2.10	7.08
金定鸭	1.76	5.93
其他	2.60	8.76
合计	29.67	100

四、价格情况

采集山东、广东、四川、江苏、安徽、河南、广西、湖北八省（自治区）的鸭苗和毛鸭的价格数据分析，2011年我国鸭苗价格呈现"M"型波动，全年的平均价格为4.31元/只。1月份鸭苗入市价格较低，但受季节因素的拉动，价格随之上扬，到3月中旬鸭苗的销售价格达到了全年的最高点6.76元/只。随后受季节性因素的影响，销售价格一路下滑到5月下旬的1.32元/只，后触底反弹，9月中旬又达到了一个小高峰6.33元/只，随后下滑，到12月中旬达到了全年的最低点0.69元/只。2011年商品鸭苗销售的价格较乐观，虽没有达到2010年鸭苗销售价格，但全年平均来看，价格还算平稳，养殖企业利润较为可观。

2011年1～12月份我国鸭苗价格走势见图1-4。

2011年我国毛鸭的价格整体波动不大，全年毛鸭的平均价格为2.07元/千克。受节假日、季节的影响，毛鸭价格的波动和鸭苗波动基本一致，但波动幅度小，整体呈现平稳。另据了解，受疫病和市场供求关系的影响，福建肉用番鸭市场行情自2011年6月份起逐步低迷，价格一路下滑，市场进入微利时代，甚至亏损。2011年我国毛鸭价格走势见图1-5。

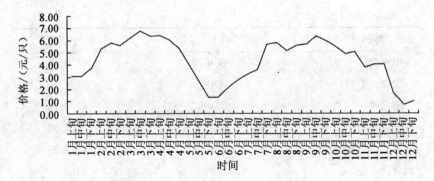

图 1-4　2011 年我国鸭苗价格走势图

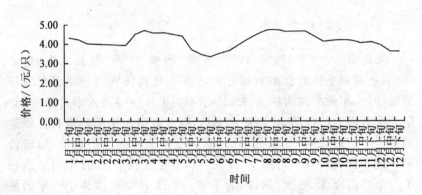

图 1-5　2011 年我国毛鸭价格走势图

五、白羽肉种鸭监测情况

中国家禽协会自 2011 年 10 月 1 日开始启动了监测全国部分白羽肉鸭企业的生产数据工作。2011 年全国白羽肉鸭祖代存栏量约 44.58 万套;父母代雏鸭销售量为 2 006 万套(45 套/祖代),销售价格平均为 24.86 元/套。商品代雏鸭销售量为 26.08 亿只,销售价格(10~12 月份)为 3.68 元/只,见图 1-6 至图 1-11。

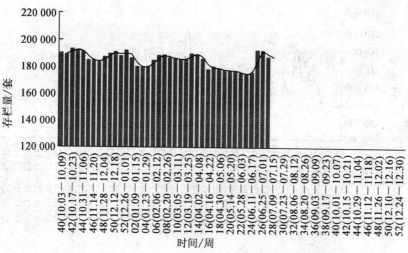

图 1-6　全国部分在产祖代白羽肉种鸭存栏量走势图

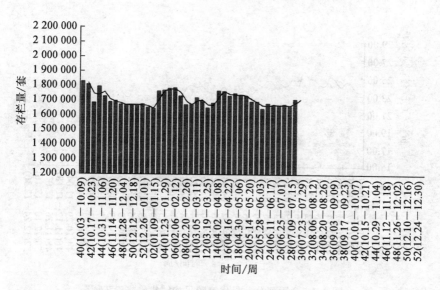

图 1-7　全国部分在产父母代白羽肉种鸭存栏量走势图

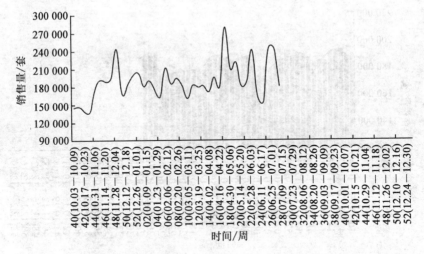

图1-8　全国部分父母代肉雏鸭销售量走势图

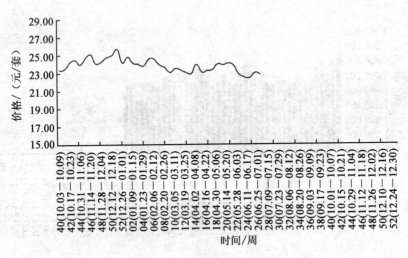

图1-9　全国部分父母代雏鸭平均销售价格走势图

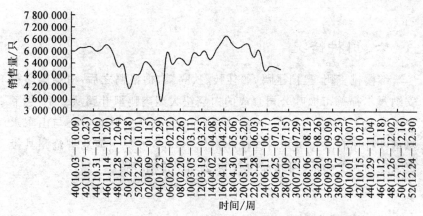

图1-10 全国部分在产父母代场商品代肉雏鸭销售量走势图

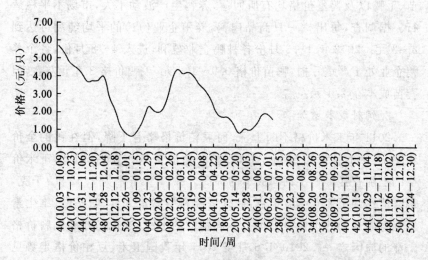

图1-11 全国部分在产父母代场商品代肉雏鸭销售价格走势图

六、引种情况

继樱桃谷鸭、奥白星鸭、丽佳鸭、狄高鸭、梅格鸭之后,由美国印第安纳州尔福德市枫叶公司育成的白羽快大型肉鸭枫叶鸭从 2010 年下半年开始,正式进入中国市场。2011 年,北京金星鸭业中心与山东永惠枫叶种鸭有限公司共引进枫叶祖代鸭 38 500 只。河北省沧州县投资兴建的阿戈热乐(河北)禽业有限公司引进南特鸭。

七、发展特点

1. 盈利空间有限,市场不平稳

经历了 2010 年的鸭苗、毛鸭以及鸭蛋价格的高峰期后,2011 年鸭苗、毛鸭以及鸭蛋价格均有所回落,养鸭生产波动不大,市场不平稳运行。据调查,每出栏一只商品肉鸭,养殖企业(户)的平均纯利可达到 2～3 元。2012 年 1～3 月份各种鸭企业盈利,进入 4～8 月份,各个养鸭企业处于严重亏损,鸭苗价格 0.9～1.9 元,毛鸭价格 3.8 元左右,但鸭苗成本在 2.4 元左右。

2. 饲料成本增加

2011 年玉米价格不断上涨,而豆粕价格略有下降,但在鸭的全价料中,玉米的含量为 65% 左右,豆粕的含量为 20% 左右,因此,玉米价格的上涨直接影响了饲料成本的提高。2011 年玉米为 2.42 元/千克,最高值达到了 2.59 元/千克,此外浓缩料中微量元素、氨基酸、维生素等饲料添加剂的价格也出现了不同程度的上涨,这也是导致饲料价格上涨的原因之一。2010 年 6 月至 2011 年我国玉米、豆粕价格走势见图 1-12。

3. 人工成本增加

2011 年养鸭业乃至整个养殖业,"用工荒"现象依然存在,自 2010

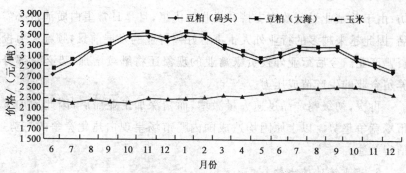

图1-12　2010年6月至2011年我国玉米、豆粕价格走势图

年下半年开始,该现象尤为严峻,成为养殖场普遍面临的难题。据调查了解,2011年养殖人员的月平均工资从1 500元上涨到2 500元,即便是这样仍然很难招到人,有一定养殖经验的人员工资最低要求在3 000元以上。

4.疫病难以控制

自2010年6月份以来,我国部分地区多发"黄病毒病",这是主要危害种鸭和蛋鸭的疾病,多呈现突发性采食量和产蛋量急剧下降、不同程度死亡以及商品代肉鸭死淘率高等特点,给鸭产业带来了较为严重的损失。根据国家水禽产业技术体系的调研数据显示,约有1.2亿只蛋鸭和1 500多万只肉种鸭发病。但流感变异难以控制,疫病发生没有季节性,全年都有发生;鸭肝炎、鸭瘟、细菌性疾病如大肠杆菌病发病频繁,各种药物治疗效果不好。

5.鸭业市场竞争激烈

首先,由于我国鸭业生产和消费的区域相对集中。我国鸭业生产主要集中在山东、江苏、广东、广西、湖南、湖北、四川等地区,使众多鸭生产企业的竞争相对集中在这些区域。

其次,鸭业行业外投资增加,规模化养殖企业数量增多。2011年,中国家禽协会曾经多次接待有意愿投资鸭业生产的投资咨询公司的来访;由于养殖业受到政府支持和税收的优惠,且是日常蛋白质消费必需品,因此越来越多的行业外人士都看好鸭行业的发展前景,频频大力投资鸭产业。今后行业外投资家禽业的现象还将继续增加,势必对部分养殖企业的生产造成压力。

再次,初级鸭产品迅速大量激增,而精深加工业滞后,因此增加了市场竞争趋势。以上原因均造成国内鸭市场呈现白热化竞争的态势,值得关注。

6.产业链延伸出效益

养鸭企业在坚持规模化、标准化等多元化生产模式的同时,围绕增值增效,提升产业化经营水平,开创了一系列的经营模式:种植＋养殖＋加工、龙头企业＋养殖合作社＋养殖户、饲料＋鸭肉＋鸭蛋＋鸭绒＋肥料＋能源＋种植、种植＋养殖＋加工＋销售＋研发＋推广＋服务,等等,这些经营模式使企业产业链得到有效延长,企业资源得到了充分、循环利用,增强了企业的抗风险能力,提高了企业的经济效益和行业竞争力。

第二节　2012年我国鸭业趋势分析

一、2012年上半年我国鸭业的生产状况

1.祖代生产情况

参与数据监测企业的白羽肉种鸭祖代存栏量占全国白羽肉种鸭祖代存栏量的42.41％左右,平均存栏量为183 265套。2012年第1～26周全国部分在产祖代白羽肉种鸭存栏量走势见图1-13。

2012年上半年全国在产祖代种鸭平均存栏量432 126套,参与监

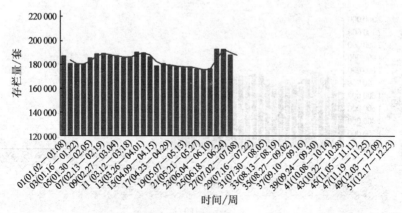

图 1-13　2012 年第 1～26 周全国部分在产祖代白羽肉种鸭存栏量走势图

测企业的祖代种鸭存栏量稳中有降,是属于正常的季节性调整和生产淘汰,预计下半年祖代存栏量将有所恢复。再结合监测企业的父母代雏鸭销售情况来看,第二季度在祖代种鸭存栏量有所下降的情况下,父母代雏鸭的销售量却大幅增加,可以看出祖代种鸭整体的供应量和供应水平仍有较大的增长空间。

2. 父母代生产情况

参与监测企业父母代平均存栏量为 713 422 套。2012 年第 1～26 周全国部分在产父母代白羽肉种鸭存栏量走势见图 1-14。

2012 年上半年,全国在产父母代平均存栏量约为 2 000 万套。监测企业父母代种鸭存栏量和祖代存栏量走势基本一致,稳中有降,属于正常的季节性调整和生产淘汰,预计下半年父母代种鸭存栏量也将有所恢复。

从监测企业的生产情况,结合商品代雏鸭的销售情况来看,第二季度也是在父母代种鸭存栏量有所下降的情况下,商品代雏鸭的销售量却有所增加,可以看出父母代种鸭整体的供应量和供应水平有增长空间。2012 年第 1～26 周全国部分父母代白羽肉雏鸭总销售量为 504.58 万套,走势见图 1-15。

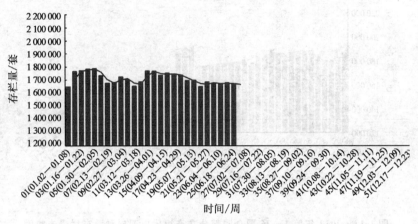

图 1-14　2012 年第 1～26 周全国部分在产父母代白羽肉种鸭存栏量走势图

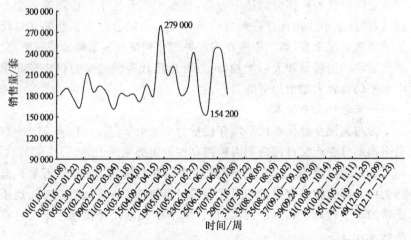

图 1-15　2012 年第 1～26 周全国部分父母代白羽肉雏鸭总销售量走势图

3.父母代、商品代销售价格

（1）2012 年上半年父母代雏鸭平均销售价格为 23.92 元/只,其平均价格走势见图 1-16。

2012 年上半年,父母代雏鸭的销售季节性变化较为明显,春季需

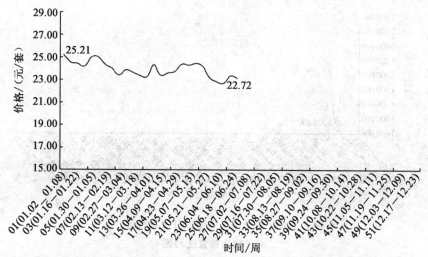

图 1-16　2012 年上半年父母代雏鸭平均销售价格走势图

求量较小;父母代雏鸭销售计划性较强,种蛋较少出现转商的情况,价格完全由市场的供需决定。从监测企业情况来看,一季度生产量较低,但是需求量也较低,因此价格也一路走低。二季度生产量大幅增加,而需求量未见明显增加,价格恢复乏力;以上原因造成 2012 年上半年父母代雏鸭销售价格整体走低。预计下半年父母代雏鸭销售量会随之增加,但价格出现大幅增长的可能性不大。

(2)2012 年上半年全国部分父母代场商品代肉雏鸭共销售 14.67 亿只,平均销售价格为 2.22 元/只。其销售量、平均销售价格走势见图 1-17、图 1-18。

商品代肉雏鸭价格波动较大,受节日效应和季节效应的影响比较明显。因为 3 月初大中院校开学,白羽肉鸭的需求量有所增加;春节后养殖户补栏积极性增加,商品代雏鸭的需求量也持续增加;但在生产量没有大幅增加的情况下,雏鸭价格开始持续上涨。在行情结束之后,价格开始高位回调,3 月份以后需求没有大幅的增加,而雏鸭的供应量持续增加,雏鸭销售价格开始一路走低。直到 5 月底价

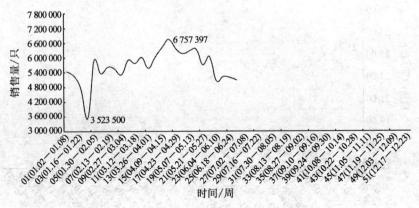

图 1-17 2012 年上半年全国部分父母代场商品代肉雏鸭销售量走势图

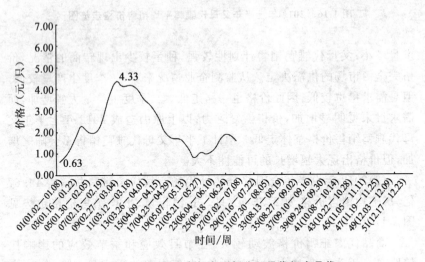

图 1-18 2012 年上半年全国部分父母代场商品代肉雏鸭平均销售价格走势图

格才开始恢复上涨,主要得益于端午节市场消费补栏的拉动,养殖户补栏积极性有所增加。预计下半年价格将会继续波动调整,整体价格还有上涨的空间。

二、2012 年下半年趋势分析

1. 国内外品种不断增加，共舞中国鸭市场

樱桃谷鸭自 20 世纪 80 年代进入中国市场以来，其市场份额不断扩大，目前其市场占有量达 70％以上。法国奥尔维亚公司培育的 ST5 南特鸭引进中国市场，美国枫叶鸭公司改进的白羽快大型肉鸭——枫叶鸭也已引进中国市场。

2. 行业内外投资增加，规模化养殖企业数量增多

今后行业内外投资的现象还将继续增加，政府支持，税收优惠，消费潜力巨大，行业外人士都看好家禽行业，但势必对部分小养殖企业的生产造成压力。

3. 品牌产品将更受到消费者的青睐

鸭产品素有绿色食品之称，每发生一起食品安全事件，就会牵动消费者的神经，消费者更愿意购买那些知名品牌的产品。因此，在未来的鸭消费市场将出现"品牌＝市场"的趋势。

4. 鸭产品效益"稳中有降"

2012 年，玉米等饲料原料价格的居高不下以及养殖人员成本上涨的影响，挤压养殖者的利润空间。2012 年又恰逢鸭产业的"小年"，鸭产品的效益将不及 2011 年。

5. 消费市场将进一步扩大

鸭与蛋鸡和肉鸡相比具有更强的抗病能力，因此用药少，药残少，顺应了消费者的消费趋势，鸭肉消费在整个肉类消费中的比例呈上升态势。

广东、广西两省（自治区）的"烧鸭"深受消费者的喜爱，每年两省（区）出栏肉鸭 3 亿～4 亿只，几乎全部用于"烧鸭"。四川、浙江、江西三省的居民年食用各种肉鸭食品约 7 亿只。北京全聚德"烤鸭"驰名中外，年消费量超过 500 万只。南京被誉为中国的鸭都，"盐水鸭"类食品

年产量已经达到 6 000 万只。武汉的精武鸭脖、周黑鸭近年来闻名全国,仅精武鸭脖在武汉及周边县市年消费量达到 8 000 万只。

6.行业发展将更趋向组织化

近年来,由龙头企业牵头、能人挂帅,组建了各类鸭经济合作组织,使各省、各企业之间鸭产业的环节实现有效衔接和沟通。许多地方政府也积极支持发展当地的鸭专业合作社建设,在项目、资金、政策上给予支持,并进行区域化布局和组织,加快了这些地区鸭业有序发展的步伐。

总之,2012 年的鸭产业将存在波动,但在第四季度可能出现小的转机。

思考题

1.2011 年我国鸭业生产的基本情况和鸭产品的进出口情况是什么样的?

2.2011 年我国鸭苗和毛鸭的价格走势如何?

3.2011 年我国部分白羽肉种鸭企业其祖代存栏量和父母代、商品代雏鸭的销售量及价格走势是什么样的情况?

4.2012 年上半年我国鸭业的生产状况如何? 下半年又将如何发展?

第二章

鸭健康养殖投资效益分析

世界水禽业中,鸭为全世界饲养数量最多的水禽,我国又是世界肉鸭养殖量最大的国家。近几年来,由于饲养肉鸭的成本比肉鸡低,取得的经济效益比肉鸡大,平均每只为 1.5～2.5 元。随着对鸭子消费越来越大,致使我国肉鸭业的发展速度很快,涌现出一大批优秀的肉鸭一条龙企业,加快了养鸭业的健康发展,同时也推动肉种鸭养殖向规模化、集约化、正规化发展。

第一节 商品鸭健康养殖投资效益分析

一、商品肉鸭健康养殖前期投资分析

1.固定投资

按照现阶段较为先进的养殖模式,建设水泥立柱、水泥硬化地

面,采用网上养殖、自动上水、自由采食的养殖方式,棚顶采用两层塑料布、两层草席,每平方米需要投资 46 元左右(包括棚内其他设施),这样,建设饲养 2 500 只鸭的鸭舍,需要 500 米²,投资近20 000 元左右。建设一座标准化养鸭场鸭舍需要的建筑材料见表 2-1。

表 2-1 建设一座标准化养鸭场鸭舍需要的建筑材料(50 米×10 米)

	材料		规格	单价	数量	合计
棚舍部分	空心砖(山墙)		40 厘米	0.7 元	600	420 元
	立柱 (地上部分)		2.3 米	2.5 元/米	14×2＝28(根)	161 元
			3.2 米	2.5 元/米	14×2＝28(根)	224 元
			3.5 米	2.5 元/米	14×2＝28(根)	245 元
	过梁		5 米	2.5 元/米	28 根	350 元
	普通膜		7 丝	7 元/斤	190 斤	1 330 元
	竹竿	小竹	7 米/根	3.7 元/根	300 根	1 110 元
		大竹	9 米/根	20 元/根	40 根	800 元
	雾滴膜		7 丝	7 元/斤	190 斤	1 330 元
	草毡		长 11 米, 宽 1.5 米	14 元/条	36 条	504 元
	毛毡		500 克/米²	2.2 元/米²	500 米²	1 100 元
	通气孔		0.3×0.7/个	40 元/个	12 个	480 元
	107 胶	水泥	普通	20 元/袋	12 袋	240 元
		白灰	普通	10 元/袋	4 袋	40 元
		107	普通	2 元/斤	200 斤	400 元
工费			50 米	19 元/米		950 元

续表2-1

	材料	规格	单价	数量	合计
棚内部分	镀锌钢丝	12#	2.4元/斤	7 500米	1 800元
	花连挂钩		3元/个	90个	270元
	塑料网	中空	12元/千克	550千克	6 600元
	钢丝	12#	2.5元/斤	35斤	87.5元
	照明设施	电线/闸/表/保护器			350元
	水管	25#(4米)	2元/米	200米	400元
	自动饮水器	普通	12元/个	32个	384元
	料盘	大型	6元/个	56个	336元
		中型	3.5元/个	50个	175元
	雏用饮水器	小型	2元/个	50个	100元
	总计				19 508.5元

注:1斤=0.5千克。

2.流动资金

按照目前山东某著名一条龙(种苗、饲料、兽药、技术、回收等)服务企业提供的价格,鸭苗款为7元/只,饲养2 500只鸭需要1.75万元;饲料7千克/只,共计3.5万元。总计流动资金5.25万元。

初期投资=流动资金(5.25万元)+固定投资(2万元)

二、商品肉鸭健康养殖成本分析

肉鸭养殖成本主要包括鸭苗成本、饲料成本、碳费、抓鸭费、棚舍及养殖器具折旧费、水电费、垫料费等。其中饲料成本占比最大,其次是鸭苗成本,这两项成本大约占到整个肉鸭养殖成本的95%。下面以山东省2011年、2012年两年的市场平均价格对各种成本进行计算,从而得到平均饲养成本。

1. 鸭苗成本

以山东地区某大型公司近两年价格为例,分析鸭苗成本,见表 2-2。

表 2-2　济南、潍坊、徐州三地近两年价格分析　　　　　元/只

年份	济南	潍坊	徐州	平均
2011	4.38	3.83	4.16	4.12
2012	2.35	1.91	2.18	2.15

从表 2-2 中得知,2011 年单只鸭苗成本是 4.12 元;2012 年单只鸭苗成本 2.15 元。

2. 饲料成本

(1)肉鸭饲养饲料单只用量明细,见表 2-3。

表 2-3　肉鸭饲养饲料单只用量明细　　　　　千克

饲料成本	日　龄			合计用量
	0～17	18～32	33 至出栏	
理论饲料用量	1.2	2.8	3.0	7.0
2011 年饲料用量	1.2	2.82	1.75	5.77
2012 年饲料用量	1.2	2.8	1.56	5.56

(2)肉鸭饲养饲料单只成本,见表 2-4。

表 2-4　肉鸭饲养饲料单只成本

饲料成本	日　龄			合计成本
	0～17	18～32	33 至出栏	
理论饲料成本	3.69	8.4	8.97	21.67
2011 年饲料成本	3.49	8.15	5.08	16.72
2012 年饲料成本	3.83	8.63	4.74	17.20

（3）饲料使用阶段饲料类型的变化，见表2-5。

表2-5　饲料使用阶段饲料类型的变化情况

日龄	饲料类型
0～17	548
18～32	549
33 至出栏	549f

饲料单价（元/吨）根据饲料原料和季节变化有不同幅度的升降，2011 年至 2012 年 7 月份，各类型饲料价格变化趋势：548 在 3 050～3 390 元/吨；549 在 2 915～3 255 元/吨；549f 在 2 865～3 215 元/吨。2008—2012 年山东某公司鲁西北片区合同鸭料价格趋势见图 2-1。

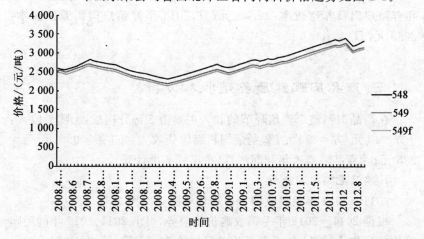

图 2-1　2008—2012 年山东某公司鲁西北片区合同鸭料价格趋势图

3. 药品成本

肉鸭饲养药品单只成本，见表2-6。

4. 其他成本

肉鸭单只饲养其他成本，见表2-7。

表 2-6　肉鸭饲养药品单只成本　　　　　　元/只

类型	正常鸭	发病鸭	大约成本
2011 年药品成本	0.7	1.3	0.81
2012 年药品成本	0.85	1.4	1.00

表 2-7　肉鸭单只饲养其他成本　　　　　　元

类型	碳费	抓鸭费	棚舍及养殖器具折旧费	水电、垫料费	合计成本
单只成本	0.15~0.2	0.12~0.15	0.35	0.15~0.17	0.77~0.87

根据以上数据分析,可分别算出 2011 年养殖户肉鸭养殖成本:22.42 元/只;2012 年养殖户肉鸭养殖成本:21.15 元/只。合作社 2011 年养殖户肉鸭养殖成本:22.45 元/只,2012 年养殖户肉鸭养殖成本:20.9 元/只。

三、商品肉鸭健康养殖收入分析

在商品肉鸭整个养殖环节的收入主要由 3 部分构成:①鸭粪收入:8 方×40 元/方=320 元;②剩余饲料编织袋收入:450 条×0.5 元/条=225 元;③商品鸭养殖年利润测算(按出栏 6 批计算)。

1. 单只毛鸭收入分析

2011—2012 年毛鸭收购价格趋势见图 2-2、图 2-3。

根据 2011—2012 年毛鸭收购价格趋势,得出 2011、2012 年的毛鸭平均单只售价:2011 年毛鸭平均单只售价 25.33 元/只;2012 年毛鸭平均单只售价 22.80 元/只。

2011 年毛鸭成活率 95.93%,2012 年毛鸭成活率 95.64%。根据公式,单只毛鸭的养殖毛收入=毛鸭平均单只售价×毛鸭成活率,得出 2011 年单只毛鸭收入 24.30 元;2012 年单只毛鸭收入 21.80 元。

2. 单只毛鸭利润

由公式:效益=收入-支出,可得出养殖户 2011 年单只毛鸭平均

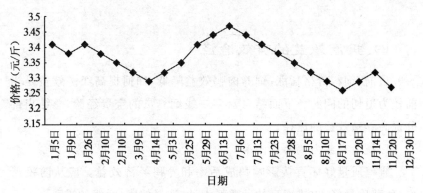

图 2-2　2011 年的毛鸭收购价格趋势

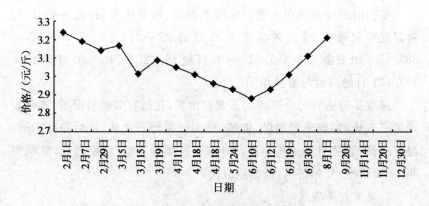

图 2-3　2012 年的毛鸭收购价格趋势

利润 1.88 元,2012 年单只毛鸭利润 0.9 元。

　　3.商品肉鸭健康养殖效益测算

　　由以上数据得出 50 000 只鸭效益数据:固定投入 2.0 万元,流动资金 5.25 万,纯收入(2 500 只鸭):31 470 元(2011 年),16 770 元(2012 年)。

四、提高效益的有效途径

目前,饲料价格猛涨,饲养肉鸭效益降低,如何提高经济效益是当前较为迫切的问题。下面结合众多一线饲养员的宝贵经验,总结出部分提高养殖效益的途径。

1. 提高商品肉鸭的成活率

雏鸭质量好坏直接影响鸭成活率和养鸭经济效益。应从防疫严格、种鸭质量好、出雏率高的种鸭场引种,选择健康、活泼的雏鸭。

2. 合理控制温度

雏鸭的神经系统和生理机能很不健全,调节机能弱,抗病能力差,对温度变化敏感,适宜的温度为:3日龄28～31℃,4～7日龄25～28℃,7～10日龄22～25℃,11～15日龄19～22℃,16～20日龄17～19℃,21日龄以后与室温相同。

温度是否适宜可由雏鸭动态观察出来,在适宜温度情况下,雏鸭表现为三五成群,或单羽躺卧、伸腿、伸头颈呈舒展之状,食后静卧无声;温度过高,雏鸭自动远离热源,张嘴喘气,烦躁不安;温度过低,雏鸭尖叫,集聚成堆,互相挤压,极易造成伤亡。

3. 适宜饲养密度

密度过稀温度不易掌握,密度过大造成雏鸭拥挤、生长受阻,也易造成疾病的传播,影响增重,大小参差不齐。较适宜的密度:1周龄15～20只/米²,2周龄10～15只/米²,3周龄10只/米²,3周龄以后5～7只/米²。

4. 保证充足光照

光照时间过长,会影响鸭休息;过短不利于鸭正常采食及早期管理。最好头3天光照,使鸭群顺利开食,保证每羽鸭能够采食足够的日粮,也便于饲养人员观察、调教,第4天后每天减少0.5小时,最后保持每天夜间 23：00～24：00 熄灯，早晨 5：00～6：00 开灯。

5.良好的通风

鸭在呼吸、代谢、排泄过程中产生二氧化碳、氨气、硫化氢等有害气体，积聚在室内会影响其生长发育及生产性能，也会导致各种疾病发生，因此鸭舍要有通风设施。朝阳处的窗户要低些，背阳处要高些，便于空气对流。

6.减少饲料浪费，提高饲料报酬

建议使用全价配合饲料。制定饲料配方时，要根据各品种的饲养标准，当地的饲料来源、种类进行合理搭配，做到营养既全面，价格又低廉。

为防食槽内饲料剩余，造成浪费和腐败变质，喂料时要少喂勤添，吃完再添。一般 1～3 日龄白天每隔 1.5～2 小时喂 1 次，晚上共喂 3 次。

随着日龄增大而逐渐减少喂料次数。到 10 日龄白天喂 4 次，晚上喂 2 次，11～20 日龄每昼夜喂 4 次，21～30 日龄喂 3～4 次。最初 3 天喂饱，以后则以吃饱为原则。每次喂料后让雏鸭饮水。必须保证终日不断供应饮水。

7.上市日龄选择

应根据销售对象来定，而且达到上市体重后应尽快出售，肉鸭在周龄以后上市料肉比增高，多喂几天都是不经济的，如果不是以分割肉出售或出口，则以 7 周龄上市最为理想。

五、养殖风险

肉鸭养殖属于中等风险的项目。主要有以下几种风险：一是肉鸭属于生长快的家禽，在较短时间内就可以出栏，管理上和销售上必须具有专业的技术和经验；二是肉鸭的疫病比较多，如果防治不及时，可能造成大面积的死亡；三是肉鸭的销售渠道比较窄，在市场波动的情况下，往往造成较大的损失。

第二节　种鸭健康养殖投资效益分析

一、种鸭健康养殖前期成本分析

种鸭场按中等规模设计，每年四批：可分为 140 套＋90 套＋90 套＋140 套＝460 套，第二年循环引进，引进时间：3 月 1 日、6 月 1 日、9 月 1 日、12 月 1 日。每年可出 660 万～680 万只苗。

1. 种鸭场投资

包括鸭舍建设、办公场地、养殖场土地、道路、水电设施等投资费用。

(1)鸭舍建设成本。64 000 只÷4 只/米²＝16 100 米²。16 100 米²×200 元/米²≈320 万元。

(2)办公室、仓库建设成本：1 000 米²×200 元/米²＝20 万元。

(3)养殖场土地投资：办公室：6 米×20 米＝120 米²；仓库：8 米×20 米＝160 米²；食堂：8 米×20 米＝160 米²；澡堂：6 米×6 米＝36 米²；鸭活动场地：16 100 米²；生活区地面：320 米×20 米＝6 400 米²；道路、围墙≈10 亩。总占地：70 亩。租金：70 亩×1 200 元/亩＝8.4 万元。

(4)道路(6 米×120 米＋生活区地面 6 400 米²)×30 元/米²≈20 万。

(5)其他费用：2 台 50 千瓦发电机；4 口机井：2 万元；围墙：20 万元。

2.孵化场投资

每年出苗 660 万～680 万苗,每天可上孵两箱。

(1)孵化箱 52 个＋备用 2 个＝54 个;出雏箱 10 个＋备用 2 个＝12 个;费用为 66 个×2.2 万元/个≈150 万元。

(2)洗蛋机 1 台:4 万元。

(3)发电机:500 千瓦设备＋300 千瓦空调,800～1 000 千瓦,或 2 台 500 千瓦＋2 台变压器＋附件≈100 万元。

(4)厂房建设:200 米×20 米＝4 000 米²。4 000 米²×300 元/米²＝120 万元。

(5)空调设施、管道:约 80 万元。

(6)办公室、宿舍、食堂、机井、车辆:60 万元。

(7)孵化场占地面积:(厂房)4 000 米²＋1 800 米²(办公室、宿舍)＋600 米²(活动场地)＝6 400 米²≈10 亩。

(8)租金:10 亩×1 200 元/亩＝1.2 万元。

(9)围墙、大门:10 万元。

总投资:鸭舍建设 320 万元＋办公室建设 20 万元＋地皮租金 10 万元＋道路、围墙建设 40 万元＋孵化箱 150 万元＋发电机、变压器 100 万元＋厂房建设 120 万元＋空调、管道 80 万元＋办公室、宿舍、车辆地面 60 万元＋围墙大门 10 万元≈910 万元。

二、种鸭健康养殖的养殖成本分析

1.种鸭成本

种鸭成本包括种苗成本、饲料成本、垫料成本、土地棚舍成本、药品成本、人工成本、水电及其他成本。

每年根据季节变化,种鸭苗的价格会有一定幅度的变化,下面就 3 个种鸭场近两年价格进行分析,见表 2-8。

表2-8　3个种鸭场近两年价格分析　　　　　　元/单元

年份	场家			平均
	场家一	场家二	场家三	
2011	3 043	2 817	2 700	2 853
2012	2 496	2 316	2 095	2 302

据调查,场家一的父母代种鸭单价在1 900～3 500元/单元,每只13.4～24.6元;场家二的父母代种鸭单价在1 500～3 000元/单元,每只10.6～21.2元;场家三的父母代种鸭单价在1 500～1 700元/单元,每只10.6～19.0元。

但由于每个场家的公母配比不同,因此核算到每只母鸭的成本也有所差异。场家一的公母配比数(以公母总数142只计算)为27∶115,每只母鸭的成本为16.5～30.4元/只;场家二的公母配比数为25∶117,每只母鸭的成本为12.8～25.6元/只;场家三的公母配比数为26∶116,每只母鸭的成本为12.9～23.3元/只。

根据调查,2011—2012年市场上种鸭苗价格:母鸭平均成本为24.59元/只;2012年为19.84元/只。2011年和2012年的种苗价格母鸭平均成本在22.2元/只。每只种公鸭的成本为18.2元/只。

2.饲料成本

(1)饲料用量:种鸭饲养的每个阶段的饲料用量明细,见表2-9。

表2-9　种鸭饲养的每个阶段的饲料用量明细　　　　　千克

周龄	饲料用量	周龄	饲料用量
0～4	1.7	20～60	55.5
5～8	3.5	61～75	21.5
9～19	12.8	合计	95

(2)饲料类型的变化:不同的饲养阶段,饲料也随之改变。饲料使用阶段饲料类型的变化见表2-10。

表 2-10　饲料使用阶段饲料类型的变化

周龄	饲料类型	周龄	饲料类型
0～8	育雏料	20～75	产蛋料
9～19	育成料		

(3)饲养每只种鸭的饲料成本:育雏料 14.56～16.64 元/只;育成料 32.00～38.40 元/只;产蛋料 204.05～231.00 元/只。合计为 250.61～286.04 元/只。折合到饲养每只母鸭成本在 300.7～343.25 元/只。

育雏、育成期种鸭需要每周控制一定的体重增长,根据饲料的营养成分差异,会调节不同的饲料使用量。产蛋期根据种蛋的重量和鸭群的产蛋率、受精率来调整饲料使用量和公母配比。还有根据季节的不同,饲料使用量也会有所差异。所以饲养每只母鸭的饲料成本会根据季节变化和鸭群的整体饲养状况有一定的差异。

(4)饲料单价:根据饲料原料和季节变化有不同幅度的升降。自 2010 年 6 月份至 2012 年 8 月份,育雏、育成期饲料和产蛋期饲料价格变化趋势:育雏料在 2 800～3 200 元/吨;育成料在 2 500～3 000 元/吨;产蛋料在 2 650～3 000 元/吨。

近两年,随着饲料原料价格的上涨,饲料价格整体呈不同幅度的上涨。玉米、豆粕的价格对饲料原料的影响最大。2010—2011 年玉米、豆粕的平均价格见图 2-4。

3. 垫料成本

根据当地的饲养实际情况,垫料的成本差异较大。一般的饲养密度是根据棚舍内面积 3～3.5 只/米^2。饲养种鸭使用的垫料主要有玉米秸、麦糠、麦秸、稻壳等。玉米秸、麦糠、麦秸这几种垫料养殖户可以在当地取得,成本基本可以忽略不计。但是这几种都有季节性,所以养殖户还是需要购买一定数量的稻壳。没有种植农作物的养殖户则需要完全购买稻壳作为垫料。

根据以上情况,当地种鸭饲养全程垫料成本为 4～9 元/只。

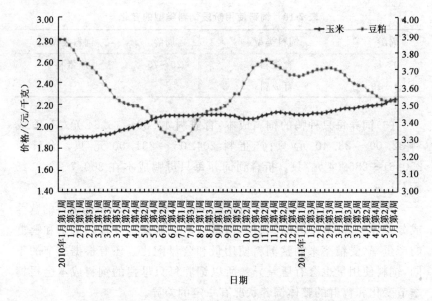

图 2-4　2010—2011 年玉米、豆粕的平均价格曲线

4．土地棚舍

包括土地租金和棚舍折旧两大部分。

当地土地使用租金一般在 800～1 200 元/亩。

棚舍的面积根据地块的情况，长度会有所差异，宽度都是 10 米，运动场的宽度也为 10 米。现在当地的标准棚舍为泡沫保温板建造，养殖小区建设包括供水供电设施、铺设路面运动场、修建办公室厕所等，建设完毕棚舍的成本一般在 90～140 元/米^2。

综合土地租金、棚舍费用（建设之后按 10 年折旧计算）和饲养密度（3～3.5 只/米^2），饲养每只种鸭的土地棚舍成本在 5～12 元/只。

如果养殖户是在自建棚舍饲养种鸭，那么土地租金部分费用很少，而且棚舍相对简陋，当地的实际情况一般成本在 3～5 元/只。但是因为棚舍简陋，里边硬件设施受限，会影响所饲养种鸭的生产指标，包括成活率、产蛋率、合格率、受精率都会受到影响，进而影响收益。

5.药品成本

药品包括疫苗类、营养类、消毒液和治疗类药品。其中疫苗类药品成本投入相对稳定,一个地区的防疫程序相对不变。其他3类药品受疫情影响较大,尤其是治疗类药品。

综合当地情况,育雏育成期药品使用一般在3～6元/只,产蛋期药品使用差异较大。整个饲养周期药品使用一般在10～25元/只。

6.人工成本

根据饲养种鸭只数的多少,人工成本也有所差异。

一般养殖户饲养种鸭在2 500～3 500只,这种情况需要两个人配合饲养,产蛋期根据实际情况雇用1～2名捡蛋人员或者不雇用人员。如果饲养种鸭数量较大,则需要全程雇佣工人饲养,还需要管理人员,这样养殖人工成本会有所增加。结合当地实际情况,合计人工成本一般在20～30元/只。

7.水电及其他成本

农村饲养种鸭水的费用一般没有,主要是使用电量的成本,农业用电一般成本在2元/只左右。其他物品包括棚舍专用灯、发电机、蛋窝、料盆、饮水器、隔网等低值易耗品类,这些物品的使用年限一般在3年左右,折合到每只种鸭成本在7～8元/只。其他类物品合计成本在9～10元/只。饲养每只母鸭成本为371.05～475.97元,见表2-11。

表 2-11 饲养每只母鸭成本 元/只

类别	成本	类别	成本
种苗	10.6～24.6	饲料	250.61～286.04
垫料	4～9	土地棚舍	5～12
药品	10～25	人工	20～30
水电及其他	9～10	合计	309.21～396.64

折合为饲养每只母鸭成本为371.05～475.97元。

三、种鸭健康养殖的养殖收入分析

1. 合格蛋收入

根据市场行情,每只合格蛋的售价为 0.7～4.8 元。综合多批次种鸭的生产指标情况,考虑疫病的影响,每只种鸭可产合格蛋数为 210～250 枚(疫情严重时可到 180～190 枚)。

受精率也是影响收入的一项重要指标,山东地区大型和小型养殖场的受精率水平一般维持在 85%～94%。受精率受公母配比和饲养密度的影响较大,当地情况是排除疫情的前提下受精率在 88%～94%。

因此,一般合格蛋收入为 147～1 200 元。

2. 商品蛋收入

商品蛋的价格随行就市,一般商品蛋数量在 15～30 枚/只。

商品蛋的类别有破蛋、畸形蛋、双黄蛋等。破蛋的价格在 3.2～4.4 元/千克;畸形蛋的价格在 4.6～6.4 元/千克。双黄蛋的价格在 8～11 元/千克。每只母鸭一生可产 2～4 枚双黄蛋。破蛋和畸形蛋数量不定。

结合当地情况,商品蛋的收入在 8～21 元。

3. 毛鸭收入

产蛋后期淘汰毛鸭的平均重量一般在 3.25～3.35 千克/只。淘汰时价格是根据当时的市场行情,当地行情一般在 3.5～5 元/只。所以淘汰毛鸭收入在 22.75～33.5 元/只。折合每只母鸭收入为 27.3～40.2 元。

综述种鸭收入为 182.3～1 261.2 元,详见表 2-12。

表 2-12　种鸭收入　　　　　　　　　　　　　　　　元

项目	收入金额	项目	收入金额
合格蛋	147～1 200	毛鸭	27.3～40.2
商品蛋	8～21	合计	182.3～1 261.2

根据以上分析成本和收入情况以及结合近两年市场行情现状,每只种鸭母鸭的利润在30~240元。

　　这个数据是根据近两年的市场价格估算的,2011年赶上了多年不遇的好行情,合格蛋的价格最高到了4.8元/枚左右。实际饲养种鸭因饲养周期较长,不可能整批次都赶上这个好行情,也不会完全赶上成本过高、合格蛋价格几毛钱的低迷行情。所以以上两个极端数据存在的可能性几乎没有。

　　实际的饲养情况是养殖户饲养最高收入在150~200元/只,最低收入在40~60元/只。

四、种鸭健康养殖的效益测算

　　依据以上情况,为降低养殖户饲养种鸭的市场风险,提高养殖户的积极性,制定合理的合同政策。养殖户净利润分析见表2-13。

表 2-13　养殖户净利润分析

	分析项目	利润/(元/只)	备注
收入	合同利润	68.78	按母鸭数计
		56.01	换算成按单只种鸭计
需扣成本	稻壳	9.00	一般在4~9元
	棚舍租金	12.00	租金由5元/只长到12元/只
	低值易耗品	4.00	一般在7~8元,可用3年
	电费	2.00	
	成本合计	27.00	
利润	净利润	29.01	周期为1.5年
	总利润	73 530.00	按3 000只种鸭,2人计
	平均月利润	2 042.50	每人每月工资

　　表2-13所述合同利润是收入去除饲料和药品后的利润。合同

的保护政策是合格蛋的回收有一个最低的保护价格,保证养殖户利润的前提下制定一个合格蛋的合理回收价,在市场低迷的时期以保护价格回收养殖户的合格种蛋。在市场行情较好时养殖户将获得二次利润分配,养殖效益可大幅提高。2011年母鸭出栏实际利润达180~240元/只。

五、提高效益的有效途径

肉种鸭不同于蛋种鸭,为了提高肉种鸭的饲养效果,在饲养管理上应注意以下几项技术措施。

1. 严格选种

选择肉种鸭不仅要注重体型外貌,更要注重经济性状,应做到"六选"。一选品种:确定选养品种应从系谱资料、自身成绩、同胞成绩、后裔成绩等方面综合考虑,选择成绩好、适应性强的优良品种饲养;二选场家:应从有种畜禽生产许可证、技术力量强、防疫条件好的正规场家引种;三选种蛋:种蛋应来自健康高产的鸭群,蛋形、蛋重、蛋壳颜色符合品种要求,保存时间在7天以内,夏季在5天以内;四选雏鸭:选择毛色和活重符合品种要求且健壮的雏鸭留种,淘汰弱雏、残雏和变种;五选青年鸭:选择标准一看生长发育水平,二看体型外貌,将不符合品种要求的个体淘汰;六选成年鸭:一般在开产前进行,选择体质健壮、体型标准、毛色纯正、生殖器官发育良好的个体留种。

2. 培育健壮雏鸭,确保各周体重适时达标

肉种鸭的育雏期一般为7周,为使各周龄体重适时达标,饲养管理上应特别注意以下几点:①高温育雏。肉用型雏鸭育雏温度比蛋用型雏鸭要求高,施温程序为1日龄35℃,2日龄34℃,3日龄33℃,4~7日龄30~32℃,第2周26~29℃,第3周21~25℃,4周后以15~20℃为宜。育雏温度要前高后低,循序下降,切忌忽高忽低,温差过大。相对湿度第1周60%~70%,第2周起50%~60%,严防低温高湿对雏鸭造成不良影响的情况出现。②供应营养浓度较高的日粮。肉用型雏

鸭与蛋用型雏鸭相比,对饲料的营养水平要求高,一般能量高 0.2～0.3 兆焦/千克,粗蛋白高 2%～3%。因此育雏期要注意满足雏鸭的营养需要,以保证其正常的生长发育。③适当降低饲养密度。低密度饲养是取得雏鸭生长一致性的关键措施之一,建议密度第 1 周 20～30 只/米²,第 2 周 15～20 只/米²,第 3 周 8～15 只/米²,第 4 周 6～8 只/米²,5～18 周 4～5 只/米²,18 周以后 2～3 只/米²。④适当增加光照时间。育雏头 1 周适当增加光照时间有助于雏鸭的采食生长。其程序为 1 日龄 24 小时,2～3 日龄 23 小时,4～7 日龄 18～20 小时,2 周龄起每日减少半小时至与自然光照时间相同为止。⑤抓好潮口、开食、开青、开荤。雏鸭一般出壳 24 小时左右开食,开食料要营养全面、适口性好,易消化并拌有保健药物,开食料多为夹生米饭;开食前 15～20 分钟应让雏鸭潮口,潮口的水要清洁卫生,最好饮葡萄糖、维生素 C、庆大霉素水,水温 20℃左右;开青、开荤应在开食后,开青的饲料主要有南瓜、苦荬菜、苜蓿等,喂前要洗净切碎,单独饲喂;开荤的饲料主要有小鱼、小虾、泥鳅、黄鳝、蚯蚓等,喂前要用开水煮一下,10 日龄前应去骨切碎拌料饲喂。各种饲料的喂量应由少到多,逐渐增加,由少喂多餐过渡到定时定量。喂法上一般喂湿不喂干。⑥适时放牧放水。鸭属水禽,放牧放水有助于增强雏鸭体质,提高雏鸭抵抗力和适应力。放牧放水可同时进行,当雏鸭绒毛长出后育雏舍内外温度接近时即可进行。放牧放水应选择晴暖无风的天气,夏季要避开炎热的中午,放牧前应先喂些精料,放牧时要严防兽害。放牧开始时路程要近,时间要短(每次 20 分钟左右),驱赶要慢,随年龄的增长再逐渐延长放牧时间。

3. 种鸭育成期要严格执行限制饲养

肉种鸭的育成期是指 8 周龄起至开产前的阶段。此期饲养的要点是对种鸭进行限制饲养,以控制生长速度,防止过多的脂肪沉积,以免影响将来的配种和产蛋。限制饲养不仅可节省饲料,降低生产成本,而且还能降低种鸭产蛋期的死淘率,提高种鸭的生产性能。对育成鸭实行限制饲养应做到"三结合、两准确、一充足、一测量、一淘汰、一分离"。①三结合。一是限制饲养要与调整饲养相结合。对偏离体重标准的鸭群要及时进行调整饲养,调整原则为体重超过标准百分之几,供料量就减少百分之几,体重比标准低百分之几,供料量就增加百分之几。二是限制饲养要与光照控制相结合。育成期光照的时间和强度只能逐渐减少或维持,不能增加,以达到体成熟与性成熟同步发育。三是限制饲养结合放牧放水进行。放牧放水既能使育成鸭得到运动,又能节省部分精料,应准确把握。②两准确。为确保限制饲养成功,对限制饲养的鸭群每周存栏数要清点准确,每次供料量要称量准确。要严格执行限喂计划,切勿见鸭子饥饿叫唤就补喂饲料,从而影响限饲效果。③一测量。即定期称重。称重一般每1~2周1次,每次抽测数量占群体总数的10%左右,根据抽测的体重结果对照标准进行调整饲养。④一充足。限制饲养时料槽、水槽供应充足,保证每只鸭都能同时吃上料、喝上水。⑤一淘汰。限制饲养时对不适宜留种的鸭要挑出淘汰。⑥一分离。限制饲养期间公母鸭要分开饲养。

4.加强种鸭产蛋期的饲养管理

①科学饲养。产蛋初期(育成期末至5%产蛋率)应喂给产前料,喂料量每周增加5~10克/只,防止上料过快造成开产过早,影响种用性能。产蛋前期(5%产蛋率至产蛋高峰)对于达标鸭群可直接使用高峰期饲料,喂料量应迅速增加,至产蛋高峰时达到最大喂料量(可采用试探性加料法确定最大喂料量),以促高产稳产。产蛋后期要随产蛋率下降情况控制喂料量,防止种鸭饲喂过肥,喂料量一般为高峰期最大喂料量的85%左右。检查营养是否满足种鸭的营养需要不能只看产蛋率,还应注意蛋重和体重的变化。只有产蛋率、蛋重和体重都能保持品种要求增长趋势的鸭群,才能维持长久的高产。为提高种蛋的数量和质量,产蛋期种鸭的饲料营养要全面、均衡、稳定。一般粗蛋白18%~19%,代谢能11.5~11.7兆焦/千克。赖氨酸0.8%~0.9%,蛋氨酸0.5%,钙3%~3.5%,磷0.4%~0.5%。尤其要注意补充蛋白质、矿物质、维生素饲料,防止营养元素缺乏。

②强化管理。饮水要清洁、卫生、充足,水温10~20℃。为提高种蛋受精率,自然交配时应增加放水次数和时间。一般从18周龄开始补

充光照,每周增加 0.5～1 小时,至 16 小时或 17 小时为止。保持鸭舍清洁卫生,干燥温暖,空气清新,做到冬暖夏凉,环境安静,减少应激发生。提供适宜的公母比例。种鸭配种期适宜的公母比例为自然交配 1∶(4～5),人工授精 1∶(10～20)。每群以 200～300 只为宜。在生产中对不适宜留种的病、弱、残、次公鸭和母鸭要及时挑出淘汰。要配足产蛋箱,及时收集种蛋,加强种蛋的选择、消毒,防止种蛋损失或污染。从采食量、饮水量、粪便和产蛋情况等方面加强检查鸭群,发现异常情况,及时采取措施补救。配种期种公鸭在饲养上要喂给富含蛋白质、矿物质、维生素饲料,在管理上要多放少关,勤晒太阳,加强运动,防止过肥和发生腿疾。做好生产记录。

思考题

1. 商品肉鸭健康养殖前期投资主要包括哪些? 收入和效益又是如何计算的?

2. 如何提高商品肉鸭的养殖效益?

3. 种鸭健康养殖前期投资主要包括哪些? 收入和效益又是如何计算的?

4. 如何提高肉种鸭的养殖效益?

第三章

鸭健康养殖的品种与引种

　　我国养鸭业历史悠久,是世界上养鸭数量最多的国家。鸭的品种按经济用途分为 3 种类型:肉用型、蛋用型和兼用型。按羽色分,有麻雀羽、白羽、黑羽等类型。

　　肉用型鸭:颈粗、腿短,体躯呈长方形,体型大而丰满,以产肉为主。早期生长迅速,容易肥育。肉鸭多为白羽,以北京鸭、樱桃谷鸭、克里莫瘤头鸭、狄高鸭和和天府肉鸭的影响较大。

　　蛋用型鸭:头秀颈细,腿稍长;体躯长,体型轻小,行动灵活,呈船形;性成熟早,产蛋量多。蛋鸭多为麻鸭,以绍鸭、金定鸭和卡基·康贝尔鸭分布较广。

　　兼用型鸭:颈、腿粗短,体形浑圆,介于肉用型和蛋用型之间。兼用鸭也多为麻鸭,以高邮鸭最为著名。

第一节 鸭健康养殖的我国地方品种

一、北京鸭

北京鸭是世界著名的优良肉用鸭标准品种,具有生长快、繁殖率高、适应性强和肉质好等优点,尤其适合加工烤鸭,是闻名中外"北京烤鸭"的制作原料。原产于北京西郊玉泉山一带,现已遍布世界各地,在国际养鸭业中占有重要地位,为现代肉鸭生产的主要品种。国内北京鸭肉用性能尚低于国外先进水平,其中早期生产速度差距较大,其他如成活率、孵化率及胸肉率等均有差距。

1.北京鸭的外貌特征

北京鸭(图3-1)体形硕大丰满,挺拔美观。头较大,喙中等大小,眼大而明亮,颈粗、中等长。体躯长方,前部昂起,与地面约是30°角,背宽平,胸部丰满,胸骨长而直。两翅较小而紧附于体躯。尾短而上翘,公鸭有4根卷起的性羽。产蛋母鸭因输卵管发达而腹部丰满,显得后躯大于前躯,腿短粗,蹼宽厚。全身羽毛丰满,羽色纯白并带有奶油

a.北京鸭-公   b.北京鸭-母

图3-1 北京鸭的外貌特征

光泽;喙、胫、蹼橙黄色或橘红色;虹彩蓝灰色。初生雏鸭绒羽金黄色,称为"鸭黄",随日龄增加颜色逐渐变浅,最终变成白色;至60日龄羽毛长齐,喙、胫、蹼橘红色。

2.北京鸭的生产性能

一般雏鸭初生重为58～62克,3周龄为600～700克,7周龄为1 750～2 000克,9周龄为2 500～2 750克,150日龄为2 750～3 000克。长期以来,北京鸭主要用于生产填鸭,生产程序分为幼雏、中雏和填鸭,幼雏和中雏亦称"鸭坯子"阶段,用7周左右时间,以后再填10～15天,使填鸭达到2.75千克左右的出售标准。屠宰率:北京鸭因两种肉鸭生产方式而屠体品质有所不同,其中填鸭的屠体脂肪率较高,瘦肉率低于未经填饲的肉鸭屠体。填鸭的半净膛屠宰率,公鸭为80.6%,母鸭为81.0%;全净膛屠宰率,公鸭为73.8%,母鸭为74.1%。胸肌和腿肌占净膛的比例:公鸭分别为6.5%和11.6%,母鸭为7.8%和10.7%,胸、腿肌合计,公鸭为18%,母鸭为18.5%。来自选育群自由采食饲养的肉鸭,半净膛屠宰率,公鸭为83.6%,母鸭为82.2%;全净膛屠宰率,公鸭为77.9%,母鸭为76.5%;胸肌率,公鸭为10.3%,母鸭为11.9%;腿肌率,公鸭为11.3%,母鸭为10.3%,胸、腿合计,公鸭为21.6%,母鸭为22.8%。

北京鸭有较好的肥肝性能,是国外生产肥肝的主要鸭种,用80～90日龄北京鸭或北京鸭与瘤头鸭杂交的杂种鸭,填饲2～3周,每只可产肥肝300～400克,而且填肥鸭的增重快,可达到肝、肉双收的目的。

北京鸭不仅具有优良的肉用性能,而且具有很高的产蛋性能。20世纪60年代以前,北京鸭的年产蛋量为180枚,平均蛋重90克左右(蛋壳白色)。

人工强制换羽是我国北京鸭生产的传统种鸭管理技术。种鸭在第一个产蛋期末,即产蛋9～10个月以后,产蛋率、种蛋质量和受精率均开始下降。此时,通过短期限制饲喂、饮水和照明等措施,迫使母鸭停产换羽,并于40～50天恢复产蛋,利用第二个产蛋期。经过人工强制换羽的鸭群复产整齐一致,保持较高的产蛋率、种蛋受精率和孵化率。

一般第二个产蛋期多为 6 个月左右。在两个产蛋期内,每只母鸭可产蛋 280～290 枚。20 世纪 60 年代以来,国外肉鸭生产中亦开始采用人工强制换羽,而我国的北京鸭场中有许多却改为仅利用种鸭的头一个产蛋年,80 年代初,有些鸭场又开始采用人工强制换羽。

据 1983 年中国农业科学院畜牧研究所测定,72 周龄产种鸭蛋 351 个,平均蛋重为 103 克,蛋壳厚为 0.358 毫米,蛋壳强度为 4.9 千克/厘米^2,蛋形指数为 1.41,哈氏单位为 73.1。

北京鸭性成熟期为 150～180 日龄。公母配种比例多为 1∶5。种蛋受精率为 90% 以上。受精蛋孵化率为 80%～90%。1～28 日龄雏鸭成活率为 95% 以上。一般生产场每只母鸭可年生产(繁殖)80 只左右肉鸭或填鸭。育种场的每只母鸭年产肉鸭 100 只以上。

二、天府肉鸭

天府肉鸭是四川农业大学家禽育种专家王林全教授利用引进种和地方良种的优良基因,应用现代家禽商业育种强化选择的原理,采用适度回交和基因引入技术,育成的遗传性能稳定、适应性和抗病力强的大型肉鸭商用配套品系。天府肉鸭已广泛分布于四川、云南等十多个省市,具有强大的市场竞争力和广阔的推广应用前景。

1.天府肉鸭的外貌特征

天府肉鸭(图 3-2)体型硕大丰满,羽毛洁白,喙、胫、蹼呈橙黄色;母鸭随着产蛋日龄的增长,颜色逐渐变浅,甚至出现黑斑;初生雏鸭绒毛呈黄色。

2.天府肉鸭的生产性能

天府肉鸭白羽系:父母代种鸭 26 周龄开产(产蛋率达 5%),年产合格种蛋 240～250 枚,蛋重 85～88 克,受精率 90% 以上。商品代肉鸭 4 周龄活重 1.8～1.9 千克,料肉比(1.6～1.8)∶1;6 周龄活重 2.9～3 千克,料肉比(2.2～2.4)∶1;7 周龄活重 3.2～3.3 千克,料肉比(2.5～2.6)∶1。

a.天府肉鸭-母   b.天府肉鸭-公

图3-2   天府肉鸭的外貌特征

天府肉鸭麻羽系:父母代种鸭26周龄开产,年产合格种蛋230～240枚,蛋重83～85克,受精率90%以上。商品代在放牧补饲饲养条件下,45日龄活重达1.7～2千克,料肉比(1.7～1.8)∶1。

三、余姚番鸭

余姚番鸭是由法国番鸭经过100多年的杂交选育而成的大型肉用番鸭品种,中心产区主要为浙江省余姚市。2006年通过了省级品种审定。

1.余姚番鸭的外貌特征

余姚番鸭根据羽色可分为白羽、花羽、灰色条纹羽3个亚类群,体躯均呈椭圆形,长宽略扁,前后躯稍狭小,与地面呈水平状态。白羽番鸭:雏鸭羽色为浅黄色;成年鸭全身羽毛均为白色,公母鸭相同。花羽番鸭:雏鸭羽毛为黑白花,其中背部以黑色为主,腹部为浅黄色;成年鸭羽毛为黑白花,其中腹部为白羽,镜羽带金属墨绿色,公鸭羽色较母鸭鲜艳。灰色条纹羽番鸭:不同阶段羽毛特征有所不同,雏鸭阶段羽毛尾部为黑色,其他部位以浅黄色为主,头顶有的有黑羽,育成鸭(4周龄后)羽毛逐步变为灰色条纹,随着日龄增加,羽毛颜色有所变深,成年鸭羽毛为黑褐色,公母鸭相同。

2.余姚番鸭的生产性能

余姚番鸭的肉用性能优异,在300日龄时公母体重分别可以达到5.0千克和2.9千克左右,屠宰率高达88％。此外该品种还具有抗病力强、瘦肉率高(一般可以达到24％左右),而且饲料转化率也相对较高,为(2.75～2.85)∶1。余姚番鸭除了表现突出产肉性能外,也表现出较高的蛋用价值和重用价值,84周龄时可产295～320枚鸭蛋,平均蛋重80～90克,种蛋的受精率和受精蛋的孵化率都达到了90％左右。此外孵化出的雏禽成活率也高达97％以上。

余姚番鸭具有生长速度快、屠宰率高等特征,受到国内鸭农普遍喜爱。许多地方都进行了引种饲养。

四、媒头鸭

媒头鸭属于肉用型鸭品种,原产于钱塘江流域萧山东片地区和萧山湘湖一带,由于该品种具有精肉多、肉味鲜美,觅食性、抗病性好,适应性强等优良特点而深受养殖户的喜爱。该品种最初主要用于野鸭的诱捕,经过长期的人工干涉繁育,发展成为现在的媒头鸭,现在已经培育形成了两个品系和原种群2 000多只的规模。

1.媒头鸭的外貌特征

媒头鸭公鸭颈部有一白圈,全身羽毛呈白色和艳绿色相间类似野鸭,母鸭的外形与绍兴鸭的麻色很相近。

2.媒头鸭的生产性能

媒头鸭一般在150日龄体重就可以达到1千克以上,屠宰率和瘦肉率分别达到了89％和20％左右;在150～170日龄时就可以开产,产蛋期平均蛋重为50～55克,种蛋受精率和受精蛋孵化率均可达90％以上。

媒头鸭早期生长速度快,经济利用价值高,除了肉用外,还可以作为工艺美术的原料进行利用。

五、高邮鸭

高邮鸭又称高邮麻鸭,原产江苏省高邮,是我国有名的大型肉蛋兼用型麻鸭品种。高邮鸭是我国江淮地区良种,系全国三大名鸭之一。产于江苏省高邮、宝应、兴化等县,分布于江苏北部京杭运河沿岸的里下河地区。该鸭觅食能力强,善潜水,适于放牧,耐粗饲,适应性强,肉质好,蛋头大,蛋质好,且以善产双黄蛋而久负盛名。高邮鸭蛋为食用之精品,口感极佳,其质地具有鲜、细、红、油、嫩、沙的特点,蛋白凝脂如玉,蛋黄红如朱砂。

1.高邮鸭的外貌特征

高邮鸭(图 3-3)背阔肩宽胸深,体躯长方形。公鸭体型较大,背阔肩宽,胸深躯长呈长方形。颈上部的羽毛深绿色,有光泽,背腰、胸部均为褐色芦花羽;腹部白色;臀部黑色。喙青绿色;虹彩深褐色;胫、蹼橘红色,爪黑色。母鸭全身羽毛褐色,有黑色细小斑点,如麻雀羽;主翼羽蓝黑色。喙青色;虹彩深褐色;胫、蹼灰褐色,爪黑色。

a.高邮鸭-母　　　　　　　b.高邮鸭-公

图 3-3　高邮鸭的外貌特征

2.高邮鸭的生产性能

成年体重,公鸭 2.3~2.4 千克,母鸭 2.6~2.7 千克。70 日龄重,放牧条件下 1.5 千克左右,较好的饲养条件下 1.8~2 千克。屠宰率,半净膛 80％以上,全净膛 70％左右。开产日龄 110~140 天。年产蛋量 140~160 枚,高产群达 180 枚,平均蛋重 75.9 克(双黄蛋约占 0.3％),蛋壳呈白色或绿色。公母配比 1:(25~30)。种蛋受精率 90％以上。受精蛋孵化率 85％以上。

六、建昌鸭

建昌鸭是麻鸭类中肉用性能较好的品种,以生产大肥肝而闻名,故有"大肝鸭"的美称。产于四川省的西昌、德昌、冕宁、米易和会理等县。西昌古称建昌,因而得名。产区位于康藏高原和云贵高原之间的安宁河河谷地带,属亚热带气候。当地素有腌制板鸭、填肥取肝和食用鸭油的习惯,经过长期的选择和培育,才形成以肉为主、肉蛋兼用的品种。

1. 建昌鸭的外貌特征

建昌鸭(图 3-4)体躯宽深,头大颈粗。公鸭的头和颈上部羽色黑绿,有光泽;颈下部有一白色羽环,胸背部红褐色,腹部银灰色,尾羽黑色。喙黄绿色,胫、蹼橘红色。母鸭羽毛褐色,有深浅之分,以浅褐色麻雀羽居多,占 65％~70％。喙橘黄色,胫、蹼橘红色。此外,还有一部分白胸黑鸭,在群体中占 15％左右。这种类型的公母鸭羽色相同,全身黑色,颈下部至前胸的羽毛白色。近年来,四川农业大学又从建昌鸭中分离出一个白羽品系。

a.建昌鸭-公

b.建昌鸭-母

图 3-4 建昌鸭的外貌特征

2.建昌鸭的生产性能

成年体重,公鸭2.2~2.5千克、母鸭2~2.3千克。肉用仔鸭8周龄平均活重1.3~1.6千克。全净膛屠宰率,公鸭72.3%公鸭,母鸭74.1%。平均肥肝重220~350克,最大达545克。开产日龄150~180天。年产蛋量150枚左右。平均蛋重72~73克(蛋壳有青、白色两种,以青壳占多数)。公母配比1∶(7~9)。种蛋受精率90%左右。受精蛋孵化率90%左右。

七、大余鸭

大余鸭产于江西省南部的大余县。分布于赣西南的遂川、崇义、赣县、永新等县和广东省的南雄县。大余古称南安,以大余鸭腌制的南安板鸭,具有皮薄肉嫩、骨脆可嚼、腊味千里浓等特点。在我国穗、港、澳和东南亚地区久负盛名。

1.大余鸭的外貌特征

大余鸭(图3-5)无白色颈圈,翼部有墨绿色镜羽。喙青色,胫、蹼青黄色。公鸭头、颈、背部羽毛红褐色,少数个体头部有墨绿色羽毛。母鸭全身羽毛褐色,有较大的黑色雀斑,群众称为"大粒麻"。

图3-5 大余鸭的外貌特征

2.大余鸭的生产性能

成年体重2~2.2千克。仔鸭体重,在放牧条件下,90日龄重1.4~1.5千克,再经1个月的育肥饲养,体重达1.9~2千克,即可屠宰加工板鸭。屠宰率,半净膛公鸭84.1%、母鸭84.5%;全净膛公鸭74.9%,母鸭75.3%。开产日龄180~200天。年产蛋量180~220枚。平均蛋重70克左右(蛋壳白色)。公母配比1∶10。种蛋受精率81%~91%。受精蛋孵化率90%以上。

八、巢湖鸭

主要产于安徽省中部,巢湖周围的庐江、巢县、肥西、肥东、舒城、无为、和县、含山等县。产区位于江淮分水岭以南、大别山以东、长江北岸的低洼湖沼冲积平原地带,放牧条件良好。本品种具有体质健壮,行动敏捷,抗逆性和觅食性能强等特点,是制作无为熏鸭和南京板鸭的良好材料。

1.巢湖鸭的外貌特征

巢湖鸭(图3-6)体型中等大小,体躯长方形,匀称紧凑。公鸭的头和颈上部羽色墨绿,有光泽,前胸和背部羽毛褐色,缀有黑色条斑,腹部白色,尾部黑色。喙黄绿色,虹彩褐色,胫、蹼橘红色,爪黑色。母鸭全身羽毛浅褐色,缀黑色细花纹,称浅麻细花;翼部有蓝绿色镜羽;眼上方有白色或浅黄色的眉纹。

a.巢湖鸭-公　　　　　　b.巢湖鸭-母

图3-6　巢湖鸭的外貌特征

2.巢湖鸭的生产性能

成年体重,公鸭 2.1～2.7 千克,母鸭 1.9～2.4 千克。肉用仔鸭,70 日龄重 1.5 千克,90 日龄重 2 千克。屠宰率,全净膛 72.6%～73.4%,半净膛 83%～84.5%。开产日龄 140～160 天。年产蛋量 160～180 枚。平均蛋重 70 克(蛋壳白色占 87%,青色占 13%)。公母配比,早春1:25,清明后1:33。种蛋受精率90%以上。受精蛋孵化率89%～94%。利用年限,公鸭1年,母鸭3～4年。

九、昆山鸭

昆山鸭又称昆山大麻鸭,是江苏省苏州地区培育的肉蛋兼用型品种,1964年起用北京鸭与当地的娄门鸭杂交以提高其产肉性能,经14年的选育和推广,至1978年通过鉴定。

1.昆山鸭的外貌特征

昆山鸭(图3-7)具有体型大、生长快、肉质好、生活力强等特点。体型似父本北京鸭,头大、颈粗,体躯长方形、宽而且深,羽毛似母本娄门鸭,公鸭头颈部羽毛墨绿,有光泽,体躯背部和尾部黑褐色,体侧灰褐色有芦花纹,腹部白色,翼部镜羽墨绿色。母鸭全身羽色深褐,缀黑色雀斑,眼上方有

图3-7 昆山鸭的外貌特征

白眉,翼部有墨绿色镜羽。公母鸭的喙青绿色,胫、蹼橘红色。

2.昆山鸭的生产性能

成年体重,公鸭3.5千克、母鸭3千克。仔鸭体重,60日龄2.4千克左右。性成熟期6月龄左右。年产蛋量140～160枚。平均蛋重80克左右,蛋壳浅褐色,少数青色。

十、沔阳鸭

沔阳麻鸭,为蛋肉兼用型育成品种。湖北省沔阳县畜禽良种场于1960年以当地的荆江鸭作母本、高邮鸭作父本进行杂交,杂种鸭自群繁殖3年后,再次用高邮鸭进行杂交;经20年选育的新品种。原产于湖北省仙桃市沙湖、杨林尾、西流河、彭场等地区。现在养殖范围遍及湖北省内天门、汉川、洪湖、荆门以及武汉市蔡甸区、汉南区等地。

1.沔阳鸭的外貌特征

沔阳鸭(图3-8)体躯呈长方形,具有背宽胸深,肉色发红,胫和蹼为橘黄色等外貌特征。公鸭的头和颈上部羽毛绿色有光泽,体躯背侧深褐色,臀部黑色,胸、腹和副主翼羽白色。虹彩红褐色。喙黄绿色,胫、蹼橘黄色。母鸭羽毛以褐色为基调,分深麻和浅麻两种,以浅麻居多,主翼羽都是黑色。喙青灰色,胫、蹼橘黄色。雏鸭:羽色为乌灰色,头顶至颈背部有一条深色的羽毛带。

a.沔阳鸭-母　　　　　　　b.沔阳鸭-公

图3-8　沔阳鸭的外貌特征

2.沔阳鸭的生产性能

沔阳麻鸭生长速度较快,成年体重2.2~2.3千克。在13周龄体重就可以达到1.5千克左右,屠宰率为89%~91%,瘦肉率略低,仅有16%~17%。开产日龄140~150天。产蛋性能表现为年产蛋160~250枚,平均蛋重74天,蛋壳颜色分为青色和白色分别占85%和15%。在繁殖性能上,沔阳麻鸭在公母配种比例为1∶(20~25)时,受精率和孵化率分别为93.07%和88.47%。利用年限,公鸭1年,母鸭4~5年。

十一、四川麻鸭

四川麻鸭是体型较小的兼用型品种。中心产区位于四川省绵阳、温江、乐山县等地,广泛分布于四川省水稻田产区。四川麻鸭早熟,放牧能力强,胸腿比较高,为四川省生产肉用仔鸭的主要品种。

1.四川麻鸭的外貌特征

四川麻鸭(图3-9)体格较小,体质坚实紧凑,羽毛紧密,颈长头秀。喙橘黄色,喙豆多为黑色,胸部发达、突出。胫、蹼橘红色。母鸭羽色较杂,以麻褐色居多。麻褐色母鸭的体躯臀部的羽毛均以浅褐色为底,上具椭圆形黑色斑点,黑色斑点由头向体躯后部逐渐增大,颜色加深。在颈部下2/3处多有一白色颈圈,腹部为白色羽毛。麻色褐母鸭中颜色较深者称为大麻鸭,羽毛泥黄色,斑点较小者称为黄麻鸭,其他杂色羽毛占5%左右。公鸭体型狭长,性羽2～4根,向背弯曲。公鸭羽色较为一致,常分为两种,一种青头公鸭,此公鸭的头和颈的上1/3或1/2处的羽毛为翠绿色,腹部为白色羽毛,前胸为赤褐色羽毛;另一种沙头公鸭,此种公鸭头和颈上1/3或1/2的羽毛呈黑白相间的青色,不带翠绿色光泽,肩、背为浅黄色细芦花斑纹,前胸赤褐色,腹部绒羽为白色,性羽为灰色。在放牧条件下,年平均产蛋150枚左右,500日龄平均年产蛋131枚,平均蛋重72～75克,蛋壳以白色居多,少数为青色。

a.四川麻鸭-母　　　b.四川麻鸭-公

图3-9　四川麻鸭的外貌特征

2.四川麻鸭的生产性能

四川麻鸭的早期生长速度较快,相对生长的最高点出现在10～

20 日龄,80～90 日龄相对增重率急剧下降,100 日龄以后则在 1%以下。

　　四川麻鸭 90～100 日龄的全净膛屠宰率为 63.21%。据开江县农业局测定:6 月龄公鸭的全净膛屠宰率 70.56%,胸腿肌重(291.7±3.18)克,占胴体重的 29.1%;母鸭全净膛屠宰率 70.6%,胸腿肌重(288.4±3.14)克,占胴体重的 31.8%。四川麻鸭 100 日龄开始填肥 2周可增重 540 克,增重率为 39.9%,瘦肉率 25.2%,皮脂率 22.3%;胸体(皮脂混样品)含水量为 60.1%,脂肪 22.4%,蛋白质 16.04%,灰分0.85%。

　　四川麻鸭在群牧条件下,年产蛋量在 120～150 枚,高产鸭可达200 枚以上。据达县地区开江县农业局测定,500 日龄平均产蛋 130.9枚;据宜宾地区测定,在放牧饲养,适当补饲的条件下,年产蛋量为141.3 枚。蛋壳多为白色,少数为青色,壳厚 0.35 毫米,平均蛋重71.9克,蛋形指数 1.4。

　　四川麻鸭无就巢性,传统采用桶孵法进行繁殖。每年自 3 月开始孵化,直到 8 月底结束。按抱房习惯在立夏前后孵出的雏鸭称为"春水鸭",主要供农户零星饲养;夏至后孵出的雏鸭称为"秋水鸭",主要供野营大群放牧的棚鸭户饲养。种鸭群一般 300 只,在每年 3～7 月份集中收集种蛋,公、母性比为 1∶10,受精率在 90%以上,桶孵法受精蛋的孵化率一般在 85%以上。据观测,群牧鸭群全日每只母鸭平均与公鸭交配 1.1 次,每只公鸭与母鸭平均交配 11.0 次。公鸭利用年限为一年,母鸭为 2～3 年。

十二、白沙鸭

　　白沙鸭是广东省澄海县白沙良种场用当地的潮汕麻鸭母鸭与北京鸭公鸭杂交育成的肉蛋兼用型鸭新品种。主要分布在广东省汕头地区。

1.白沙鸭的外貌特征

白沙鸭(图3-10)具有体型大、产肉能力强、肉质好、产蛋多等优良性能,褐色麻羽,眼上方有由白色羽毛组成的斑纹,似眉毛,故又称此鸭为白眉鸭。白沙鸭,喙长而扁平,尾短脚矮,趾间有蹼,蹼橙红色,翅小,覆盖羽大、副、主翼羽呈光艳的紫蓝色。

图3-10 白沙鸭的外貌特征

2.白沙鸭的生产性能

成鸭体重2.5～3.0千克,母鸭年产蛋200～240枚,蛋重80克以上,在公母1:(10～15)配比下,种蛋受精率和孵化率都分别高于90%和85%,蛋料比1:(3.5～4.0),雏鸭出壳时体重50克,饲养8周时平均体重超过2.0千克,肉料比为1:(2.8～3.2)。在高温潮湿气候和水田放牧饲养时,白沙鸭生长发育、生产性能表现正常,成活率95%以上。母鸭年产蛋170～210枚,平均蛋重80克。成年公鸭平均体重2.5千克,母鸭2.6千克。

十三、桂西鸭

桂西鸭是大型麻鸭品种,主产于广西的靖西、德保、那坡等地。

1.桂西鸭的外貌特征

羽色有深麻、浅麻和黑背白腹3种。当地群众对这3种羽色的鸭分别叫"马鸭"、"凤鸭"和"乌鸭"。

2.桂西鸭的生产性能

成年体重2.4～2.7千克。肉用仔鸭70日龄重2千克左右。开产日龄130～150天。年产蛋量140～150枚。蛋重80～85克(蛋壳经白色为主)。公母配比1:(10～20)。

十四、云南鸭

云南鸭是中型兼用地方品种,中心产区位于云南省西北部,分布于全省各地区。除生产食用蛋之外,有很大部分仔鸭经人工填饲生产腊鸭。

1. 云南鸭的外貌特征

公鸭头和颈上部羽毛绿色带有光泽,颈下部有白色羽环,胸、背深褐色,腹部灰白色、尾羽黑色。镜羽黑绿色。母鸭羽色分黄麻和黑麻两种,黄麻色羽点多数,有少数白羽个体。喙、胫、蹼橘黄色。虹彩红褐色,部分灰色。

2. 云南鸭的生产性能

母鸭性成熟期为 150 日龄左右,年产蛋 150 枚左右,蛋重 72 克左右,蛋壳分青色和白色两种。成年公鸭体重 1.84 千克,母鸭 1.68 千克。

十五、微山鸭

微山鸭是体型较小的兼用型鸭品种。主产于山东省境内南四湖(南阳湖、独山湖、昭阳湖、微山湖)及其以北的大运河沿岸,微山县和济宁市为中心产区。用微山麻鸭蛋加工的龙缸松花蛋因质量高且味美,远销至日本、北美、东南亚诸国和我国港、澳地区。

1. 微山鸭的外貌特征

微山鸭体型轻小紧凑,颈细长。前躯稍窄,后躯宽厚而丰满,按羽色分青麻和红麻两种类型,主要区别:母鸭羽色,青麻基本羽色为暗褐色带黑斑,红麻为红褐色带黑斑。公鸭皆为绿头颈,主、副翼羽黑色,尾羽黑色。微山麻鸭的外貌特征见图 3-11。

2. 微山鸭的生产性能

青麻鸭成年体重公鸭为 1 910 克,母鸭为 1 940 克;红麻鸭公鸭

a.微山麻鸭-公　　　　　b.微山麻鸭-母

图 3-11　微山麻鸭的外貌特征

为 1 760 克,母鸭为 1 890 克。大群放牧下,70 日龄公鸭平均体重
1 100 克,母鸭 1 060 克。年产蛋 140～150 枚,平均蛋重 80 克,其中
春季平均蛋重 82 克,秋季平均蛋重 78 克。蛋壳颜色有两种,青麻鸭
产青壳蛋,红麻鸭产白壳蛋。母鸭开产日龄为 150～180 天。公母鸭
配种比例 1 :(25～30),种蛋受精率 95% 左右,受精蛋孵化率
90%～95%。

十六、松香黄鸭

松香黄鸭是由广东省佛山地区农科所用东莞鸭母鸭和北京鸭公鸭
杂交育成的肉蛋兼用型新鸭种。主要分布在广东省佛山地区。因其毛
色鲜艳,故称松香黄鸭,又称红毛鸭,是广东优良家禽品种之一。松香
黄鸭生长较快,肉层厚,脂肪比北京鸭少,肉质比北京鸭鲜美;产蛋较
多,蛋个大,饲料转化能力强。

1. 松香黄鸭的外貌特征

公鸭羽毛以灰色头、灰色尾、棕色胸、白色腹为特征,喙、跖、蹼均为
橘红色,少数鸭喙为青色,虹彩为蓝色,皮肤黄白色。母鸭羽毛以黄红
色为特征,故称松香黄鸭,又称红毛鸭,喙、跖、蹼、虹彩及皮肤的颜色与
公鸭相同。

2.松香黄鸭的生产性能

母鸭开产日龄为 150～160 天,平均年产蛋量 200 枚左右,平均蛋重 80 克,蛋壳为乳白色。60 日龄平均体重 1.7～2.0 千克,经 10 天左右的填肥,平均体重可达 2.5 千克以上。

十七、临武鸭

临武鸭属于肉蛋兼用型地方品种,原产地为湖南省临武县地区。该县的武源、武水、双溪、城关、南强、岚桥等乡镇为中心产区。

1.临武鸭的外貌特征

临武鸭(图 3-12)躯干较长,后躯比前躯发达,呈圆筒状。喙色为黄色,喙豆为墨绿色,虹彩深灰,无肉瘤,皮肤为黄色。成年公鸭头颈上部和下部以棕褐色居多,也有呈绿色者,大部分颈中部有 2～3 厘米的白色毛环。腹羽为棕褐色,也有灰白色和土黄色。翼羽和尾羽多为黄褐色和绿色相间,性羽 2～3 根,向上卷曲。

a.临武鸭-母　　　　b.临武鸭-公

图 3-12　临武鸭的外貌特征

2.临武鸭的生产性能

临武鸭生长速度较快,在 13 周龄体重就可达 1.7 千克以上,屠宰率为 89%,瘦肉率为 19% 以上。临武鸭较早在 127 日龄左右就可开产见蛋,年产蛋量为 210～250 枚,平均蛋重 70 多克。临武鸭在公母配比为 1:（15～20）时,受精率和受精蛋孵化率分别为93.23%、87.40%,而且育成期雏鸭的成活率高达98.89%,无就巢性。

临武鸭是稻鸭生态饲养的优良品种,适宜深加工,具有良好的发展潜力。

十八、兴义鸭

兴义鸭原产于贵州省兴义、安龙、兴仁、贞丰四县市等地区,现在在邻近的册亨、望谟、普安、晴隆、镇宁等市(县)均有分布。属蛋肉兼用型地方品种。兴义鸭具有产蛋较多、生长快、易肥育、宜放牧等特点,加工的香酥鸭远近闻名,历史上板鸭畅销省内外。

1. 兴义鸭的外貌特征

兴义鸭体型方圆,羽毛松疏,头粗大,颈粗短,脚稍粗。胸宽深而微挺,背短。喙和喙豆均为黑色,虹彩为褐色等外貌特征。成年公鸭颈羽为黑绿色或白色,胸羽、腹羽、主翼羽、镜羽为褐色,尾羽、性羽为绿色。成年母鸭颈羽、胸羽、主翼羽、镜羽为褐色,背羽、腹羽为浅麻色,尾羽为浅麻色。

2. 兴义鸭的生产性能

兴义鸭的出壳重为 45 克,成年体重公鸭为 1.62 千克,母鸭为 1.56 千克。生长速度较快在 150 日龄时公母体重分别可以达到 1.6 千克和 1.7 千克左右。公鸭屠宰率为 83%,半净膛为 75%,瘦肉率为 18%;母鸭屠宰率为 83%,瘦肉率为 19%。兴义鸭的开产日龄为 160 天,年产蛋量 170～180 枚,平均蛋重 59.5 克,种蛋平均受精率为 85%,受精蛋孵化率为 83%,不存在就巢性问题。

十九、靖西大麻鸭

靖西大麻鸭俗称马鸭,是产于我国广西壮族自治区靖西县地区的肉蛋兼用型鸭品种。1987 年被列入了《广西家畜家禽品种志》。现在的主要分布地为靖西县内各乡镇及与靖西县相邻的德保、那坡的部分乡村等地。

1. 靖西大麻鸭的外貌特征

靖西大麻鸭体躯较大,体型呈长方形,腹部下垂不拖地。公鸭:头部羽毛乌绿色,喙多为青铜色,有金属光泽,胸羽红麻色,腹羽灰白色;背羽基部褐麻色,端部银灰色;主翼羽亮蓝色,镶白边,尾部有 2～4 根墨绿色的性羽,向上向前弯曲。母鸭:羽毛比较紧凑,全身羽毛褐麻色,亦带有密集的两点似的大黑斑,主翼羽产蛋前亮蓝色,喙为褐色,亦有不规则斑点,两性喙豆均为黑色,胫蹼橘色或褐色产蛋后黑色,眼睛上方有带状白羽,俗称"白眉"。

2. 靖西大麻鸭的生产性能

靖西大麻鸭在饲养 70 天后,公鸭体重达 2.50 千克,母鸭达 2.48 千克。料肉比为 3.96∶1。300 日龄时的屠宰率和瘦肉率分别高达 87%和 22%之多,而且靖西大麻鸭的肉质也十分的优异,其中肌间脂肪含量高达 4%,膳食纤维 0.03%。靖西大麻鸭的蛋用性能表现较为一般,开产日龄为 148 天,年均产蛋量 150 枚,但是该品种的平均蛋重高达 81 克之多,蛋壳颜色有青壳和白壳两种。其繁殖性能表现为在自然放牧下,公母比例一般为 1∶(5～6),种蛋受精率 90%。

靖西大麻鸭在较粗放的饲养条件下,仍表现良好的生长性能。仔鸭生长速度快,产肉性能好,饲料报酬高,生命力强,因此有着很高的种用价值。

二十、绍兴鸭

绍兴鸭简称绍鸭,又称绍兴麻鸭、山种鸭、浙江麻鸭,是我国优良的蛋用型小型麻鸭品种。因产地为旧绍兴所属的绍兴、萧山、诸暨等县而得名。具有产蛋多、成熟早、体型小、耗料少、杂交利用效果好和对多种环境适应性强等优点。本品种既适于圈养,又适于在密植的水稻田里放牧,分布遍及浙江全省、上海市郊各县以及江苏省的太湖地区。经过长期的提纯复壮、纯系选育,形成了带圈白翼梢(WH)系和红毛绿翼梢(RE)系两个品系。

1.绍兴鸭的外貌特征

绍兴鸭(图3-13)属小型麻鸭,体躯狭长,喙长颈细,臀部丰满,腹略下垂,具有理想的蛋用鸭体型。站立或行走时前躯高抬,躯干与地面呈45°角。全身羽毛以褐色麻雀羽为基调,绍兴鸭经长期提纯复壮、纯系选育,有些鸭颈羽、腹羽、翼羽有一定变化,因而可将其分为带圈白翼梢和红毛绿翼梢两种类型。每一类型的公母鸭羽毛又有所不同。

WH系母鸭全身以浅褐色麻雀毛为基调,颈中间有2~6厘米宽的白色羽圈,主翼羽尖和腹、臀部羽毛呈白色,喙、胫、蹼橘黄色,虹彩灰蓝色,皮肤黄色;公鸭羽毛以淡麻栗色为基调,头颈上部及尾部性羽均为墨绿色,富有光泽,并有少量镜羽,其他与母鸭相同。雏鸭绒羽呈淡黄色,出壳重40克。

a.白颈绍兴鸭-公　　　　b.白颈绍兴鸭-母

图3-13　绍兴鸭

RE系母鸭全身发棕色带雀斑的羽毛为主,胸腹部棕黄色,镜羽墨绿色,有光泽,喙灰黄色,嘴豆黑色,虹彩赫石色,皮肤淡黄色,蹼橘黄色。公鸭羽毛大部呈麻栗色,喙黄带青色,头颈上部、镜羽及尾部羽毛均为墨绿色,富有光泽(图3-14)。雏鸭绒羽细软,呈暗黄色,有黑头星,黑线脊,黑尾巴。出壳重42克。

a.绿翅绍兴鸭-公　　　　　　b.绿翅绍兴鸭-母

图 3-14　绍兴鸭

2.绍兴鸭的生产性能

WH 系见蛋日龄 97 天,开产日龄 132 天,达到 90％产蛋率日龄 178 天,90％以上产蛋率维持 215 天,500 日龄产蛋量 291.5 枚,总蛋重 21.07 千克,蛋重 69 千克,产蛋期料蛋比 2.6：1,产蛋期存活率 97％。

RE 系见蛋日龄 104 天,开产日龄 134 天,达到 90％产蛋率日龄 197 天,90％以上产蛋率维持 180 天,500 日龄产蛋量 305 枚,总蛋重 20.36 千克,蛋重 72 千克,产蛋期料蛋比 2.64：1,产蛋期存活率 92％。

WH 系和 RE 系的繁殖性能无显著差异,公母配比 1：(15～25),受精率 90％,受精蛋孵化率 85％,从出壳到 4 周龄成活率 95％。

雏鸭出壳即进行雌雄鉴别,公母分群,公鸭 60～70 日龄,体重 1 000～1 200 克,作菜鸭供应市场,屠宰半净膛率 83％。

二十一、江南 1 号鸭和江南 2 号鸭

江南 1 号鸭和江南 2 号鸭是由浙江省农业科学院畜牧兽医研究所培育成的高产蛋鸭配套杂交高产商品蛋鸭。这两种鸭的特点是:产蛋率高,高峰持续期长,饲料利用率高,成熟较早,生命力强,适合我国农村的饲养条件。现已推广至 20 多个省市。

1.江南 1 号鸭和江南 2 号鸭的外貌特征

该配套系江南 1 号雏鸭黄褐色,成鸭羽深褐色,全身布满黑色大斑点。江南 2 号雏鸭绒毛颜色更深,褐色斑更多;全身羽浅褐色,并带有较细而明显的斑点。

2.江南 1 号鸭和江南 2 号鸭的生产性能

江南 1 号母鸭成熟时体重平均 1.67 千克。产蛋率达 5% 时的日龄平均为 118 天,达 50% 时的日龄平均为 158 天,达 90% 时的日龄平均为 220 天。产蛋率 90% 以上的保持期为 4 个月。500 日龄产蛋量平均 306.9 个,总重平均为 21.08 千克。300 日龄平均蛋重 71.85 克。产蛋期料蛋比 1:2.84。产蛋期存活率 97.1%。

江南 2 号母鸭成熟时体重平均为 1.66 千克。产蛋率达 5% 时的日龄平均为 117 天,达 50% 时的日龄平均为 146 天,达 90% 时的日龄平均为 180 天。产蛋率 90% 以上的保持期为 9 个月。500 日龄产蛋量平均 327.9 枚,产蛋总重 21.97 千克。300 日龄平均蛋重 70.17 克。产蛋期蛋料比 1:2.76.产蛋期存活率 99.3%。

这两种鸭都具有产蛋率高、持续期长、饲料利用率高、成熟较早、生命力强的特点。在相似的条件下,比绍鸭高产品系每年每只可增产 2~3 千克蛋,比一般蛋鸭每年每只可增产 5 千克蛋。非常适合我国农村的圈养条件。

这两种蛋鸭还提高了公鸭的肉用性能,如 60 日龄和 70 日龄时的体重,比绍鸭提高 16%~22%,饲料报酬和肉的品质也有明显的改进。

二十二、金定鸭

金定鸭属蛋鸭品种,是福建传统的家禽良种。中心产区在福建省龙海县紫泥乡金定村,养鸭历史有 200 多年,故名金定鸭。分布于福建省厦门市郊区、同安、南安、晋江、惠安、漳州等县市。金定鸭属麻鸭的一种,又称绿头鸭、华南鸭。

选育前的金定鸭羽毛颜色有赤麻、赤眉和白眉 3 种类型。1958 年以来,厦门大学生物系对赤麻鸭类群进行多年的选育,使金定鸭成为产蛋量高、体型外貌一致的优良品种。

金定鸭具有产蛋多、蛋大、蛋壳青色、觅食力强、饲料转化率高和耐热抗寒等特点。金定鸭的性情聪颖,体格强健,走动敏捷,觅食力强,尾脂腺较发达,羽毛防湿性强,适宜海滩放牧和在河流、池塘、稻田及平原放牧,也可舍内饲养。金定鸭与其他品种鸭进行生产性杂交,所获得的商品鸭不仅生命力强,成活率高,而且产蛋、产肉、饲料报酬较高。

1.金定鸭的外貌特征

公鸭的头颈部羽毛墨绿,有光泽,背部灰褐色,胸部红褐色,腹部灰白色,主尾羽黑褐色,性羽黑色并略上翘。喙黄绿色,虹彩褐色,胫、蹼橘红色,爪黑色。母鸭的全身披赤褐色麻雀羽,布有大小不等的黑色斑点,背部羽毛从前向后逐渐加深,腹部羽色较淡,颈部羽毛无黑斑,翼羽深褐色,有镜羽。喙青黑色,虹彩褐色,胫、蹼橘黄色,爪黑色(图 3-15)。

a.金定鸭-公　　　　　　b.金定鸭-母

图 3-15　金定鸭的外貌特征

2.金定鸭的生产性能

成年体重,公鸭 1.6～1.7 千克,母鸭 1.75 千克左右。开产日龄 100～200 天。年产蛋量 260～300 个,平均蛋重 72 克,蛋壳青色。公母配比 1∶25。种蛋受精率 90% 左右。受精蛋孵化率 80% 以上,利用年限,公鸭 1 年,母鸭一般 3 年。育雏成活率 98%,育成成活率 99%,

初生重 45.5 克,育雏期 28 日龄体重 0.7 千克。雏鸭期耗料比 1.9∶1,产蛋期料蛋比(从产蛋率 5%计)为 3.4∶1。

二十三、攸县麻鸭

攸县麻鸭产于湖南省攸县,散布于湖南省的东部、中部和北部。本品种具有体小灵活、成熟早,产蛋较多、适于稻田放牧等优点。

1. 攸县麻鸭的外貌特征

公鸭的头部和颈上部羽色黑绿,有光泽,颈中部有宽 1 厘米左右的白色羽圈,颈下部和胸部红褐色,腹部灰褐色,尾羽墨绿色。喙青绿色,虹彩黄褐色,胫、蹼橙黄色,爪黑色。母鸭全身羽毛披褐色带黑斑的麻雀羽,深麻羽者占 70%,浅麻羽者占 30%。喙黄褐色,胫、蹼橘黄色,爪黑色。

2. 攸县麻鸭的生产性能

成年体重 1.2~1.3 千克,公母相似。开产日龄 110~120 天。年产蛋量 200~250 个,平均蛋重 62 克。蛋壳白色占 90%、青色占 10%。年产蛋总量 13 千克左右。公母配比 1∶25。种蛋受精率 90%以上。受精蛋孵化率 80%以上。

二十四、荆江鸭

因主产区为湖北省的荆江两岸,故称荆江鸭。江陵、监利和沔阳县为中心产区,洪湖、石首、公安、潜江和荆门等县也有分布。

1. 荆江鸭的外貌特征

属小型麻鸭品种,颈细长,肩较狭,体躯稍长,后躯略宽。喙青色,胫蹼橘黄色。公鸭头颈部羽色翠绿,有光泽,前胸和背腰部红褐色,尾部淡灰色。母鸭全身羽毛黄褐色,头部的眼上方有一条白色长眉,背部羽毛以褐色为底,上缀黑色条斑。

2.荆江鸭的生产性能

成年体重,公鸭 1.4～1.6 千克,母鸭 1.4～1.5 千克。开产日龄 100～120 天。年产蛋量 200～220 枚,蛋重 60～63 克。白壳蛋多,蛋重也较大。公母配比 1∶(20～25)。种蛋受精率 90％以上。受精蛋孵化率 90％左右。

二十五、三穗鸭

三穗鸭产于贵州省东部的低山丘陵河谷地带,三穗县为中心产区,故称三穗鸭。分布于镇远、岑巩、天柱、台江、剑河等县。雏鸭除供应本省外,还远销湖南和广西等省(自治区)。

1.三穗鸭的外貌特征

三穗鸭(图 3-16)属小型麻鸭,体长颈细,胸部突出,体躯近似船形。公鸭颈部羽色深绿,颈中部有白色颈圈,前胸红褐色,背部灰褐色,腹部浅褐色。虹彩褐色,胫、蹼橘红色,爪黑色。母鸭全身羽毛以深褐色为基色,布有黑色斑点,翅部有绿色镜羽。

a.三穗鸭-母　　　　　　　b.三穗鸭-公

图 3-16　三穗鸭的外貌特征

2.三穗鸭的生产性能

成年体重 1.5～1.7 千克(公母相似)。开产日龄 110～130 天。年产蛋量 200～240 个。蛋重 63～65 克(蛋壳有青、白两色,白壳蛋占

92%)。公母配比1:（20~25）。种蛋受精率80%~85%。受精蛋孵化率85%~90%。种鸭利用期，公鸭1年，母鸭2~3年。

二十六、莆田黑鸭

莆田黑鸭产于福建省莆田县。分布于平潭、福清、长乐、连江、福州郊区、惠安、晋江、泉州等县、市。本品种是在海滩放牧条件下发展起来的蛋用型鸭，既适应软质滩涂放牧，又适应硬海滩放牧，且有较强的耐热性和耐盐性，尤其适合于亚热带地区硬质滩涂饲养，是我国蛋用型品种中唯一的黑色羽品种。

1.莆田黑鸭的外貌特征

莆田黑鸭（图3-17）体型轻巧紧凑，行动灵活迅速。公母鸭的全身羽毛都是黑色，喙墨绿色，胫、蹼黑色，爪黑色。公鸭头颈部羽毛有光泽。尾部有性羽，雄性特征明显。

a.莆田黑鸭-公　　　　　　b.莆田黑鸭-母

图3-17　莆田黑鸭的外貌特征

2.莆田黑鸭的生产性能

成年体重，公鸭1.3~1.4千克，母鸭1.55~1.65千克。开产日龄120天左右。年产蛋量250~280枚。蛋重63克左右（白壳蛋占多数）。每产1千克蛋耗料3.84千克。公母配比1:25。种蛋受精率在95%左右。

二十七、连城白鸭

连城白鸭主要产于福建省西部的连城县,分布于长江、上杭、永安和清流等县。这是中国麻鸭中独具特色的小型白色变种。

1.连城白鸭的外貌特征

连城白鸭(图 3-18)体躯狭长,头小、颈细长、前胸浅,腹不下垂,行动灵活,觅食力强,富于神经质。公母鸭的全身羽毛都是白色,喙青黑色,胫、蹼灰黑色或黑红色。

a.连城白鸭-公　　　　b.连城白鸭-母

图 3-18　连城白鸭的外貌特征

2.连城白鸭的生产性能

成年体重,公鸭 1.4～1.5 千克,母鸭 1.3～1.4 千克。开产日龄 120～130 天。年产蛋量,第一年 220～230 枚,第二年 250～280 枚,第三年 230 枚。平均蛋重 58 克(白壳蛋占多数)。公母配比 1:(20～25)。种蛋受精率 90% 以上。利用年限,公鸭 1 年,母鸭 3 年。

二十八、中山麻鸭

中山麻鸭产于广东省的中山县,分布于珠江三角洲地区。

1. 中山麻鸭的外貌特征

公鸭的头和颈上部羽毛翠色,中部有白色颈圈,颈下部、胸部和背部的羽毛褐色,尾羽深褐色,翼部有绿色镜羽。母鸭全身羽毛褐色,带有黑色斑点。公母鸭的虹彩褐色,喙黄褐色,胫、蹼橘黄色。

2. 中山麻鸭的生产性能

成年体重 1.6～1.7 千克(公母相似)。开产日龄 130～140 天,年产蛋量 180～200 枚,蛋重 65～68 克(蛋壳白色)。公母配比 1：(20～25)。种蛋受精率 90% 以上。

二十九、山麻鸭

中心产区在福建省龙岩县,分布于龙岩地区各县。

1. 山麻鸭的外貌特征

公鸭的头和颈上部羽毛墨绿,有光泽,颈部有白色羽圈,胸部红褐色,背腰部灰褐色,腹部白色,翼羽深褐色,尾羽黑色。喙黄绿色,虹彩褐色,胫、蹼橘红色。母鸭全身羽毛浅褐色,布有黑色斑点,眼上方有白色眉纹。喙黄色,虹彩褐色,胫蹼橘黄色。

2. 山麻鸭的生产性能

成年体重 1.4～1.6 千克(公母相似)。开产日龄 110～130 天。年产蛋量 240 枚左右。蛋重 55 克左右。公母配比 1：(20～25)。利用年限,公鸭 1 年,母鸭 2～3 年。

三十、恩施麻鸭

恩施麻鸭又称利川麻鸭。鄂西南山区的地方品种。中心产区在湖北省利川县和来凤县,分布于恩施地区的山区和低山平坝。产区平均海拔 800～1 200 米。本品种体型较小,后躯发达,行动灵活,适于山区饲养。

1.恩施麻鸭的外貌特征

公鸭的头、颈、尾部羽色蓝黑,颈中部有白色羽圈,胸部红褐色。母鸭全身羽毛褐色,带黑色雀斑,有赤麻、青麻、浅麻之分。

2.恩施麻鸭的生产性能

成年体重1.6～2千克。开产日龄150～180天,年产蛋量200枚左右。平均蛋重65克(蛋壳白色占多数)。公母配比1:20。种蛋受精率80%经上。受精蛋孵化率85%左右。

第二节　鸭健康养殖的主要引进品种

一、樱桃谷鸭

樱桃谷鸭,是英国林肯郡樱桃谷公司经多年培育而得的优良品种,又名快大鸭、超级鸭。迄今已远销61个国家和地区,深受畜牧界青睐和消费者欢迎,年交易额达1 800万英镑。1984年荣获英国女王颁发的出口成就奖。我国于1980年首次引进L2型商品代,是该场培育的三系杂交肉鸭。其亲本为:♂151系×♀(♂161×♀201)。

1.樱桃谷鸭的外貌特征

樱桃谷鸭(图3-19)的外貌颇似北京鸭,全身羽毛洁白,头大,额宽,鼻脊较高,喙、胫、蹼都是橙黄色、稍凹,略短于北京鸭;颈平而粗短,翅膀强健,紧贴躯干;背部宽而长,从肩向尾稍斜,胸宽肉厚;腿粗而短呈橘红色,位于躯干后部。属大型北京鸭型肉鸭。

图 3-19　樱桃谷鸭的外貌特征

2.樱桃谷鸭的生产性能

商品代定型标准为:47日龄活重3.09千克(全净膛重2.24千克),每千克增重耗料2.81千克。父母代群每羽年平均产蛋210枚。父母代群每羽母鸭年产初生雏168只。

1985年该场培育的新鸭种CVsuper-M(超级肉鸭)在北京举办的国际展览会展出,其主要生产性能指标为:父母代群母鸭66周龄产蛋220个,父母代群母鸭66周龄产初生雏155只;商品代肉鸭53日龄活重3.3千克,商品代肉鸭每千克增重耗料2.6千克。

樱桃谷鸭既耐寒又比较耐热,可以水养也能旱牧,喜欢栖息于干爽地方,能在陆地交配,无论湖沼、平原、丘陵或山区、坡地、竹林、房前屋后均可放牧。很少发生疫病。此鸭性温驯,不善飞翔,易合群,好调教,便于大群管理。

二、狄高鸭

狄高鸭是澳大利亚狄高公司引入北京鸭选育而成的大型配套系肉鸭。20世纪80年代引入我国。广东省华侨农场养有此鸭的父母代种鸭。1987年广东省南海市种鸭场引进狄高鸭父母代,生产的商品代鸭反映良好。

1.狄高鸭的外貌特征

狄高鸭的外形与北京鸭相近似。雏鸭红羽黄色,脱换幼羽后,羽毛白色。头大稍长,颈粗,背长阔,胸宽,体躯稍长,胸肌丰满,尾稍翘起,性指羽2~4根;喙黄色,胫、蹼橘红色。羽毛白色,本品种喜欢栖息在干燥而有树荫的坡地上,能在陆地上交配,适于丘陵地区饲养。

2.狄高鸭的生产性能

初生雏鸭体重55克左右,30日龄体重1 114克,60日龄体重2 713克。7周龄商品代肉鸭体重3.0千克,肉料比1:(2.9~3.0);半净膛屠宰率92.86%~94.04%,全净膛屠宰率(连头脚)79.76%~82.34%。胸肌重273克,腿肌重352克。狄高鸭具有早熟、易肥、皮脆肉嫩、质优味鲜等特点。年产蛋量在 200～230 个,平均蛋重 88 克,蛋壳白色。性成熟期 182 天,33 周龄产蛋进入高峰期,产蛋率达 90% 以上。公母配种比例 1:(5～6),受精率 90% 以上,受精蛋孵化率 85% 左右。父母代每只母鸭可提供商品代雏鸭苗 160 只左右。

该鸭具有很强的适应性,即使在自然环境和饲养条件发生较大变化的情况下,仍能保持较高的生产性能。抗寒耐热,喜在干爽地栖息,能在陆地上自然交配,是广大农村旱地圈养和网养的好鸭种。

三、瘤头鸭

学名麝香鸭、疣鼻栖鸭。原产于南美洲。我国称番鸭或洋鸭。国外称火鸡鸭、蛮鸭或巴西鸭。

瘤头鸭分布于气候温暖多雨的南美洲和中美洲亚热带地区,是不太喜欢水而善飞的森林禽种,爱清洁,不污染垫草和蛋。至今在墨西哥、巴西和巴拉圭还可见到野生瘤头鸭。瘤头鸭虽不是我国土生土长的地方品种,但引进的历史有 250 年以上,台湾、广东、福建、江西、广西、江苏、安徽、湖南以及浙江的中南部饲养较为普遍。北方饲养,冬季需舍饲保温。

1. 瘤头鸭的外貌特征

瘤头鸭(图 3-20)与家鸭的体型外貌有明显区别。体型前后窄、中间宽,如纺锤状,站立时体躯与地面平行。喙基部和头部两侧有红色或黑色皮瘤,不生长羽毛,公鸭的皮瘤比母鸭发达,故称瘤头鸭。喙较短而窄,胸宽而平,腿短而粗壮,胸腿肌肉很发达。翅膀长达尾部,能作短距离飞翔。后腹不发达,尾狭长。头顶有一排纵向羽毛,受刺激竖起如冠状。我国瘤头鸭的羽色主要有黑白两种,还有黑白夹杂的花羽。黑色羽毛带有墨绿色光泽,喙红色有黑斑,皮瘤黑红色,胫、蹼黑色,虹彩浅黄色。白色羽毛的喙粉红色,皮瘤鲜红色,胫、蹼橘黄色,虹彩浅灰色。花羽鸭喙红色带有黑斑,皮瘤红色,胫、蹼黑色。

瘤头鸭叫声低哑,母鸭在孵化期内常发出嗞嗞叫声。公鸭在繁殖

a.瘤状鸭-公　　　　　　　　　　b.瘤头鸭-母

图 3-20　瘤头鸭的外貌特征

季节散发出麝香。

2.瘤头鸭的生产性能

开产日龄 6～9 月龄。一般年产蛋量为 80～120 枚,高产可达 150～160 枚,蛋重 70～80 克。蛋壳玉白色,蛋形指数 1.38～1.42。孵化期 35～36 天(母鸭有就巢性,每只可孵化种蛋 20 枚左右)。

生长速度与产肉性能:瘤头鸭的生长高峰期在 10～11 周龄,但本品种具有自我平衡早期生长加速的能力,如前期生长不好,后期改善饲养管理条件,仍可达到正常的体重标准。

成年公鸭体重 3 500～4 000 克,母鸭 2 000～2 500 克。仔鸭 3 月龄公鸭重 2 700～3 000 克,母鸭 1 800～2 000 克。公鸭全净膛率 76.3%,母鸭为 77%;公鸭胸腿肌占全净膛屠体重的比率 29.63%,母鸭 29.74%。肌肉蛋白质含量达 33%～34%,肉质细嫩,味道鲜美。10～12 周龄的瘤头鸭经填饲 2～3 周,平均产肝可达 300～353 克,公鸭高于母鸭,料肝比(30～32):1。采用公瘤头鸭与母家鸭杂交生产的属间杂种鸭,称为半番鸭或骡鸭,具有生长快、饲料报酬高、肉质好和抗逆性强的特点。在南方,特别是台湾和福建饲养较多。以公瘤头鸭和母北京鸭杂交生产的半番鸭,60 日龄平均体重达 2 160 克,生长速度快于其他杂交组合。以公瘤头鸭为父本与北京鸭、金定鸭进行三元杂交生产的"番北金"杂种鸭,3 月龄平均体重达 2 240 克,杂种优势率达

23.78%。因为是不同属间的远亲杂交,受精率低(60%左右),这是目前推广普及中的最大困难。

母鸭开产日龄6～9月龄。公母鸭配种比例1∶(6～8),受精率85%～94%,孵化期35天,受精蛋孵化率80%～85%,母鸭有就巢性,种公鸭利用年限1～1.5年。公瘤头鸭与母家鸭杂交,由于公母鸭体重差别多,多采用人工辅助配种和人工授精繁殖半番鸭,受精率60%～80%。

四、克里莫瘤头鸭

克里莫瘤头鸭原产于南美洲,是世界著名的优质肉用型鸭种。又叫克里莫番鸭或巴巴里番鸭,由法国克里莫公司选育而成,1999年5月成都克里莫公司引入我国。该鸭瘦肉率高,肉质好,具有麝香味。

1.克里莫瘤头鸭的外貌特征

番鸭(图3-21)的体型前尖后窄,呈长椭圆形。头大颈短,喙短而狭。胸部平坦宽阔,尾部瘦长。喙的基部和眼圈周围有红色或黑色的肉瘤,公番鸭肉瘤延展较宽,翼羽矫健达到尾部,尾羽长而向上微微翘起。番鸭性情温顺、体态笨重,不喜欢在水中长期游泳,适于在陆地舍饲,故又称为"旱鸭"。

a.克里莫瘤头鸭-母　　　　b.克里莫瘤头鸭-公

图3-21　克里莫瘤头鸭的外貌特征

有白色（R_{51}）、灰色（R_{31}）、黑色（R_{41}）3种羽色，都是杂交种。此鸭体质健壮，适应性强，饲养容易，而且肉质好，瘦肉多，脂肪少，肉味鲜而香，故在法国发展很快。占全国饲养量的80%左右。法国饲养此鸭主要用于生产肥肝，一般在13周龄时强制填饲玉米，平均肥肝重可达400～500克。这种鸭肥肝虽不及鹅肥肝大，但填饲期较短，耗料少，饲料转化率较高，故用克里莫瘤头鸭生产肥肝发展较快，已占法国肥肝总量的1/2左右。因其适应性强，耐粗饲，耐旱，易于肥育，瘦肉多，已经驯化为适应我国南方各省自然环境的良种肉用鸭。

2.克里莫瘤头鸭的生产性能

成年体重，公鸭4.9～5.3千克，母鸭2.7～3.1千克。仔母鸭10周龄体重2.2～2.3千克，仔公鸭11周龄体重4～4.2千克，每千克增重耗料2.7千克。屠宰率，半净膛82%，全净膛64%。肉用仔鸭成活率95%以上，开产周龄28周，年平均产蛋量160枚。种蛋受精率90%以上，受精蛋孵化率72%以上。每个种蛋耗料380克（包括育成期）。

五、枫叶鸭

枫叶鸭是从美国引进的优良瘦肉型肉蛋兼用的品种。枫叶鸭性情温驯，合群，采食量大，好嬉水，具有抗病力强，瘦肉率高，品味好，产蛋多的优点。

1.枫叶鸭的外貌特征

枫叶鸭头大颈粗，羽毛纤细柔软、雪白，外观硕大优美。

2.枫叶鸭的生产性能

采取科学饲养，枫叶鸭从育雏到商品鸭，47天即可上市，平均个体重达3.3千克，成活率达98%。枫叶鸭153日龄下第一枚蛋，30周龄产蛋率达50%，以后经2～3周即可达到产蛋高峰期，最高产蛋率达90.18%，产蛋率80%以上持续7周，蛋重86克左右，蛋形指数为1.37，受精率93.38%。受精蛋孵化率为91.75%，孵化期为28天。枫叶鸭肉鸭屠宰率高，产肉性能良好，皮脂含量适中，肉质细嫩，鲜美可口，既有野禽之风味，又适于烧烤。

六、奥白星肉鸭

又称奥白星超级肉用种鸭，国内称雄峰肉鸭。由法国克里莫公司培育而成。

1. 奥白星肉鸭的外貌特征

雏鸭绒毛金黄色，随日龄增大而逐渐变浅，换羽后全身羽毛白色。喙、胫、蹼均为橙黄色。成年鸭外貌特征与北京鸭相似，头大，颈粗，胸宽，体躯稍长，胫粗短（图3-22）。

2. 奥白星肉鸭的生产性能

父母代种鸭性成熟期为 24 周龄，开产体重 3 000 克，42～44 周产蛋期内产蛋量 220～230 枚，种蛋受精率 92％～95％。商品代 45～49 日龄，体重 3 200～3 300 克，料肉比 2.6∶1。

图 3-22　奥白星肉鸭的外貌特征

七、卡基·康贝尔鸭

卡基·康贝尔鸭是著名的蛋用型鸭种。由英国的康贝尔氏用当地鸭与印度跑鸭杂交，其杂种再与鲁昂鸭及野鸭杂交，1901 年育成于英国。康贝尔鸭有 3 个变种：黑色康贝尔鸭、白色康贝尔鸭和卡基·康贝尔鸭（即黄褐色康贝尔鸭）。我国引进的是卡基·康贝尔鸭，1979 年由上海市禽蛋公司从荷兰琼生鸭场引进。绍兴鸭配套系中含有该鸭的血统。

1. 卡基·康贝尔鸭的外貌特征

卡基·康贝尔鸭（图3-23）比我国的蛋鸭品种体型较大，体躯宽而深，颈略粗，眼较小，胸腹部饱满，近于兼用种体型。但产蛋性能好，且性情温顺，不易应激，适于圈养，是国际上优秀的蛋鸭品种。其肉质鲜美，有野鸭肉的香味。

图 3-23　卡基·康贝尔鸭的外貌特征

雏鸭绒毛深褐色,喙、脚黑色,长大后羽色逐渐变浅。成年公鸭羽毛以深褐色为基色,头部、颈部、翼、肩和尾部均为青铜色(带黑色),喙绿蓝色,胫、蹼橘红色。成年母鸭全身羽毛褐色,没有明显的黑色斑点,头部和颈部羽色较深,主翼羽也是褐色,无镜羽,喙灰黑色或黄褐色,胫、蹼灰黑色或黄褐色。

2.卡基·康贝尔鸭的生产性能

成年体重,公鸭 2.1~2.3 千克、母鸭 2~2.2 千克。开产日龄 130~140 天。500 日龄产蛋量 270~300 枚,18~20 千克。300 日龄蛋重 71~73 克(蛋壳白色)。公母配比 1:(15~20)。种蛋受精率 85% 左右。利用年限,公鸭 1 年,母鸭第一年较好,第二年生产性能明显下降。卡基·康贝尔鸭 60 日龄的体重可达 1.7 千克,骨细,瘦肉多,脂肪少,肉质细嫩多汁,并具有野鸭肉香味,供为食用,很受消费者欢迎。

思考题

1. 我国地方鸭肉用型品种有哪些? 它们各自的生产性能是什么?
2. 我国地方鸭蛋用型品种有哪些? 它们各自的生产性能是什么?
3. 我国地方鸭兼用型品种有哪些? 它们各自的生产性能是什么?
4. 我国引进的外来鸭品种主要有哪几种? 它们的特点是什么?

第四章

鸭健康养殖的营养需要和饲养标准

第一节　鸭健康养殖的营养需要

　　鸭维持正常的生命活动和生产,必须从饲料中摄取营养物质,只有当这些营养物质在数量、质量和比例上均能满足鸭的需要时,才能充分发挥其生产潜力。这些营养物质包括能量、蛋白质、矿物质、维生素和水。

一、能量

　　能量是鸭营养的基础。鸭生长和维持生命活动的过程都是物质的合成与分解的过程,其中必然发生能量的贮存、释放、转化和利用。鸭只有消化降解某些物质才能获得能量;同时,只有利用这些能量才能促进所需物质的合成。因此,鸭的能量代谢和物质代谢是不可分割的统一过程的两个方面。

鸭日粮能量的主要来源是碳水化合物、脂肪和蛋白质这3大类有机物质。提供这些物质的能量饲料有谷物类、糠麸类和块根块茎类,谷物类包括玉米、麦类、高粱、稻谷等;糠麸类包括麦麸、玉米糠、精米糠等;块根块茎类包括马铃薯、甘薯粉、甜菜、南瓜、胡萝卜等。植物不同部位的粗纤维含量也不同,其中以茎的含量最高,叶的含量次之,籽实和块根块茎中含量最少,见表4-1。

表 4-1　饲料中无氮浸出物和粗纤维含量　　　　　　　　%

饲料种类	无氮浸出物	粗纤维
禾本科籽实	60～70	2～9
豆科籽实	30～55	2～9
糠麸	47～55	10～29
干草	32～46	23～36
油饼	29～33	3～12
秸秆、秕壳		26～48
青草		1～7
块根块茎		1～2

日粮的能量水平是决定鸭采食量的最重要因素,在自由采食时,鸭有调节采食量以满足能量需要的本能,日粮能量水平低时采食量增多,日粮能量水平高时采食量减少,所以,日粮能量水平与蛋白质或氨基酸维持适当的比例很重要。在配合日粮时,首先确定适宜的能量水平,然后再确定蛋白质和其他营养物质的需要,使日粮能量与蛋白质、氨基酸等营养物质比例恰当,这样鸭在摄取能量的同时也能获得适量的蛋白质与其他营养物质。

鸭对能量的需要受品种、性别、生长阶段等因素的影响,一般肉用鸭比同体重蛋用鸭的基础代谢产热高,用于维持需要的能量也多;公鸭的维持能量需要也比母鸭高,产蛋母鸭的能量需要也高于非产蛋母鸭的能量需要;不同生长阶段鸭对能量的需要也不同,对于蛋用型鸭,其能量需要一般前期高于后期,后备期和种用鸭的能量需要也低于生长前期;对于肉用型鸭,其能量一般都维持在较高水平。另外,鸭对能量的需要还受饲养水平、饲养方式以及环境温度等因素的影响。对于温度的变化,在一定的范围内,鸭自身能通过调节作用来维持体温恒定,不需要额外增加能量。但超过了这一范围,就会影响鸭对能量的需要。当冷应激时,消耗的维持能量就多;而热应激时,鸭的采食量往往减少,最终会影响生长和产蛋量,可以通过在日粮中添加油脂、维生素 C、氨基酸等方法来降低鸭的应激反应。

依据用途不同,鸭分为肉用型、蛋用型和蛋肉兼用型。品种不同,生产性能差异很大,对日粮的营养需要,特别是日粮能量和蛋白水平的需要差别也很大,所以在配制日粮时应根据不同品种、日龄以及饲养环境条件,参照相应的品种标准来配制合适的日粮。

最新研究结果,肉种鸭(樱桃谷)产蛋期采用代谢能 11.3～11.5 兆焦/千克表现较好的产蛋性能。

二、蛋白质和氨基酸

蛋白质是维持机体正常代谢、生长发育、繁殖和形成蛋、肉、羽必需的营养物质,是机体一切组织如皮肤、肌肉、血液和各种器官等的重要组成成分,是重要的结构物质。蛋白质由氨基酸构成,动物对蛋白质的需要实际上是对氨基酸的需要,日粮中必须有足够的必需氨基酸供生长和生产需要,同时也应有足够的氨基氮来保证非必需氨基酸的合成。蛋氨酸是鸭第一限制性氨基酸,而赖氨酸一般被认为是鸭第二限制性氨基酸,苏氨酸是第三限制性氨基酸。

有关鸭的蛋白质需要量的许多研究出入较大。报道中肉雏鸭的日粮蛋白水平有低于 16%,也有高于 22% 的。育成—育肥期的蛋白质需要量变异范围为 12%～18%。虽然在一项实验中发现饲喂低蛋白日粮(CP＝16%)与饲喂高蛋白日粮(CP＝28%)的北京鸭在 48

日龄时体重无明显差异,但是,实际生产条件下给雏鸭日粮提供足够的蛋白质以达到最大早期体重是很重要的。饲喂低蛋白日粮的鸭在应激条件下其生产很难得以补偿,羽毛生长受阻,比较容易引起啄羽现象。

在确定鸭的日粮蛋白质水平时,通常要与能量结合起来考虑,日粮能蛋比对鸭的生产、饲料转化及其经济效益等的作用都显得比单独的蛋白质需要更为重要。因此,我们通常用能蛋比来表示鸭的蛋白需要量。雏鸭的 ME(千卡/千克)/CP(克/千克)=14(1卡=4.186 8焦)较为适宜,而生长育成鸭的 ME(千卡/千克)/CP(克/千克)=17~19 所产生的全面效果最佳,而且也是最实际的选择范围。

蛋鸭的营养需要和肉鸭有明显不同。一般高产蛋鸭年产鸭蛋300枚左右,比鸡还高产,所以,产蛋期蛋鸭需要较高的蛋白质水平,一般在18.5%左右。配合蛋鸭饲料时要根据品种、饲养阶段,并结合环境状况,参照相应的品种标准,配制切实可行的全价日粮。

三、维生素

鸭需要的维生素营养包括脂溶性维生素 A、维生素 D、维生素 E、维生素 K 和水溶性维生素硫氨素、核黄素、泛酸、尼克酸、吡哆醇、叶酸、生物素、维生素 B_{12} 和胆碱。大多数维生素是体内代谢反应中的酶的辅酶或辅基,而维生素 D 和维生素 K 除此作用外,还可以起到激素的作用。脂溶性维生素在体内有一定贮存,短时间缺乏不会出现临床症状,但缺乏 1~2 周后就会出现临床症状;水溶性维生素不能在体内贮存,如有多余很快从尿中排出。因此,必须不断地给鸭提供各种维生素。

将鸭的维生素需要量与鸡相比较发现,除尼克酸外,两者是相当接近的。一般情况下,可以用鸡的维生素配制标准取代鸭的维生素需要而不会出现问题。鸭配方中尼克酸的推荐用量高于肉鸡,这主要是由于雏鸭对天然饲料中尼克酸的利用率极低，且尼克酸有助于防止其在发育过程中产生严重腿病的缘故。在实际应用中，鸭对数种维生素的需要量往往高于肉鸡，这主要是因为鸭的生长速度较肉鸡快，偶尔也因日粮浓度有差异。

四、矿物质

鸭的矿物质需要量的研究集中于实际日粮中比较容易缺乏的几种矿物元素，包括钙、磷、钠、氯、镁、锰、锌和硒。另一些营养上很重要，但因饲料中含量很丰富而研究不多的矿物元素有钾、铁、铜、钼和碘。一般来说，肉鸡的矿物质需要量都可以作为鸭的参考指南，但是，鸭对锌的需要量要高一些，另外，鸭对过量钙的耐受性较差，对于低钠日粮的反应也尤为明显。

五、水

水是鸭体成分中含量最多的一种营养素，分布于多种组织、器官及体液中。水分在养分的消化吸收与转运及代谢产物的排泄、电解质代谢与体温调节上均起着重要作用。鸭是水禽，在饲养中应充分供水，如饮水不足，会影响饲料的消化吸收，阻碍分解产物的排出，导致血液浓稠，体温升高，生长和产蛋都会受到影响。一般缺水比缺料更难维持鸭的生命，当体内损失 1%～2% 水分时，会引起食欲减退，损失 10% 的水分会导致代谢紊乱，损失 20% 则发生死亡现象。高温季节缺水的后果比低温更严重，因此，必须向鸭提供足够的清洁饮水。

鸭体内水的来源主要有饮水、饲料水及代谢水，其中饮水是鸭获得水的主要来源，占机体需水量的 80% 左右，因此在饲养鸭时要提供充足饮水，同时要注意水质卫生，避免有毒、有害及病原微生物的污染。鸭不断地从饮水、饲料和代谢过程中取得所需的水分，同时还必须把一定量的水分排出体外,方能维持机体的水平衡,以保持正常的生理活动和良好的生长发育以及生产蛋肉产品。体内水分主要经肾脏、肺和消化道排出体外,其中经肾排出的水分占50%以上,另外还有一部分水随皮肤和蛋排出体外。

鸭对水的需要量受环境温度、年龄、体重、采食量、饲料成分和饲养方式等因素的影响。一般温度越高,需水量越大;采食的干物质越多,需水量也越多;饲料中蛋白质、矿物质、粗纤维含量多,需水量会增加,而青绿多汁饲料含水量较多则饮水减少;另外,生产性能不同,需水量也不一样,生长速度快、产蛋多的鸭需水量较多,反之则少。生产上一般对圈养鸭要考虑提供饮水,可根据采食含干物质的量来估计鸭对水的需要量。一般情况下,饮水量是喂料量的2倍,夏天在3～3.5倍,35℃以上的高温可达4～5倍。

第二节　鸭健康养殖的饲养标准

目前,我国大部分地区肉鸭和蛋鸭都采用集约化饲养方式,鸭子的生产性能也非常高。例如绍鸭,母鸭一般在16周龄时陆续开始产蛋,20～22周龄时产蛋率可达50%,年产蛋量260～300枚,蛋重68.4克,蛋料比1：2.7。狄高鸭初生重为54.6克,商品肉鸭6～7周龄体重可达3～3.3千克,活重与耗料比为1：(2.8～3)。要想使鸭子充分保持自身良好的生产性能遗传力,齐全的饲料营养是关键。养鸭生产中可供参考的鸭子饲养标准有美国NRC标准、我国台湾地区标准、日本的标准等,另外还有各育种公司提供的鸭子的品种标准。饲料配合时,应根据各地的情况、鸭子的品种、日粮的组成、气候条件、市场需求以及其他饲养管理条件不同,配制合理实用的日粮,因地制宜,灵活应用。美国NRC标准、我国台湾地区标准、日本的标准和我国一些品种鸭的地方标准,请参考表 4-2 至表 4-10。

表 4-2　美国 NRC 标准

营养指标	北京鸭,育雏期鸭 0～2 周龄	北京鸭,生长期鸭 2～7 周龄	北京鸭,种鸭 种鸭
饲粮干物质/%	90	90	90
代谢能/(兆焦/千克)	12.13	12.55	12.13
粗蛋白/%	22	16	15.0
钙/%	0.65	0.60	2.75
有效磷/%	0.40	0.30	
蛋氨酸/%	0.40	0.30	0.27
蛋氨酸＋胱氨酸/%	0.70	0.55	0.50
赖氨酸/%	0.90	0.65	0.60
色氨酸/%	0.23	0.17	0.14
精氨酸/%	1.1	1.0	
亮氨酸/%	1.26	0.91	0.76
异亮氨酸/%	0.63	0.46	0.38
缬氨酸/%	0.78	0.56	0.47
维生素 A/(国际单位/千克)	2 500	2 500	4 000
维生素 D_3/(国际单位/千克)	400	400	900
维生素 E/(国际单位/千克)	10	10	10
维生素 K_3/(国际单位/千克)	0.5	0.5	0.5
核黄素/(毫克/千克)	4	4	4
泛酸/(毫克/千克)	11	11	11
烟酸/(毫克/千克)	55	55	55
吡哆醇/(毫克/千克)	2.5	2.5	3.0
钠/%	0.15	0.15	0.15
氯/%	0.12	0.12	0.12
镁/%	0.05	0.05	0.05
锌/(毫克/千克)	60		
锰/(毫克/千克)	50		
硒/(毫克/千克)	0.2		

表4-3　蛋鸭营养需要量(中国台湾,1993)

营养指标	饲养阶段			
	0～4周龄	4～9周龄	9～14周龄	14周龄以上
干物质/%	88	88	88	88
代谢能(兆焦/千克)	11.51	10.88	10.35	10.88
粗蛋白/%	17	14	12	17
钙/%	0.75	0.75	0.75	2.50
总磷/%	0.58	0.58	0.58	0.60
有效磷/%	0.30	0.30	0.30	0.36
蛋氨酸/%	0.39	0.32	0.29	0.41
蛋氨酸＋胱氨酸/%	0.63	0.52	0.47	0.67
赖氨酸/%	1.00	0.82	0.55	0.89
色氨酸/%	0.22	0.18	0.14	0.20
精氨酸/%	1.02	0.84	0.72	1.04
亮氨酸/%	1.19	0.49	1.00	1.41
异亮氨酸/%	0.60	0.98	0.52	0.73
苯丙氨酸＋酪氨酸/%	1.31	1.08	0.95	1.34
苏氨酸/%	0.63	0.52	0.45	0.64
缬氨酸/%	0.73	0.60	0.55	0.78
维生素 A/(国际单位/千克)	5 500	5 500	5 500	7 500
维生素 D_3/(国际单位/千克)	400	400	400	800
维生素 E/(国际单位/千克)	10	10	10	25
维生素 K_3/(毫克/千克)	2	2	2	2
硫氨素/(毫克/千克)	3	3	3	2
核黄素/(毫克/千克)	4.6	4.6	4.6	5.0
泛酸/(毫克/千克)	7.4	7.4	7.4	10.0
烟酸/(毫克/千克)	46	46	46	40
吡哆醇/(毫克/千克)	2.2	2.2	2.2	2.2

续表 4-3

营养指标	饲养阶段			
	0～4 周龄	4～9 周龄	9～14 周龄	14 周龄以上
生物素/(毫克/千克)	0.08	0.08	0.08	0.08
胆碱/(毫克/千克)	1 300	1 100	1 100	1 300
叶酸/(毫克/千克)	1	1	1	1
维生素 B_{12}/(微克/千克)	15	10	15	10
钾/%	0.33	0.33	0.33	0.25
钠/%	0.13	0.13	0.13	0.23
氯/%	0.12	0.12	0.12	0.10
镁/%	0.04	0.04	0.04	0.04
铜/(毫克/千克)	10	10	10	8
铁/(毫克/千克)	80	80	80	60
锌/(毫克/千克)	52	52	52	60
锰/(毫克/千克)	39	39	39	50
碘/(毫克/千克)	0.4	0.4	0.4	0.4
硒/(毫克/千克)	0.15	0.10	0.10	0.10

表 4-4　肉鸭营养需要量(中国台湾,1993)

营养指标	北京鸭		肉鸭(土番鸭)	
	雏鸭(0～2 周龄)	2～7 周龄	0～3 周龄	3～10 周龄
干物质/%	88	88	88	88
代谢能(兆焦/千克)	12.89	12.89	11.51	11.51
粗蛋白/%	22	16	17	14
钙/%	0.65	0.60	0.60	0.60
总磷/%	0.65	0.60	0.55	0.50
有效磷/%	0.45	0.40	0.35	0.30
蛋氨酸/%	0.44	0.32		

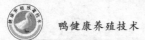

续表 4-4

营养指标	北京鸭		肉鸭(土番鸭)	
	雏鸭(0～2周龄)	2～7周龄	0～3周龄	3～10周龄
蛋氨酸＋胱氨酸/%	0.80	0.80	0.63	0.52
赖氨酸/%	1.20	1.00	1.00	0.82
色氨酸/%	0.25	0.20	0.22	0.18
精氨酸/%	1.20	1.00	1.02	0.84
亮氨酸/%	1.32	1.00	1.19	0.98
异亮氨酸/%	0.90	0.75	0.60	0.49
苯丙氨酸/%	0.81	0.62		
苯丙氨酸＋酪氨酸/%	1.50	1.30	1.11	0.91
苏氨酸/%	0.80	0.61	0.63	0.52
缬氨酸/%	0.88	0.68	0.73	0.60
组氨酸/%	0.44	0.34	0.39	0.32
甘氨酸＋丝氨酸/%	1.10	0.80	1.11	0.62
维生素 A/(国际单位/千克)	8 000	5 000	5 500	5 500
维生素 D_3/(国际单位/千克)	1 000	500	400	400
维生素 E/(国际单位/千克)	20	15	10	10
维生素 K_3/(毫克/千克)	2	1	2	2
硫氨素/(毫克/千克)	1	1	3	3
核黄素/(毫克/千克)	4.5	4.5	4.6	5.0
泛酸/(毫克/千克)	12.0	11.0	7.4	7.4
烟酸/(毫克/千克)	75	70	46	46
吡哆醇/(毫克/千克)	3.0	3.0	2.2	2.2
生物素/(毫克/千克)	0.15	0.10	0.08	0.08
胆碱/(毫克/千克)	1 300	1 000	1 300	1 300

续表 4-4

营养指标	北京鸭		肉鸭（土番鸭）	
	雏鸭（0～2周龄）	2～7周龄	0～3周龄	3～10周龄
叶酸/（毫克/千克）			1	1
维生素 B_{12}/（微克/千克）	10	5	15	15
钾/%			0.33	0.29
钠/%	0.18	0.18	0.13	0.13
氯/%	0.14	0.14	0.12	0.13
镁/%			0.04	0.04
铜/（毫克/千克）			10	10
铁/（毫克/千克）			80	80
锌/（毫克/千克）	60	60	68	68
锰/（毫克/千克）	55	45	60	50
碘/（毫克/千克）	0.37	0.35	0.4	0.4
硒/（毫克/千克）	0.2	0.15	0.15	0.15

表 4-5　番鸭营养需要

营养指标	番鸭,公母混养		公番鸭	母番鸭
	0～3周龄	4～7周龄	8周龄至上市	8周龄至上市
代谢能/（兆焦/千克）	11.72	10.88	11.72	11.72
粗蛋白/%	17.7	13.9	13.0	12.2
钙/%	0.85	0.7	0.65	0.65
总磷/%	0.63	0.55	0.49	0.49
蛋氨酸/%	0.38	0.29	0.24	0.23
蛋氨酸＋胱氨酸/%	0.75	0.57	0.5	0.46
赖氨酸/%	0.9	0.66	0.65	0.54
色氨酸/%	0.19	0.14	0.13	0.11

续表 4-5

营养指标	番鸭,公母混养		公番鸭	母番鸭
	0～3 周龄	4～7 周龄	8 周龄至上市	8 周龄至上市
精氨酸/%	1.03	0.8	0.78	0.65
亮氨酸/%	1.69	1.24	1.26	1.05
异亮氨酸/%	0.8	0.58	0.57	0.47
苯丙氨酸＋酪氨酸/%	1.57	1.15	1.15	0.96
苏氨酸/%	0.65	0.48	0.44	0.38
缬氨酸/%	0.87	0.64	0.64	0.53
维生素 A/(国际单位/千克)	8 000	8 000		
维生素 D_3/(国际单位/千克)	1 000	1 000		
维生素 E/(国际单位/千克)	20	15		
维生素 K_3/(毫克/千克)	4	4		
硫氨素/(毫克/千克)	1			
核黄素/(毫克/千克)	4	4		
泛酸/(毫克/千克)	5	5		
烟酸/(毫克/千克)	25	25		
吡哆醇/(毫克/千克)	2			
生物素/(毫克/千克)	0.1			
胆碱/(毫克/千克)	300	300		
维生素 B_{12}/(微克/千克)	30	10		
钠/%	0.15	0.14	0.15	0.15
氯/%	0.13	0.12	0.13	0.13
铁/(毫克/千克)	40	30		
锌/(毫克/千克)		30		
锰/(毫克/千克)	70	60		

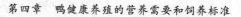

表4-6　日本农林水产省建议的鸭的饲养标准(1992)

营养指标	饲养阶段		
	0～4周龄	4周龄以上	产蛋期
代谢能/(兆卡/千克)	2.9	2.9	2.9
代谢能/(兆焦/千克)	12.1	12.1	12.1
粗蛋白/%	22	16	15
钙/%	0.65	0.6	2.75
总磷/%	0.6	0.55	0.6
有效磷/%	0.4	0.35	0.35
蛋氨酸/%			0.55
蛋氨酸+胱氨酸/%	0.80	0.80	0.70
赖氨酸/%	1.10	0.90	
精氨酸/%	1.10	1.00	
维生素 A/(国际单位/千克)	4 000	4 000	4 000
维生素 D_3/(国际单位/千克)	220	220	500
维生素 E/(国际单位/千克)	0.40	0.40	
维生素 K_3/(毫克/千克)			0.40
核黄素/(毫克/千克)	11	4	4
泛酸/(毫克/千克)		11	10
烟酸/(毫克/千克)	55	55	40
吡哆醇/(毫克/千克)	2.6	2.6	3.0
钠/%	0.15	0.15	0.15
氯/%	0.12	0.12	0.12
镁/%	0.05	0.05	0.05
锌/(毫克/千克)	60	60	60
锰/(毫克/千克)	40	40	25
硒/(毫克/千克)	0.14	0.14	0.14

表 4-7　法国 AEC 建议的鸭的营养需要量(1993)

营养指标	饲养阶段		
	0~3 周龄	3~10 周龄	种用期
代谢能/(兆焦/千克)	12.13	12.55	11.72
粗蛋白/%	20	18	15
钙/%	0.9	0.8	2.7
总磷/%	0.65	0.6	0.62
有效磷/%	0.40	0.35	0.40
蛋氨酸/%	0.41	0.36	0.35
蛋氨酸+胱氨酸/%	0.8	0.69	0.65
赖氨酸/%	0.98	0.80	0.70
色氨酸/%	0.20	0.16	0.17
苏氨酸/%	0.67	0.54	0.48
钠/%	0.16	0.16	0.15
氯/%	0.14	0.14	0.14

表 4-8　樱桃谷鸭父母代饲养标准

营养指标	雏鸭	育成鸭	种鸭
代谢能/(兆焦/千克)	12.01~12.13	12.13	11.09
粗蛋白/%	22	15.5	20
赖氨酸/%	1.1~1.2	0.7	1
蛋氨酸/%	0.5	0.3	0.4
蛋氨酸+胱氨酸/%	0.8	0.55	0.68
钙/%	0.9~1.0	0.9~1.0	2.9
有效磷/%	0.55	0.4	0.45
钠/%	0.17~0.20	0.15	0.16
维生素 A/(国际单位/千克)	9 000	6 000	10 000
维生素 D_3/(国际单位/千克)	2 000	2 000	2 000

续表 4-8

营养指标	雏鸭	育成鸭	种鸭
维生素 E/(国际单位/千克)	10	5	10
维生素 K/(毫克/千克)	2	1	1
硫胺素/(毫克/千克)	1	1	1
核黄素/(毫克/千克)	7	5	5
吡哆醇/(毫克/千克)	1	1	2
维生素 B_{12}/(毫克/千克)	0.01	0.005	0.01
生物素/(毫克/千克)	0.05	0.025	0.05
叶酸/毫克	2	1	2
烟酰胺/(毫克/千克)	75	50	50
泛酸/(毫克/千克)	7.5	5	7.5
胆碱/(毫克/千克)	500	500	500
锰/(毫克/千克)	100	80	100
锌/(毫克/千克)	100	80	100
铁/(毫克/千克)	20	20	20
铜/(毫克/千克)	5	5	5
碘/(毫克/千克)	1.5	1.5	1.5
硒/(毫克/千克)	0.15	0.15	0.15

表 4-9　樱桃谷肉鸭饲养标准　　　　　　　　　　%

指标	肉鸭		种鸭	
	雏鸭 0～3 周龄	生长鸭 3 周龄至屠宰	育成期 5～24 周龄	产蛋期 24 周龄至屠宰
代谢能/(兆焦/千克)	13.00	13.00	12.67	12.00
粗蛋白	22.00	16.00	16.00	18.00
蛋氨酸	0.50	0.36	0.34	0.39
蛋氨酸＋胱氨酸	0.82	0.63	0.57	0.66
赖氨酸	1.23	0.89	0.73	0.96

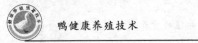

续表 4-9

指标	肉鸭		种鸭	
	雏鸭 0～3 周龄	生长鸭 3 周龄至屠宰	育成期 5～24 周龄	产蛋期 24 周龄至屠宰
色氨酸	0.28	0.22	0.18	0.22
精氨酸	1.53	1.20	1.03	1.20
苏氨酸	0.92	0.74	0.64	0.75
亮氨酸	1.96	1.68	1.54	1.66
异亮氨酸	1.11	0.87	0.73	0.86
钙	0.8～1.0	0.65～1.0	0.6～1.0	2.75～3.0
可利用磷	0.4～0.6	0.4～0.6	0.4～0.5	0.45～0.6
食盐	0.35	0.35	0.35	0.35

表 4-10　狄高鸭饲养标准　　　　　　　　　%

指标	肉鸭		种鸭	
	雏鸭 0～3 周龄	生长鸭 3 周龄至屠宰	育成期 5～24 周龄	产蛋期 24 周龄至屠宰
代谢能/(兆焦/千克)	12.33	12.33	10.87	10.87
粗蛋白	21～22	16.5～17.5	14.50	15.50
蛋氨酸	0.40	0.30	0.20	0.24
蛋氨酸＋胱氨酸	0.70	0.53	0.46	0.54
赖氨酸	1.10	0.83	0.53	0.68
色氨酸	0.24	0.18	0.16	0.17
精氨酸	1.21	0.91	—	—
苏氨酸	0.70	0.53	—	—
亮氨酸	1.40	1.05	—	—
异亮氨酸	0.70	0.53	—	—
钙	0.8～1.0	0.7～0.9	0.8～0.9	2.75～3.0
可利用磷	0.4～0.6	0.4～0.6	0.4～0.5	0.45～0.6
食盐	0.35	0.35	0.35	0.35

思考题

1. 鸭维持生命和生产所需的主要营养物质有哪些？具有什么作用？

2. 鸭对能量的需要受哪些因素的影响？

3. 雏鸭和生长鸭的最适宜的日粮能蛋比是多少？

第五章

鸭健康养殖的环境控制

影响鸭生活和生产的主要环境因素有空气温度、湿度、通风、光照、有害气体、噪声、微粒、微生物等。在科学合理的设计和建筑鸭舍、配备必须设备设施以及保证良好的场区环境的基础上，应加强环境管理以保证鸭舍良好的小气候，为鸭的健康和高效生产创造条件。

第一节　鸭健康养殖的温度及其控制

一、肉鸭的温度及其控制

肉鸭整个饲养过程一般分为 3 个阶段，0～3 周龄为幼雏阶段，3～7 周龄为中雏（育成）阶段，7 周龄以后进行肥育直至上市出售的鸭为肥育期。番鸭和骡鸭的育肥期一般要到 10～12 周龄。

1.0～3 周龄幼雏阶段

由于雏鸭的生理调节机能还不完善,没有长出羽毛,仅靠绒毛来保温,保温效果还很差,对外界温度的变化比较敏感。高温和低温都会对雏鸭生产性能、成活率造成很大影响,尤其是低温的影响更大。因此,温度的控制是肉鸭育雏成功的最关键因素之一。

规模化养鸭场的幼雏阶段一般采用舍饲,舍饲不受外界环境的影响,可以保证全年均衡生产。根据鸭子是否接触地面,分为地面平养、网上平养,网上和地面饲养相结合以及笼养等几种饲养方式。

(1)育雏温度:舒适而且稳定的育雏温度是搞好育雏的关键。育雏分为高温、低温和适温 3 种方法。高温育雏,雏鸭生长快,饲料报酬高,但体质较弱,而且房舍保温成本高。低温育雏,雏鸭生长慢,饲料报酬低,但体质强壮,保温相对成本较少。适温育雏是介于高温和低温之间,优点是温度适宜,雏鸭感觉舒适,发育良好且均匀,生长快,体格健壮,目前来看,效果最好。不同日龄肉鸭对温度的要求见表 5-1。

表 5-1　肉鸭不同日龄的温度要求　　　　　　　　℃

日龄	高温育雏	适温育雏	低温育雏
1～3	31～33	27～30	23～25
4～6	29～31	24～27	20～22
7～10	26～29	21～24	18～20
11～15	23～26	18～21	17～18
16～20	20～23	16～18	16～17
21 以后	18 左右	16 左右	14 以下

一般肉用雏鸭的育雏温度要比蛋用雏鸭高 2～3℃。在距离地面或笼底 5～10 厘米处要求在 32～34℃,舍温要求 22～25℃,随日龄的增长,舍温应逐渐下降。育雏温度也可以这样计算,1 日龄 33℃,以后每 3 天下降 2℃,至 21 日龄降为 19℃,接近室温。采用保温伞保温时,在第一周龄内的温度应维持在 34～35℃,舍温为 24℃,1 周龄以后按

上述方法计算育雏温度。

育雏温度是否适宜，除看温度计外，也可通过观察鸭群表现来判断。气温适宜时，雏鸭精神活泼，分散采食，休息时均匀分布在热源如红外灯周围，头颈伸直，熟睡，无异常或不安的叫声。当环境温度过高时，雏鸭远离热源，撑翅伸脖，张口喘气，饮水增加，采食减少，严重时雏鸭出现脱水现象。长期高温，则雏鸭表现生长缓慢，喙、爪及羽毛干燥，缺乏光泽。当环境温度过低时，雏鸭靠近热源，拥挤在一起，出现扎堆，站立不卧，闭目无神，身体发抖，采食减少，不时发出尖锐的鸣叫声。长期低温，抵抗力降低，白痢病发生，死亡率增加。

(2)升温设备：雏鸭舍升温的方法有电热供暖、锅炉暖气供暖、热风炉供暖、煤炉供暖和地炕供暖等。电热供暖主要有电热式保温伞、电炉丝、电灯泡、红外线灯以及热风机等。电热育雏器用于层叠式4层育雏笼养，这种饲养方式很少用（主要用于雏鸡的育雏）。电热育雏伞主要用于平养育雏，一般在育雏伞周围设护栏，利于保温和防止雏鸭离开热源。锅炉供暖一般是整室供暖，可以采用水暖和地炕供暖，通常用于小型鸭场和个体鸭场，这两种形式简单，投资少。烧煤炉比较脏，烟筒必须保证不能漏气，相对来讲，地炕加热由于是在鸭舍外烧煤，鸭舍内无污染，空气质量较好，但盘地炕需要有一定的技术。

(3)温度控制：在雏鸭进舍前24小时必须对鸭舍进行升温，尤其是寒冷季节，温度升高比较慢，鸭舍的预热升温时间更要提前。为了减少加热空间，可以把鸭舍的一头用塑料布或其他工具暂时隔离开来，用作育雏区，等雏鸭长大以后，再进行疏散。

雏鸭舍的温度要求因供暖的方式不同而有所差异。采用育雏伞供暖时，1日龄时伞下的温度控制在34～36℃。育雏伞边缘区域的温度控制在30～32℃。育雏舍的温度要求24℃就可以了。保温伞的温度计应在伞边缘距离垫料与底网5厘米处，舍内温度计应在墙上，距地面约1米高处。如果采用整室供暖（暖气，煤炉或地炕），1日龄的室温要求保持在29～31℃。地面或炕上育雏的，应铺上一层6～8厘米厚的清洁干燥的垫草，然后开始供温，温度计应悬挂在离地面20厘米处，并观察昼夜温度变化。白天雏鸭活动、采食、饮水时的舍温可比适宜温度降低 2～3℃，夜间外界温度低，雏鸭睡眠不动，因此夜间温度应比白天高 1～2℃。这对白天增加雏鸭活动量，夜间保持雏鸭正常休息都有益处。

随着鸭子的逐渐长大，羽毛逐渐丰满，保温能力也逐渐加强，对温度的要求也降低。因此育雏舍的温度要随鸭龄的增长而逐渐降低，至 3 周龄，即 20 天左右时，应把育雏温度降到与室温相一致的水平。一般室温为 18～21℃最好。起始温度与 3 周龄时的室温之差是这 20 天内应降的温度。须注意的是，不要采取突然降温的方法。降温每周应分为几次，使雏鸭容易适应，否则，容易造成雏鸭感冒和体弱。

笼养育雏时，一定要注意上下层之间的温差。采用加温育雏取暖时，除了在笼层中间观察温度外，还要注意各层间的雏鸭动态，及时调整育雏温度和密度。若能在每层笼的雏鸭背高水平线上放温度计，然后根据此处温度来控制每层的育雏温度，则效果会更好。

夏季气温比较高，除了晚上气温稍低的时候给雏鸭加温外，白天一般不用加温，而且有时需要适当通风，排除舍内热量。由于鸭子的饮水量较大，舍内湿度较高，在高温高湿下垫料容易腐败，鸭子的排泄物也分解散发出有害气体，因此需要适当通风。环境控制鸭舍可以根据舍内温度、有害气体含量和湿度等指标的监控自动进行通风，有窗鸭舍可以通过开关窗户调节通风。冬季有时保温和通风存在矛盾，需要分析各自的影响程度，确定适宜的通风量，确保鸭舍内有害气体不超过鸭耐受值的前提下，有最高的温度。

除舍饲之外，我国一些地方采用户外运动相结合的饲养方式，我国南方一些地区采用放牧饲养。

舍饲带户外运动场：采用这种饲养方式，育雏期由于雏鸭需要保温，所以雏鸭仍然采用舍内饲养。根据天气变化，1 周或 2 周后鸭子的抗寒能力增强以后才允许到户外运动场。气温高于 30℃的炎热季节，1 日龄雏鸭也可以到户外运动场，而寒冷季节鸭子可能要等到 3 周龄以后或更大周龄才被允许做户外运动。

放牧饲养：南方水稻主产省区，习惯采用当地麻鸭品种，以稻田放牧补饲的饲养方式生产肉鸭。采用这种饲养方式具有投资少、成本低、收益快等优点，是我国独具特色的农牧结合的养鸭方式。这种饲养方式不太适合樱桃谷鸭、北京鸭等大型肉鸭品种。

无论是哪一种饲养方式，雏鸭阶段都必须能够控制育雏温度。

2.3 周龄后的仔鸭

一般又把 3 周龄育雏结束至上市之前的肉鸭称为仔鸭。仔鸭又分为中雏鸭（3～6 周龄）和育肥鸭（6 周龄后的强制填肥期或出售前的育肥增重阶段，又称大鸭阶段）。仔鸭生长发育迅速，食欲旺盛，消化机能好，骨架大而结实。鸭对外界的环境条件适应能力较强，死亡率较低，比较容易管理。

3 周龄后的肉鸭一般不加温，室温以 15～18℃ 最适宜，但在寒冷季节，如自然温度与育雏末期的室温相差太大（超过 3～5℃），应当在这一阶段的头几天加温，使室温达到最适温度（10℃ 以上）。否则中雏鸭容易感冒或产生其他疾病。

夏季气候炎热，而鸭被覆羽毛，抗热性差，易给鸭群造成强烈的热应激，使肉鸭表现采食量下降、增重慢、死亡率高。因此，夏季管理的要紧事就是防暑降温。在鸭舍设计建设过程中应该考虑这个问题，使鸭舍朝向合理、间距开阔，利于减轻夏季太阳的辐射，通风换气良好。鸭舍周围种植枝叶茂盛的树木或藤蔓类植物以利鸭舍遮阳，也可采用屋顶刷白减少吸热或屋顶喷水促进散热的办法降低舍温。为保持舍内良好的通风，要打开门窗，并在门窗上加护铁丝网，以防兽害。

冬季育肥鸭管理要点：冬季管理的关键是防寒保暖、正确通风、降低湿度和有害气体含量。舍顶隔热差时要加盖稻草或塑料薄膜，窗户用塑料薄膜封严，调节好通风换气口，在温度低时要人工供温。肉鸭伏卧在潮湿的地面上会增加体热的散发，因此要经常更换和添加垫料，确保干燥。由于冬季鸭维持体能的需要增加，因此必须适当提高日粮的能量水平。在采用分次饲喂时，要尽量缩短鸭群寒夜空腹的时间，要经常检修烟道，防止煤气和失火。冬季棚舍相对封闭，饲养密度高，棚舍内大量有害气体滞留。要在保温的前提下适当通风换气。有条件的养殖场可安装排气扇,或在有阳光的正午,打开被阳光照射的门、窗户通风换气1~2小时。

二、蛋鸭的温度及其控制

1.蛋鸭育雏期的温度及其控制

蛋用鸭4周龄以内称为雏鸭。对雏鸭的养育,称为育雏。由于雏鸭御寒能力弱,育雏初期需要温度稍高些,随着年龄增加,室温可逐渐下降。蛋用雏鸭育雏期温度可较肉用仔鸭略低,刚出壳后12~24小时内的雏鸭,应保持在30~35℃(即接近或略低于孵化器温度)。待毛干转到育雏室后的温度掌握如表5-2所示,弱雏,冬季和夜晚可适当提高1℃。

表 5-2　雏鸭培育的温度　　　　　　　　　　　　　℃

日龄	育雏室温度	育雏器温度
1~7	25	30~25
8~14	20	25~20
15~21	15	20~15
22~28	15	

掌握合适的温度,切忌忽冷忽热。饲养员要努力按标准给温,如限于条件,达不到这个标准时,略低一两度也不要紧,但必须做到平稳,切记时高时低,因为忽冷忽热的环境容易导致疾病。育雏室温度对雏鸭是否合适,还要观察鸭的动态,听听鸭的叫声。如雏鸭散开来卧伏休息,没有怪叫声,这说明温度合适,雏鸭睡得香;如雏鸭缩颈耸翅,相互堆挤,不断向鸭群里面钻,或向鸭堆上爬,并发出吱吱的尖叫声,这说明温度太低,需要升温。

雏鸭温度的管理,最关键的是第一周,尤其开头的三天最重要,也最困难,必须昼夜有人值班,细心照料,决不可麻痹大意。正如农谚所说:"小鸭请家来,五天五夜不离开"。

3周龄以后,雏鸭已有一定的抗寒能力,如气温达到15℃左右,就可以不再人工给温。一般饲养的夏鸭,在15～20日龄可以完全脱温。饲养的春鸭或秋鸭,外界气温低,保温期长,需养至15～20日龄才开始逐步脱温,25～30日龄才可以完全脱温。脱温时要注意天气的变化,在完全脱温的头2～3天,如遇到气温突然下降,也要适当增加温度,待气温回升时,再完全脱温。

2. 育成蛋鸭的温度及其控制

蛋鸭自5～16周龄,称为育成期,通常叫青年鸭阶段。这是从育雏期至产蛋期的一个过渡阶段,约需3个月时间,在这个时期内,鸭子既要生长羽毛,又要生长骨骼和肌肉,内脏器官的生长也很快。青年鸭的特点,可以概括为两个方面:生长发育迅速,活动能力很强,会吃会睡,食性很广,需要给予较丰富的营养物质;神经敏感,合群性很强,可塑性较大,适于调教和培养良好的生活规律。育成鸭一般采用放牧饲养、半舍饲(圈养)和全舍饲的饲养方式,舍内一般不进行加温。

3. 蛋鸭和种鸭的温度及其控制

成年鸭对外界环境温度的变化,有一定的适应范围,成年鸭适宜的环境温度是5～27℃。由于鸭没有汗腺,当环境温度超过30℃时,体热散发较慢,在高温的影响下,正常的生理机能受到干扰,表现为:一是体温升高,代谢缓慢,采食量减少,饮水量增加;二是由于鸭群的饮水量增大,粪便变稀,不便于管理;三是机体内分泌减少,蛋鸭产蛋量下降,甚至停产,并且蛋的品质差,蛋重减少,软壳蛋、破壳蛋增多,蛋壳变薄、色泽变浅;四是鸭群感到不适,张口呼吸,如时间拖长,可诱发呼吸道疾病,严重时会引起中暑死亡。如环境温度过低,为了维持鸭体的体温,就要多消耗能量,降低饲料利用率,当温度继续下降,在0℃以下时,鸭的正常生活受阻,产蛋率明显下降。产蛋鸭最适宜的外界环境温度是13～20℃,此时期的饲料利用率、产蛋率都处于最佳状态。

夏季温度管理:防暑降温,预防热应激是关键。

（1）改进鸭舍环境，加强通风降温：根据舍内空间大小，均匀合理地设置一定数量的风扇。清除鸭舍前后杂草，便于前后通风。

（2）减少太阳的热辐射：鸭舍屋顶涂白可使舍温降低 8～9℃；用麦秸或茅草覆盖屋顶，也可以收到很好的效果。此外在鸭舍周围种植高大的落叶乔木、空地栽植草皮，可有效地防止地面反射热进入鸭舍；在鸭舍的朝阳面搭凉棚、种植爬蔓植物遮阳，也可降低室内温度。

（3）调整饲料配方，改变加料程序，调整饲喂方法：饲喂时间要改在早晚凉爽时多给料，勤给料，要做好饲料的调配，注意增强适口性，刺激鸭的食欲，让其多采食，但要注意避免料槽积存湿料，以免发霉变质。调整日粮营养水平：高温会造成鸭的采食减少，摄入营养不足，要提高日粮营养水平以弥补营养不足。①提高日粮能量。可以在日粮中加 1％～2％ 的植物油脂。②提高优质蛋白质或氨基酸水平。因采食量降低 10％～15％，日粮蛋白质摄入减少，蛋重降低，产蛋减少，所以要补充优质蛋白质，保持日粮平衡。适当添加氨基酸，尤其是蛋氨酸和赖氨酸。③增加维生素、矿物质供给。夏秋季节，若饲料中的维生素 E 超过 100 毫克/千克，蛋鸭的抗病力将有很大提高；在室温 30～34℃ 时，在饲料中加入维生素 C 500 毫克/千克，能缓解热应激，增加采食量，提高产蛋率 10％ 以上；也可在饮水中适量加入维生素 C（200 毫克/千克）或 0.1％ 的小苏打，改善鸭只的心血管代谢，增强机体对高温的适应能力；添加电解质和适当补充钙、磷等矿物质，可增强蛋鸭的抵抗力和免疫力，有利于产蛋上高峰或延长产蛋高峰期，降低破蛋率和料蛋比。

（4）保证充足饮水，调控饮水温度，保证水上运动：夏季鸭群饮水量明显增加，一般为采食量的 3～5 倍。因此，要保证全天足量供应新鲜、清凉、卫生的饮水，并增加给水次数，水温以 10～13℃ 为宜。养鸭户每日还要做好水槽或饮水器的清洗消毒，严防饮水变质。早放鸭，晚关鸭，水上活动场的水面要保持一定的深度，以利于鸭子戏水降温。

冬季温度管理：蛋鸭最适产蛋温度是 13～20℃。冬季天气寒冷，不利于蛋鸭产蛋,防寒保温是关键。可采用以下方法防寒保温。

(1)检修鸭舍,堵塞鸭舍,墙壁上的孔洞,更换坏瓦,以防贼风侵袭;修好门窗,夜晚严寒天气在门窗上覆盖草帘或双层塑料布保温。

(2)在屋顶下加一层保温夹层或装天花板顶棚,阻隔冷空气进入舍内。

(3)在舍内房顶下距地面2米处横架竹竿、木条,并用草帘或塑料布覆盖。

(4)在鸭舍内地(架)面上厚垫干软垫草,垫草发酵增温。一般冬季不生炉火,用厚垫草来提高温度,垫草一年出一次,麦收后出圈,出圈后马上垫上新麦秸,以后只垫不出。确保鸭腹部不受寒。

(5)加大单位面积的饲养密度,每平方米可养8~9只,以利蛋鸭之间相互取暖。

(6)采用暖棚饲养,选向阳、背风、近水源的地方搭建暖棚,按每平方米养8~9只,每间鸭舍养300只,建成长4.5米、宽8米的鸭舍。鸭舍北墙高2米、南墙高2.2米、背高3米,在东(西)山墙紧靠北墙留一个工作门,顶部用毛竹等搭成骨架,上面盖稻草,日晒夜盖,即白天日晒,晚上盖草苫,鸭棚前面的塑料布要能起能放,在晴天时卷起塑料布晒棚。在冬季可使舍温达10℃以上。

第二节 鸭健康养殖鸭舍的湿度及其控制

鸭对环境相对湿度的要求虽不像对温度那样严格,但也绝不是不怕湿,更不是越湿越好。

一、空气湿度对鸭散热的影响

鸭是水禽,有喜水的天性。但是,在鸭舍内若相对湿度过高则对其健康和生产都十分不利。

　　湿度对鸭的影响只有在高温或低温情况下才明显,在适宜温度下无大影响。高温时,鸭主要通过蒸发散热,如果湿度较大,会阻碍蒸发散热,造成高温应激,影响生长速度和饲料转化率。低温高湿环境下,鸭失热较多,不利于体温保持。湿度高会造成垫料潮湿、泥泞,增加脏蛋的比例,影响羽毛的沥水性,也容易造成舍内有害气体含量升高。采食量加大,饲料消耗增加,严寒时会降低生产性能。低湿容易造成雏鸭脱水,羽毛生长不良。鸭适宜的湿度为 60%～65%,但是只要环境温度不偏高或偏低,在 40%～72%也能适应。

二、降低鸭舍内湿度的措施

　　1. 场址要相对高燥

　　鸭场一般都建在河流、湖泊或库塘附近以便于鸭群下水活动。但是在这些地方要选择较高的位置建房,以使雨后场区内不积水,也有利于控制地下水位对舍内的影响。

　　2. 舍内地面应垫高

　　鸭舍建造时应将舍内地面垫高,一般应比舍外高出 10～20 厘米。这样既有利于舍内水的排出(如冲洗后和水槽或水盆中水外排),也可防止舍外积水的渗入。

　　3. 运动场地面应有一定坡度

　　运动场靠鸭舍处应略高,靠水面一侧应略低,这样可减少运动场内(尤其是鸭舍附近)的积水。但运动场的坡度不宜过大,可根据原来环境状况保持在 5°～15°角。

　　4. 设置好舍内的供水系统

　　长流水式水槽供水时,应注意防止水龙头处和水槽末端向舍外排水处不能漏水、溢水。使用水盆供水应避免在加水时将水洒出盆外。无论是水槽或是水盆供水都必须在其外面加设竹制或金属栅网,以防鸭跳人其内。

5.夏季管理

加大通风量,鸭舍四周敞开或采用通风设备加强通风,保证空气流通;降低饲养密度,从而减少鸭舍总产热量;增加鸭舍中水槽、食槽的数量,避免因食槽或水槽的不足造成争食、拥挤而导致个体产热量的上升;鸭舍及运动场要勤打扫,水盆、料盆用一次洗一次,保持卫生和地面干燥。

6.冬季管理

冬季圈舍由于水汽凝结,湿度增大,有时凝结水滴在鸭子身上不能及时晾干,造成"湿毛",鸭子不愿下水,严重的下水后"沉水"。俗话说"水鸭干圈",就是白天要有充足的饮水,进棚后要有一个干燥温暖的休息与产蛋场地。所以,冬季要注意通风除湿,保持圈舍干燥。垫草要勤加,白天要晒棚,让鸭子卧地时胸腹部不受凉,腹下的羽毛不被粪泥沾湿。棚外要再圈一个"小食堂"与大棚相通,在小食堂里喂水喂料,吃喝后再进圈。

第三节　鸭健康养殖鸭舍内有害气体及影响

集约化饲养的鸭舍内产生大量粪便,粪便以及饲料和垫草经微生物分解后产生氨气、硫化氢等有害气体,同时,鸭呼吸产生大量二氧化碳,这些气体对人和鸭均有直接或间接的毒害作用,常引发鸭群呼吸道疾病,使生产性能下降,养鸭生产效益降低,甚至诱发人鸭共患病,如禽流感,严重威胁养鸭业和人类健康。

有害气体浓度表示方法有2种,一种是质量浓度,即1米^{3}空气中含有害成分的质量,单位为毫克/米^{3}或微克/米^3;另一种是体积分数,即1米^{3}空气中含有害成分的体积,单位为毫升/米^2(即 ppm)。

一、有害气体的种类与危害

1.氨气

氨气（NH₃）是具有刺激臭味的无色气体，比重较轻，为 0.596，相对分子质量 17.03，标准状态下每升的重量为 0.771 克（或每毫克的容积为 1.316 毫升）。氨极易溶于水（0℃时 1 升水可溶解 907 克），其水溶液呈弱碱性。氨水又易挥发成为气态氨。大气中的氨含量极少甚至没有。舍内氨气主要来自鸭粪尿、饲料残渣和垫料等含氮有机物的分解。鸭舍的地面结构、排水和通风设备、饲养管理水平、季节等因素都影响舍内氨的含量。由于氨的比重小，易于上升，一般在鸭舍顶部浓度较高；又因其产生于地面，因此鸭舍下部的氨浓度也较高，易对鸭群产生危害。

氨易溶于水，在鸭舍常被溶解而吸附于潮湿的地面、墙壁以及人和鸭黏膜、结膜上。鸭有一种特殊组织——气囊，气囊在肋骨下充满整个胸腹腔，这种特殊结构使得鸭单位体重呼吸量大，因此对氨气等有害气体比较敏感。

低浓度的氨对黏膜产生刺激作用，常致结膜、上呼吸道黏膜充血、水肿、分泌物增多，甚至发生喉头水肿、坏死性支气管炎、肺出血等。低浓度氨还可引起呼吸中枢及血管中枢反射性兴奋。氨被吸入肺部，可自由通过肺泡上皮而进入血液，同血红蛋白结合起来，破坏血液的运氧功能。如果短时间少量吸入，因氨很容易变成尿素排出体外，所以中毒能较快缓解。在低浓度氨的长期作用下，鸭体质变弱，对某些疾病抵抗力下降，采食量、日增重、生产力都下降，这种现象称为"氨的半中毒"或"慢性中毒"。

空气中较高浓度的氨对直接接触部位可引起碱性化学灼伤，组织呈溶解性坏死，并可引起呼吸道深部及肺泡的损伤，发生化学性支气管炎、肺炎、肺水肿，以及中枢神经系统麻痹、中毒性肝病和心肌损伤，鸭表现出明显的病理反应和临床症状，这种症状被称为"氨中毒"。在寒冷地区或寒冷季节,为了保暖,常紧闭门窗(尤其在夜间),由于通风换气不良使舍内的氨气大量滞留,不但严重危害鸭群,而且高浓度的氨还会刺激饲养人员的眼结膜,使之产生灼痛和流泪,并引起咳嗽。严重者可导致眼结膜炎,支气管炎和肺炎等。故鸭舍内的氨对工作人员的危害也是很大的。我国对人的劳动卫生方面要求空气中氨的含量最高不得超过40毫克/千克(或30毫克/米³)。由于鸭对有害气体的敏感性,鸭舍中氨的最高限定浓度应不超过20毫克/千克。

2. 硫化氢

硫化氢(H_2S)是一种无色、易挥发的恶臭气体(臭鸡蛋味),易溶于水,相对分子质量34.09,比重较大,为1.19,在标准状态下1升的重量为1.526克(或每毫克的容积为0.6497毫升)。鸭舍空气中的硫化氢,主要来源于粪便、垫料及饲料残渣中含硫有机物的分解。在大型封闭式鸭舍中,当破蛋较多或采食富含蛋白质的饲料时均可产生大量的硫化氢,鸭舍空气中的硫化氢来自地面附近,且比重较大,故近地面处浓度较高。

硫化氢主要是刺激黏膜,当硫化氢接触到鸭眼结膜或呼吸道黏膜上的水分时,很快溶解并与黏液中的钠离子结合生成硫化钠,对黏膜产生强烈刺激,引起眼结膜炎,同时引起鼻炎、气管炎、咽喉灼伤甚至肺水肿。进入肺泡中的硫化氢很快被吸收入血液,一部分被氧化成无毒的硫酸盐被排出体外,另一部分游离在血液中的硫化氢,刺激神经系统,可出现神经功能紊乱,呼吸中枢麻痹,引起心脏衰弱、急性肺炎和肺水肿,偶尔发生多发性神经炎。硫化氢还能和氧化型细胞色素氧化酶中的三价铁结合,使酶失活,最终影响细胞氧化过程,造成组织缺氧。所以长期处在低浓度硫化氢的环境中,动物体质变弱,抗病力下降,易患肠胃炎、心脏衰弱等。在鸭舍及鸭场中,硫化氢比氨的产量少,但毒性大。我国对人的劳动卫生方面规定空气中硫化氢含量不得超过6.6毫克/千克(或10毫克/米³)。按要求雏鸭舍中硫化氢的最高限定浓度应不超过2毫克/米³,成年鸭舍不超过10毫克/米³。

3.一氧化碳

一氧化碳是无色、无味、无臭的气体,相对分子质量 28.01,比重 0.967,在标准状态下 1 升重 1.25 克(或每毫升的容积为 0.8 毫升),难溶于水。鸭舍内一般没有一氧化碳,但冬季或早春封闭式鸭舍内采用煤炉加温时,如果煤炭燃烧不完全、排烟管道又不够通畅的情况,就可能产生和积累一氧化碳。

一氧化碳和血红蛋白有巨大的亲和力(比氧与血红蛋白的亲和力大 200～300 倍)。吸入肺部的一氧化碳,很易通过肺泡进入血液循环,与血红蛋白和肌红蛋白结合形成相当稳定的碳氧血红蛋白($HbCO$),这种物质不易解离,没有载氧功能,而且还能抑制和减缓氧合血红蛋白的解离与氧的释放,使血液的带氧功能严重受阻,造成机体急性缺氧,出现呼吸、循环和神经系统的病变,极易引起死亡。碳氧血红蛋白的解离比氧合血红蛋白慢 3 600 倍,因此中毒后有持久毒害作用。

一氧化碳中毒多发生在夜间,由于门窗关闭、通风不良而致中毒。空气中一氧化碳超过 3‰就可使鸭急性中毒死亡。一氧化碳中毒的鸭,轻者出现羽毛蓬松,精神沉郁,食欲减少,生长迟缓;严重者精神不安,嗜睡,呼吸困难,运动失调,瘫痪,昏迷,死亡前发生惊厥、尖叫等症状。我国对人规定的一氧化碳最高容许含量为 24 毫克/千克,即 30 毫克/米^3。一般要求鸭舍内一氧化碳浓度不能超过此规定。

4.二氧化碳

二氧化碳无色无臭,略带酸味,相对分子质量为 44.01,比重 1.524,标准状态下 1 升的重量为 1.98 克(或每毫升的容积为 0.509 毫升)。大气中约含 0.03‰二氧化碳,这种浓度对人和家畜没什么实际卫生意义。二氧化碳本身并无毒性,它的主要危险是造成缺氧,引起慢性毒害。鸭舍内的二氧化碳主要由鸭新陈代谢后呼吸排出。当鸭舍空间狭小、饲养密度过大、通风不良时,会使舍内二氧化碳浓度过高,这时鸭精神萎靡,食欲减退,增重缓慢,体质下降,严重的窒息死亡。

实际上,鸭舍空气中的二氧化碳很少能够达到引起鸭中毒的程度。它的卫生学意义在于,它表明了鸭舍空气中存在其他有害气体的可能性。也就是说,二氧化碳作为一个比较可靠的间接指标而受到人们重视。鸭二氧化碳浓度以 0.15%(1 500 毫克/千克)为限。

5.甲烷

由粪便在肠道内发酵,随粪便排出和粪便在鸭舍内较长时间堆积发酵产生。甲烷气体也会对鸭体产生不良刺激。

6.甲醛

多为用甲醛熏蒸消毒鸭舍时排放不全的残留气体。若浓度较高,同样会引发眼和呼吸道疾患。

二、鸭舍内有害气体的控制措施

1.合理建造鸭舍

鸭舍必须建在地势高燥、排水方便、通风良好的地方,鸭舍侧壁或顶部要留有充分的排风口,以保证有害气体能及时排除。鸭舍内应是水泥地面,以利于清扫和消毒。

2.保持清洁干燥

鸭舍内要求清洁干燥,及时排除鸭舍中的粪便等,防止鸭粪在舍内停留时间过长而产生大量有害气体。垫料不可潮湿,否则应及时换掉。鸭舍周围要防止污水积留,避免粪便随处堆积,以最大限度地减少有害气体的产生源。

3.搞好鸭舍周围绿化

充分利用绿色植物吸收鸭体排出的二氧化碳气体,以净化鸭舍周围环境,营造一个良好的养鸭生产小气候。

4.加强饲养管理

(1)控制鸭群密度:鸭舍内的饲养密度不宜过大。

(2)做好鸭舍内外卫生:鸭舍内地面上铺上垫料,如刨花、玉米芯、稻草等;及时清理鸭舍的污物和杂物,及时清粪。

(3)加强通风换气:做好鸭舍内的通风换气工作,特别是冬季,既要做好防寒保温,又要注意鸭舍的通风换气。用煤炭进行保温育雏时,切忌门窗长时间紧闭,通风不良,加温炉必须有通向室外的排烟管,使用时检查排烟管是否连接紧密和是否畅通等。用甲醛熏蒸消毒时应严格掌握剂量和时间,熏蒸结束后及时换气,待刺激性气味排尽后再转入鸭群。

5. 优化日粮结构,饲料中添加生物制剂

按照鸭的营养需求配制全价日粮,避免日粮中营养物质的缺乏,不足或过剩,特别要注意日粮中粗蛋白水平不宜过高,否则会造成蛋白质消化不全而随粪排出,分解产生过多的氨。同时,根据鸭的采食量适当增减喂料量,防止饲料长期残留在食槽内发生霉变。在饲料中适量添加益生素或复合酶制剂,可提高饲料蛋白质的消化利用率,减少蛋白质向氨及胺的转化,使粪便中氮的排泄量大大减少,既可改善鸭舍内的空气质量,也节约了饲料。

6. 使用添加剂除臭

(1)生物除臭法:这是应当首推的环保养殖新技术。研究发现,很多有益微生物可以提高饲料蛋白质利用率,减少粪便中氨的排放量,可以抑制细菌产生有害气体,降低空气中有害气体含量。目前常用的有益微生物制剂类型很多,如 EM 制剂等。具体使用可根据产品说明拌料饲喂或拌水饮喂,亦可喷洒鸭舍,除臭效果显著。

(2)气体吸附法:利用氟石、丝兰提取物、木炭、活性炭、煤渣、生石灰等具有吸附作用的物质吸附空气中的有害气体。方法是利用网袋装入木炭悬挂在鸭舍内或在地面适当撒上一些活性炭、煤渣、生石灰等,均可不同程度地消除鸭舍中的有害气体。

(3)硫磺抑制氨气法:在垫料中混入硫磺,可使垫料的 pH 值小于7.0,这样可抑制粪便中的氨气产生和散发,降低鸭舍空气中氨气含量。具体方法是按每平方米地面 0.5 千克硫磺的用量拌入垫料中铺垫地面。

(4)过磷酸钙中和氨气法:在鸭舍垫料上撒一层过磷酸钙,过磷酸钙与鸭粪中产生的氨气发生反应,生成无味的固体磷酸铵盐,可减少粪便中氨气散发,降低鸭舍氨气浓度。方法是按每 50 只鸭活动地面的垫料上均匀撒上 350 克过磷酸钙即可。

(5)化学除臭法:利用过氧化氢、高锰酸钾、硫酸铜、乙酸等具有抑臭作用的化学物质,通过杀菌消毒,抑制有害细菌的活动,达到抑制和降低鸭舍内有害气体的产生。方法是用 4% 硫酸铜和适量熟石灰混在垫料之中,或者用 2% 苯甲酸或 2% 乙酸喷洒垫料,均可起到除臭作用。

(6)中草药除臭法:很多中草药具有除臭作用,常用的有艾叶、苍术、大青叶、大蒜、秸秆等。具体方法是,将上述中草药按等份适量放在鸭舍空舍熏烧,即可抑制细菌,又能除臭。

第四节　鸭健康养殖鸭舍其他环境条件的改善与控制

一、鸭舍的光照及其控制

1.光照对鸭的影响

光照与鸭的采食、活动、生长、繁殖息息相关,尤其对鸭性成熟的控制,光照和营养同样重要。雏鸭为了满足采食以达到快速生长的需要,要求光照时间较长,除了自然光照以外,还需要人工补充光照。育成期鸭一般只利用自然光照,防止过早性成熟。产蛋期每天 15~16 小时的长光照制度,有利于刺激性腺的发育、卵泡的成熟、排卵,提高产蛋率。

2.鸭舍采光设计

鸭舍内的采光包括自然照明和人工照明,自然照明是让太阳的直射光和散射光通过窗户、门及其他孔洞进入舍内,人工照明则是用灯泡向鸭舍内提供光亮。一般鸭舍设计主要考虑人工照明。根据鸭舍的宽度,在内部安设 2~3 列灯泡,灯泡距地面高 1.7~2.2 米,平均 1 米^2 地面有 3～5 瓦的灯泡即可满足照明需要。另外,在鸭舍中间或一侧单独安装 1 个 25 瓦的灯泡,在夜间其他灯泡关闭后用于微光照明。

二、鸭的光照管理

1.蛋鸭的光照管理

(1)雏鸭的光照管理:雏鸭特别需要日光照射,太阳光能提高雏鸭的体表温度,促进血液循环,经紫外线照射能将存在于鸭体皮肤、羽毛和血液中的 7-脱氢胆固醇转变为维生素 D_3,促进骨骼生长,并能增加食欲,刺激消化系统,有助于新陈代谢。在不能利用自然光照或自然光照时数不足时,可以用人工光照补充。

育雏期内,光照强度可大些,时间稍长些。育雏第 1 周内,出壳后的前 3 天采用 24 小时光照,以便让雏鸭熟悉环境,光照强度一般为 10 勒克斯,4 日龄以后,每昼夜光照可达 20～23 小时;育雏第 2 周,光照可缩短至 18 小时;第 3 周龄起,要区别不同情况,若夏季育雏,白天利用自然光照,夜间用较暗的灯光通宵照明,只在喂料时用较亮的灯光照 0.5 小时。如晚秋季节育雏,由于日照时间较短,可在傍晚适当增加光照 1～2 小时,其余时间仍用较暗的灯光通宵照明。

(2)育成鸭的光照管理:青年鸭在培育期内不用强光照射,要求每天标准的光照时间稳定在 8～10 小时,在开产以前不宜增加。如利用自然光照,以下半年培育的秋鸭最为合适。但是,为了便于鸭子夜间饮水,防止老鼠或鸟兽走动时惊群,鸭舍内应通宵弱光照明,30 米^2 的鸭舍,可以亮一盏 15 瓦灯泡。遇到停电时,应立即点上有玻璃罩的煤油灯或其他照明用具,决不可延误。长期处于弱光通宵照明的鸭群,一旦突遇黑暗的环境,常会引起严重惊群,造成很大伤亡。

蛋鸭育成期光照方案:如果引进此批鸭子的时间是介于 8 月下旬至翌年 4 月上旬,育成期光照方案只能采用渐减光照法或恒定光照法。

渐减光照法:第一步,首先算出本批雏鸭 20 周龄时的日期,如为翌年2月20日;第二步,查出本地区2月20日前后的自然光照时间,如为11.2小时;第三步,制定合理光照程序。0~8周龄按育雏期光照,假如8周龄时光照为20小时,则从第9周龄起,每周减少45分钟开灯时间(或早关灯45分钟),至第20周龄时,光照时间正好11小时,与自然光照时数接近。如8周龄时光照为23小时,则从第9周龄起,每周减少1小时开灯时间(或早关灯1小时),至第20周龄时,光照时间也正好11小时,与自然光照时数接近。

恒定光照法:查知本批雏鸭20周龄时的日期为翌年2月20日,自然光照时间为11.2小时,计作12小时,从第9周龄起每天光照12小时(自然光照＋人工光照),早上6:00开灯,晚上6:00关灯即可。

(3)产蛋期光照管理:蛋鸭品种大都在150日龄开产,200日龄时达到产蛋高峰。光照具有刺激蛋鸭产蛋的作用,它通过神经和内分泌的共同作用促进滤泡的生长发育,从而促进鸭蛋的形成。

产蛋期改自然光照为人工补充光照,蛋鸭须稳定光照制度,以保持连续高产。蛋鸭饲养中一个合理的光照制度应该是:从产蛋开始(150日龄左右),每天增加光照20分钟,直至16小时或17小时,光照强度为5勒克斯。可按灯高2米,每平方米鸭舍1.4瓦或每18米² 鸭舍一盏25瓦有灯罩的灯泡。以后每天保持16小时光照,不能减少。如产蛋率已降至60％时,可以增加光照时数。不要突然关灯或缩短光照时间,以免引起惊群和产畸形蛋。如果经常断电,要预备煤油灯或其他照明用具。要求灯泡分布均匀,交叉安置,且经常擦洗清洁,晚间开灯只需采用朦胧光照即可。此外,光照制度还要与饲养管理措施紧密结合起来,以真正发挥光照作用。

2.肉鸭的光照管理

(1)商品雏鸭的光照管理:7日龄以内要求保持24小时连续光照,7~14日龄要求每天18小时光照,14日龄以后每天12小时光照,至屠宰前一直保持这个水平。但光的强度不能过强,白天利用自然光,早晚提供微弱的灯光,只要能看见采食即可。光照强度为每平方米5瓦,灯泡离地的距离是2~2.5米。

(2)肉用种鸭的光照管理。

育雏期光照:0～4周龄育雏期参照肉用仔鸭育雏期的管理。

育成期的光照管理:5～20周龄这个阶段,光照的原则是光照时间宜短不宜长,光照强度宜弱不宜强,以防过早性成熟。通常每日固定光照9～10小时,实际生产中多采用自然光照。如果育成期处在日照时间逐渐增加的季节,解决的方法是将光照时间固定在19周龄时的光照时间范围内,不够的人工补充光照,但总的光照时间不能超过11小时。如果自然光照日渐减少,就利用自然光照,到21周龄时逐渐增加光照,以周为单位,而且每周增加的时间相等增加,26周龄时光照达到17小时。每天从早晨4:00开始光照,直至21:00,其余时间为黑暗。例如:20周龄时的自然光照时间为8小时,要再增加9小时的人工光照才满足17小时的光照时间,因此将9小时平均分给6周,每周配给1.5小时,结果为从21周龄开始每周增加1.5小时的光照。

产蛋期光照管理:每天提供17小时光照,光照强度为每平方米地面2瓦,灯高2米,并加盖灯罩,灯分布要均匀,时间固定,不可随意更改,否则会影响产蛋率。

三、通风及其控制

1.通风对鸭的影响

通风对于鸭饲养意义重大,合理的通风可以有效调节鸭舍内的温度和湿度,在夏季尤为重要。通风在保证氧气供应的同时,清除了舍内氨气、硫化氢、二氧化碳等有害气体,而且使病原微生物的数量大大减少。

2.通风设计

一年四季对鸭舍内的通风要求(通风量、气流速度)有很大区别,在鸭舍的通风设计上应充分考虑到这一点。通风包括自然通风和机械通风两种方式,自然通风依靠舍内外气压的不同,通过门窗的启闭来实现,机械通风则是鸭舍通风设计的主要方面。机械通风有正压通风和负压通风两种形式,按气流方向还可以分为纵向通风和横向通风。不同的通风方式各有特点,分别适用于不同类型的鸭舍以及不同的季节。现将有关机械通风的方式介绍如下。

(1)负压纵向通风设计:这种通风方式是将鸭舍的进风口设置在一端(鸭场净道一侧)山墙上,将风机(排风口)设置在另一端(污道一侧)的山墙上。当风机开启后将舍内空气排出而使舍内形成负压,鸭舍外的清新空气通过进风口进入鸭舍内。空气在鸭舍内流动的方向与鸭舍的纵轴相平行。这种通风方式是大型成年鸭舍中应用效果最理想、最普遍的方式,它产生的气流速度比较快,对夏季热应激的缓解效果明显。同时,污浊的空气集中排向鸭舍的一端,也有利于集中进行消毒处理,还保证了进入鸭舍的空气质量。这种通风方式在鸭舍长度60～80米、宽度不大于12米、前后墙壁密封效果好的情况下应用比较理想。

(2)负压横向通风设计:即将进风口设置在鸭舍的一侧墙壁上,将风机(排风口)设置在另一侧墙壁上,通风时舍内气流方向与鸭舍横轴相平行。这种通风方式气流平缓,主要用于育雏舍。进风口一般设置在一侧墙壁的中上部,可以用窗户代替,风机设置在另一侧墙壁的中下部,其底壁距舍内地面约40厘米,内侧用金属栅网罩上。一般所用的风机是小直径的排风扇。

(3)正压通风:即用风机向鸭舍内吹风,使舍内空气压力增高而从门窗及墙缝中透出。使用热风炉就是这种通风方式的典型代表,夏季用风机向鸭舍内吹风也是同一原理。

3.鸭舍内气流的调节措施

开放式鸭舍,除夏季需要开启风机,以加大气流速度缓解热应激外,一般可以通过自然通风换气系统保证适宜的空气流动。

密闭式鸭舍,需通过合理安装风机和设计进出风口来保证舍内适宜的气流速度。

以纵向通风为例,风机的安装应按大小型号相间而设,可以多层安设,安装的位置应该考虑山墙的牢固性。下部风机的底部与舍外地面的高度不少于 40 厘米,为了防止雨水对风机的影响,可以在风机的上部外墙上安装雨搭。风机的内侧应该有金属栅网以保证安全。每个风机应单独设置闸刀,以便于控制。进风口设计时要尽可能安排在前端山墙及靠近山墙的两侧墙上,进风口的外面用铁丝网罩上以防止鼠雀进入,进风口的底部距舍内地面不少于 20 厘米,总面积应是排风口总面积的 1.5~2.0 倍。

风机的选配以夏季最大通风量为前提,将大小风机结合应用,以适应不同季节的通风需要。以宽 10 米、长 70 米、一端山墙面积 30 米^2 的成年鸭舍为例,此鸭舍可饲养成年蛋鸭 4 000 只,按夏季每只鸭每小时通风量 12 米^3 计算,总通风量应该达到 4.8 万米^3/小时,如果考虑通风效率为 80%,则总通风量应该达到 6 万米^3/小时。依照风机的技术参数,一般情况下安装一台较大型号(1250 型)和两台小型风机(900 型)即可满足通风要求。夏季 3 台风机全部启动,冬季启用 1 台或 2 台小风机,秋季使用 1 台大风机或 2 台小风机即可。

另外一种设计方法是以舍内气流速度为依据的,要求夏季舍内气流速度可以达到 1~1.2 米/秒。舍内的过流面积为 30 米^2,设计气流速度为 1.2 米/秒,则总的通风量应达到 36 米^3/秒(即 13 万米^3/小时)。与上面的一种设计方法相比,这种设计所需要总的通风量要大得多,需安装两台较大型号(1250 型)风机才能满足要求。

四、噪声及其控制

鸭长期生活在噪声环境下,会出现厌食、消瘦、生长不良、繁殖性能下降等不良反应。突然的异常响动会出现惊群、产蛋率突然下降。超强度的噪声(如飞机低飞)会造成水鸭突然死亡,尤其是高产鸭。

合理选择场址是降低噪声污染最有效的措施,鸭场要远离飞机场、铁道、大的工厂。另外,饲养管理过程中,尽量减少人为的异常响动。

思考题

1.肉鸭、蛋鸭各阶段的温度控制是多少?

2.鸭适宜的湿度是多少?降低鸭舍湿度的措施有哪些?

3.鸭舍内常见的有害气体有哪些?如何采取措施进行控制?

4.对蛋鸭、肉鸭不同时期的光照如何进行设计和控制?

5.鸭舍内气流的调节措施有哪些?

第六章

健康养殖肉种鸭饲养管理

第一节　健康养殖肉种鸭育雏期的饲养管理

为了获得满意的育雏效果,必须充分做好育雏前的准备工作,确定育雏季节、育雏方式、育雏人员,准备好育雏室、育雏饲料与垫料等生产必需物资等。育雏是一项艰苦而又细致的工作,是决定养鸭成败的关键,因此,育雏前要做好充分准备是一项不容忽视的问题。

一、育雏前做好充分的准备工作

种鸭育雏期是指种鸭在 0~28 日龄这段时期。育雏期的管理应注意开食、饮水的方法,温度、湿度、通风、光照、密度、卫生等环境因素的控制。首先,要检修好育雏舍,准备好保温、采食、饮水等育雏的工具,并连同育雏舍一起进行彻底的清洗消毒(可按每立方米空间用 15 克高锰酸钾和 30 毫升福尔马林混合熏蒸),对育雏室的场地、保温供温设施、下水道进行检修,准备好充足的料槽和饮水器。墙壁、地面、室内容间、食槽、饮水器等严格消毒。

(1)物料的准备工作:接鸭所需的各项物品,保温、采食、饮水等育雏的工具,饲料、药品,地面饲养的还要准备足够数量的干燥清洁的垫草,如刨花、稻壳、米糠或切短的稻草等,在熏蒸前全部放到鸭舍,这样效果要更好。

(2)在进鸭前3天开动所有设备:进雏鸭前还要调试好加温设备、照明系统、通风系统,做好加热试温工作,一般要提前1~2天将育雏舍的温度升高到30℃左右。

(3)人员的准备:提前做好人员安排及人员培训,让员工提前对生产有个熟悉的过程,这对新员工较多的场子显得尤为重要。

二、温度的管理

温度的控制是育雏的一个重要的技术环节,是育雏成败的关键,雏鸭各生理系统发育不健全,体温调节能力差,既怕冷又怕热。育雏室要求保温良好,环境安静。

接雏前应提前对鸭舍进行预温,防止鸭雏到来前温度不达标情况的出现(冬季一般要求提前2天,夏季可根据情况自行决定),接雏首日控制在33~35℃,以后可按照每天下降0.5℃调节,也可3~5天调温一次,每次2~3℃。严格调节舍内温度平衡,始终保持舍内(育雏段)前后温度基本一致,必要时可开风机进行拉动调节,以保持供热平衡。在炎热情况下,育雏温度可以适当地低于标准,在寒冷的情况下,育雏温度可以适当高于标准。两周内侧重于保温,两周后侧重于通风换气。

掌握鸭群对温度要求的最适宜点,应注意观察鸭群分布状态。当温度过高时,鸭群会远离热源,趋向水源;温度过低时,鸭群多缩脖、扎堆,并靠近热源;温度适宜时,鸭群会均匀分散至整个育雏圈内,精神状态良好,活动积极;另外隔栏应使用不通风的材料制成,保护雏鸭不受到贼风的影响。

当外界温度低时,尤其是阴雨(雪)天气时,育雏舍内的温度要高一些,当外界温度高时,育雏舍的温度要低一些;雏鸭体质弱的温度要高一些,体质好的温度可适当低一些。饲养实践证明,育雏的头3天采用高温育雏,温度34～35℃,这样有利于卵黄的吸收,减少雏鸭白痢的发生。1周后每周温度下降2～3℃,到第四周降到21～24℃。温度不降或降得太慢不利于羽毛的生长,降温速度太快也不行,小鸭不适应,生长减缓,死亡增加。

为更好地掌握温度情况,鸭舍内外要挂温度计,温度计的位置应在鸭背上方,有经验的饲养者常会根据鸭群的表现确定温度是否适宜。当温度适宜时,雏鸭分布均匀,活泼好动,羽毛光滑整齐,食欲旺盛,雏鸭展翅伸腿,夜间睡眠安静,睡姿伸展舒适,在鸭舍内均匀散布;当温度低时,雏鸭表现行动迟缓,缩颈弓背,睡眠不安,向热源集中,互相挤压,眼半睁半闭,身体发抖,发出凄惨声;当温度过高时,雏鸭远离热源,饮水量大增,食欲减少,伸脖张嘴喘气,呼吸加快,烦躁不安,身体羽毛如汗浸样。育雏期间为避免夜间温度突然变化,影响鸭的成活率,一定要经常不离人地观察保持温度。此外,育雏舍要防止贼风。当鸭舍有贼风时,一侧温度降低,鸭群会同时避开一个方向,跑向另一侧。

育雏时应特别注意预防煤气中毒,特别是雏鸭刚进的1周内,由于温度需要较高,门窗封闭严,通风不良,煤气中毒时有发生,煤气中毒使人感觉头晕,严重的会四肢无力。雏鸭表现嗜睡,采食量和饮水量下降,预防雏鸭煤气中毒关键是鸭舍内的炉子安装烟筒,同时注意通风。

三、湿度及垫料的管理

湿度就是空气中水蒸气的含量。湿度对雏鸭的影响较大,尤其对10日龄以内的雏鸭更是重要。因为在出雏器内湿度为70%,雏鸭在这个湿度下很适宜,随即来到育雏舍,如果舍内很干燥,则雏鸭体内水分必然消耗过大,使体内卵黄吸收不完全,口渴而大量饮水,易发生下痢,脚趾干瘪,羽毛不整,空气中的灰尘增多,易引发呼吸道疾病。因此,鸭进舍前10天,湿度要保持在60%～70%。提高鸭舍的湿度可在舍内放水缸、水桶,靠水的蒸发来增加湿度,夏季可往墙上喷水。10天后,由于鸭体重增加,呼吸量增大,排粪增多,饮水器难免洒水,鸭舍湿度会越来越大。此时应注意加强通风换气,勤换垫料,防止湿度过大而诱发球虫病、消化道疾病等。

在高温高湿环境中,雏鸭食欲减退,患病增多,生长速度下降,这种情况多见于炎热的夏季。当低温高湿时,鸭产生的热量大部分被湿气吸收,舍内温度下降快,舍内感觉又冷又潮,肉仔鸭增重减慢,耗料增多,雏鸭易患感冒和消化道疾病。在低温低湿环境中,鸭舍内尘埃增大,鸭的羽毛蓬乱,鸭显得烦躁不安,呼吸系统疾病增多,增重也受影响,因而高温高湿、低温高湿以及低温低湿对鸭的生长发育都不利,控制好湿度尤为重要。

产蛋期垫料的管理非常重要。要为产蛋种鸭提供一个松软干燥的地面环境。樱桃谷鸭极易消耗大量的饮水,而且会将大量的水样粪便排在垫料上,导致垫料的潮湿,给垫料的管理带来很大的难度。因此,建议要经常向鸭舍的垫料上铺垫一小层新鲜干燥的垫料,保证垫料的干燥疏松。垫料的优劣会严重影响种鸭的健康和种蛋的孵化指标。特别要注意避免使用发霉的垫料,鸭对霉菌毒素特别敏感。

添加新垫料的频率与种鸭的周龄、气候以及所使用的饮水系统的类型有关,但最终取决于地面垫料的干燥程度。在通常环境情况下,按以下规则在鸭舍地面撒一层较薄的新鲜垫料,育雏每周3次;育成每周3次;产蛋每天1次。

应当特别关注产蛋窝内的垫料,必须保证垫料干燥疏松。种鸭有埋蛋的习性,每次产完蛋,会用鸭喙翻动周边的垫料,将种蛋埋藏起来,每一个产蛋窝内会埋藏很多种蛋,因此要保证产蛋巢内的垫料干燥疏松。干燥疏松的垫料既可以保证种蛋免于破损,又可以保证种蛋的卫生。如果种蛋在产蛋窝内或栏圈地面上被鸭粪污染,其孵化率会大大降低。因此,产蛋期每天要将新鲜垫料加入产蛋巢内,添加的时间越晚越好,最好掌握在添完垫料就关灯。这样种鸭在早上产蛋时,种蛋被污染的机会就会大大减少。在产蛋期,如发现产蛋窝内的垫料变得特别潮湿或很脏,应将里面的垫料移走,及时换上新鲜干净的垫料。

四、饮水管理

1日龄雏鸭的第一次饮水称为初饮。雏鸭出壳应先饮水后开食,这样可以促进雏鸭肠道蠕动,排出胎粪,增进食欲,减少应激和感染。

雏鸭舍的温度较高,加上运输过程,雏鸭体内水分消耗很大,因此,雏鸭进舍后应立即蘸嘴、饮水。饮水方法如何,开食前是否饮水,对雏鸭以后的生长发育有很大影响。

(1)蘸嘴:目的是让每只雏鸭都尽快地学会喝水,虽然蘸嘴比较麻烦,但实践证明。对提高雏鸭成活率有很大的好处,尤其是在炎热的夏季和长途运输后。水深应在1.5厘米左右,蘸嘴的方法:手轻轻握住雏鸭,用拇指和食指固定鸭头部。让鸭喙浸于水中1~2次,注意不要将雏鸭的绒毛弄湿。

(2)饮水:第一次饮水应用温开水,在水中加入3%～5%的白糖或葡萄糖和0.05%～0.1%的维生素C。供给量以2小时内饮完为宜,但要现用现配。待5～7天后可直接饮用井水。将饮水器均匀地摆放在育雏舍上,水不要加得太多,少给勤添。饮水时要多注意观察鸭群,蘸嘴后的雏鸭一般会自己饮水,如果发现不会饮水的鸭只,要人工强制饮水,必须确保全部鸭只都喝到水。育雏舍内最好准备一个水缸,装满清洁的饮用水,这样可以使水温与室温相当,防止饮水过凉引起雏鸭生病。饮水器要每天清洗消毒1次,夏季炎热季节最好清洗2次。饮水器内要不断及时补充新水。在整个育雏期饮水一定不能间断。从育雏的第2天开始饮水中要加入防雏鸭白痢的药物。地面平养的为使垫料不弄到水里,饮水器下要垫块小砖头或者其他物品。

五、开食及饲喂

雏鸭出壳后的第一次吃食称为开食。雏鸭开食一般在出壳后 24~36 小时或初饮后 4 小时进行。雏鸭开食过早会损伤雏鸭的消化道,对雏鸭以后的生长发育不利;开食过晚会消耗雏鸭的体力,使雏鸭体质虚弱,影响雏鸭的生长发育,从而增加雏鸭的死亡率。

雏鸭开食的饲料要求新鲜,颗粒大小适中,易于啄食和消化,且要营养丰富。常用的有细碎的黄玉米颗粒、小米或雏鸭配合饲料。雏鸭开食的第一天用黄玉米颗粒或小米,这样可以促进雏鸭的蛋黄吸收,以后用配合饲料。

给雏鸭填料要少添勤添,每次添的料要在 20~30 分钟内吃完。每隔 2 小时喂 1 次。在第二次往网上垫纸撒料时,要同时给料槽盛满料,以引诱雏鸭吃料槽中的饲料,到第 3~4 天则可撤掉铺纸,在垫料上或者运动场上饲喂。

先饮水后开食,切忌先食后水。先饮水可补充雏鸭出壳时体内所耗去的水分,促进肠道蠕动,排除胎粪,促进新陈代谢,加速吸收体内剩余的蛋黄,以增强食欲感。喂配合饲料,切忌饲料单一。少量多餐,切忌饱饿不均。

六、免疫、用药

建立合理的基础免疫程序,每批鸭入舍前,根据季节、环境、来源、健康、抗体、疫情、疫苗等实际情况,对基础免疫程序合理调整,建立本批鸭的应用程序;重视常见病的药物预防;加强日常管理、营养和饮水管理,合理使用抗应激药物,减少应激,尤其要减少接种疫苗时的应激。加强疫苗的管理,选用优质疫苗,安全运输保管,把握有效期,实施规范接种。

免疫方法:一人配合抓鸭,另一人左手拇指、食指从鸭脖下方向上挤压皮肤,拉直鸭脖,小指压住鸭嘴,保持鸭脖与地面平行,右手从左手拇指、食指中间进针。这样操作较单人操作要安全,不会出现打伤鸭只的情况。固定隔网时使用电工用3~4厘米的扎带来进行固定,这样既不会因用细铁丝一样留下铁丝头伤鸭,也不会有因细绳捆绑被鸭只啄食的危险。

推荐种鸭的免疫程序见表6-1。

表6-1　种鸭的免疫程序

鸭龄	疫苗名称	只鸭剂量/毫升	注射部位
1日龄	鸭肝	0.25	颈部皮下
8日龄	浆膜炎＋大肠杆菌	0.25	颈部皮下
14日龄	禽流感	0.25	颈部皮下
25日龄	鸭瘟禽	0.25	颈部皮下
10周龄	流感	0.75	胸肌
14周龄	浆膜炎＋大肠杆菌	0.75	胸肌
20周龄	鸭肝	0.75	胸肌
23周龄	鸭瘟	0.75	胸肌
24周龄	禽流感	0.75	胸肌
40周龄	鸭肝	0.75	胸肌
42周龄	鸭瘟	0.75	胸肌
55周龄	禽流感	0.75	胸肌

七、及时扩群

为保证雏鸭在最初几天能更好地接近热源、吃食及饮水,防止因突然停电或降温等外界条件改变而发生挤压等不测,要将雏鸭分成若干小圈饲养,每圈300~500只,这样有利于管理,雏鸭发育也均匀。肉用型雏鸭的饲养密度见表6-2。

表 6-2　肉用型雏鸭的饲养密度

周龄	密度/(只/米^2)
1	20～25
2	10～15
3	6～10
4	4～6

　　饲养密度适宜,切忌失度。出生雏鸭一般控制在 25 只/米^2。分群管理,切忌强弱不分。每批雏鸭总有强弱情况,管理中应根据强弱分群,饲养上区别对待,以确保群体发育均匀。实践证明,越早分群及分栋对鸭群越有利,垫料、舍内空气环境越容易管理。

　　分群饲养的同时也要关注通风,加强通风可提供新鲜空气,排除有害气体,控制温度、湿度,排除灰尘,降低肉鸭腹水症、慢性呼吸病症和大肠杆菌病的发生。由于肉鸭饲养密度大,生长速度快,代谢旺盛,呼吸排出大量的二氧化碳,加上粪便和潮湿的垫料发酵,产生大量的氨和硫化氢,如果室内通风不畅,这些有害气体将严重影响鸭的健康,引起呼吸道疾病、瞎眼,致使鸭生长发育受阻。鸭舍通风主要是通过风机或气窗进行的。通风量及通风时间要掌握好,舍内空气流通速度不能太快,否则新鲜空气在舍内分布不均匀,对鸭的刺激很大,特别容易患呼吸道病。在湿度低、尘埃大的鸭舍,这种通风更易发病。在饲养实践中可凭感官判断鸭舍通风是否良好。如果进入鸭舍没有较强的刺鼻、刺眼的氨味,说明通风尚可,如果刚一踏入门口扑面而来的气味呛得人睁不开眼,说明鸭舍通风换气不好,应赶快采取措施。出生 1 周的小鸭,呼吸量小,排粪也少,基本没什么有害气体,为了保持舍内温度,5 天内可不通风。但 10 天以后必须每天根据情况开风机和气窗。冬季要处理好保温和通风之间的矛盾,在保证温度的基础上进行通风换气。可以采用间歇开风机的办法,每 2 小时左右开一次风机,每次 5～10 分钟,天气好时时间略长一些,阴天雪天时间短一些。

八、成活率控制

在育雏、育成和产蛋期，种鸭会有少量死亡、受伤或残弱，这是正常现象。每周的死淘数量应保持在 0.25％ 以内。如果死淘数量较高。应查找原因，拿出解决方案。

种鸭在饲养过程中，鸭腿及鸭蹼极易受到伤害，一旦受到伤害将很难康复。如果经常发生这种受伤的种鸭要尽快查找原因，尤其是运动场、饮水岛、舍内垫料，发现问题尽快维修，以减少死亡。

在栏圈中发现残弱鸭，应尽快将它们从栏圈中挑出，并详细记录数量和残弱情况。将这些残弱鸭放入较小的栏圈，单独饲养护理几天。栏圈中挑出的残弱鸭，数量发生了变化，同时也应调整这一栏圈的喂料量。如果放入残栏中的樱桃谷鸭两周内对治理处理没有反应，不见康复，应将其淘汰，并在生产记录上做记录。

在育成和产蛋期，每周应对种鸭的死亡和淘汰情况做一次统计，如果死淘情况有异常，则需要迅速调查原因，及时处理。

鸭群检查：鸭场技术员应每天对全场的种鸭检查一次，尤其是在喂料时进行观察，在这一过程中，应主要检查鸭群的精神状况、进食情况、羽毛的状况，种鸭在栏圈内走动的灵活性，种鸭大小的均匀度，过重还是过轻。应注重观察，种鸭是否有异常问题，以及鸭舍的总体状况。这样能使技术员充分掌握、理解种鸭的生长发育情况，尽可能地早发现潜在的问题。

九、体重抽测

28 天以后，种鸭每天的喂料量，要根据公鸭和母鸭的平均体重与它们各自的目标体重的差距来确定。为了能够掌握鸭群真实的体重，每星期应随机称重 10％ 的公鸭和母鸭，注意每栏要均要抽测 10％。体重抽测应在 21 天开始，每周应在周末称重一次。抽测样本要确保其随机性,要求同一时间、同一地点、统一衡器、同一人进行抽测。称重应选择在每天早晨喂料之前进行,称重结束后,方可喂料。计算出样本的平均体重,并与目标体重图进行比较,4周末体重结果,需将平均体重与标准体重作比较,预计下一周每栏种鸭的日料量。下一周的料量既要考虑本周体重达标情况,又要考虑下一周预期的增重情况。

例如:如果平均体重低于标准体重,实际周增重低于标准周增重,则按28天的喂料量饲喂到35天;如果平均体重高于标准体重,实际周增重高于标准周增重,则按24天的喂料量饲喂到35天;如果平均体重达到标准体重而且周增重与标准周重接近,则按26天的喂料量饲喂到35天。

在决定了下周每栏种鸭的喂料量后,料量乘以存栏数,即为每栏的饲料总量。在5周末早上喂料前,再次抽测10%的公鸭和母鸭,分别计算公鸭和母鸭的平均体重。分别将公、母鸭的平均体重与标准体重作比较。如果平均体重低于标准,周重低于标准,适当加大每天的喂料量(10~15克);如果平均体重达到标准,周重接近标准,适当增加喂料量(5克),以后维持此生长速度。

如果平均体重高于标准,周重高于标准,需要重测体重和核实上一周的喂料量,如果情况属实,下一周需要维持目前的喂料量,在超重的情况下,将料量维持一段时间,而不是减少喂料量,是使体重回归到目标体重的最好方法。体重抽测与料量控制,此项工作是育成期每周工作的重点,此项工作要持续到18周末。

注意:当严格控制喂料量时,必须观察下列因素:①环境温度的变化,会影响到种鸭维持体能的那部分饲料的消耗,因而会影响到用于生长的饲料。在气温下将时,要适当多增加料量,在气温上升时,要适量减缓饲料的增加。②种鸭料要求质量高,同时营养指标稳定,无论是营养指标的改变还是颗粒度的改变,均会影响到樱桃谷鸭的生长。③严格控制体重,特别对于母鸭,是饲养早期最重要的一环。

十、喂料方式的转变

1. 10～28 日龄

每天为每只种鸭提供定量的喂料,每天的饲料要勤添少加,以便刺激雏鸭的食欲。生长到 16 天后,由于喂料量的增加,栏圈内的饲料分布面积也相应增加,即:最初用开食盘喂料,从 16 天起,撤掉开食盘,开始将饲料撒在地上,随着种鸭对饲料竞争的加剧,饲料的分布面积也相应增大。

2. 28 日龄至 18 周龄

每天喂料一次,喂料量由种鸭的重量决定,这一阶段,由于喂料量的强烈限制,种鸭对饲料的竞争会非常激烈,为了使所有的种鸭都能采食到相同的饲料,必须将饲料快速地分撒到足够大的面积上,使所有的种鸭同时进料。

鸭具有很强的觅食性,即便饲料埋在很深的稻壳垫料内,鸭也会很快觅食到,但种鸭对粉末样饲料却很难觅食。这对于饲料的制粒要求非常严格,饲料中要求尽可能减少粉末的含量,同时地面不能过于潮湿,不然颗粒料很快会潮解成粉末。

3. 18～22 周龄

饲喂方法逐渐由限量饲喂过渡为限时饲喂,即让种鸭每天在规定的几个小时内从喂料箱中自由采食。

4. 22 周龄至产蛋结束

每天在规定的几个小时内让种鸭自由进食,自由进食的时间长短决定于平均蛋重,由于各地的气候不同,采食时间可由 6 小时变化至 24 小时。

十一、生物安全的控制

养鸭场应根据生产功能分区规划,各区之间要建立最佳的生产联系和卫生防疫条件。规划时应根据地势和主导风向合理分区,生活区安排在上风口,接着是办公区、生产区、疾病卫生管理区。各功能区内的建筑物也应根据地势、地形、风向等合理布局,各建筑物间留足采光、通风、消防、卫生防疫间距。场内运送饲料等的清洁道与运送粪便、垫料等污道应分开设置。鸭舍朝向最好是南偏东或偏西不超过10°,以获得良好的通风条件和避免西晒太阳的影响。

1.鸭场选址和布局

鸭场应建立在地势较高、干燥、采光充分、易排水、隔离条件良好的区域。鸭场周围3千米内无大型化工厂、矿场,1千米以内无屠宰场、肉食品加工厂,或其他畜牧场等污染源。鸭场距离干线公路、学校、医院、乡镇居民区等设施至少1千米以上,距离村庄至少500米以上。鸭场周围有围墙或防疫沟,并建立绿化隔离带。鸭场不允许建在饮用水源、食品厂上游。

2.鸭场卫生要求

鸭场分为生活区(办公区)和生产区。生产区应在生活区的上风向,污水、粪便处理设施和病死鸭处区应在生产区和生活区的下风向或侧风向。两区之间应相对隔开,保持一定的距离,并在中间种植花草,设置绿化地带。生产区最好要有围墙,场内道路应分清洁道和非清洁道(污道),两者互不交叉,清洁道用于运输活鸭、饲料、产品,非清洁道用于运输粪便、死鸭等污物。加强卫生防疫工作,进入生产区内必须换衣服、换水靴、消毒。

鸭场周边环境和鸭舍内空气质量应符合NY/T 388标准提出的指标要求,饮水水质应符合 NY 5027畜禽饮用水水质标准的要求。每日清洗饮水设备,保证饮水设备清洁。

3.鸭舍建筑

鸭舍墙体坚固,内墙壁表面平整光滑,墙面不易脱落、耐磨损、耐腐蚀,不含有毒物质。舍内建筑结构应利于通风换气,并具有防鼠、防虫和防鸟设施。鸭舍宽度通常为8~10米,有的建设到12米宽,长度视需要而定,一般不超过120米,内部分隔多采用矮墙或低隔网栅,最基本的要求是冬暖夏凉、空气流通、光线充足,便于饲养管理,容易消毒和经济耐用。一个完整的平养鸭舍应包括鸭舍、陆上运动场和水上运动场3部分,这3个部分面积的比例一般分为 1：(1.5～2)：(1.5～2),肉用仔鸭舍可不设路上和水上运动场。

4.养鸭场废弃物的处理和利用

养鸭场的主要废弃物是鸭粪和污水,鸭粪可以经过高温堆肥等无害化处理后肥田,也可以经必要的消毒后喂鱼;污水可经过物理方法、化学方法或生物方法等手段处理后直接排放或循环使用。

5.卫生防疫

(1)多级隔离的防疫设施:场外、大门口设车辆冲洗场、车轮消毒池、冲洗消毒设备。场内各功能区及出入口设车轮消毒池、冲洗消毒设备,修建物品交接间、人员淋浴消毒室,传入式的专用饲料库、垫料库。禽舍等房舍出入口设有脚踏消毒池、洗手消毒盆、消毒喷壶、冲刷消毒设备。净污接近处有明确标示,建隔离物,设消毒池。

(2)兽医卫生基础设施:建立兽医实验室,有专用房舍、设备和人员;建专用的病死禽处理设施,如尸井、焚尸炉等,防止污染扩散。

(3)其他常用卫生消毒设施:如各生产区、各功能区的器具冲洗场、浸泡池、熏蒸室、洗刷灭菌设备等;建封闭式、水冲式厕所。

(4)常用消毒方法和程序:日常消毒有烧、泡、煮、埋、洗、刷、喷、熏、紫外线、阳光、发酵等。发生传染时的消毒原则:早、快、严、小;隔、封、消、杀。在隔离的前提下消毒。先喷药后清扫;用消毒剂连续多次冲洗消毒后封闭门窗。饲养员走出污道出场,不与外人接触。彻底淋浴、消毒、更衣后经主管同意再回无疫区。发生传染病的禽舍至少空舍4周以上才能重新使用。清扫时一切消毒工作的基础,务必要安全彻底,更不要因清扫使污染扩散。清扫应自上而下、由里到外。干燥时,先洒水再清扫,明显污染的撒药后再清扫。对污染物就初步消毒后再运出处理。先清扫后清洗。对附着物要边刷边洗或高压冲洗,严重污染的用消毒液清洗。冲洗和清扫应自上而下、由里到外,完全彻底,不使污染扩散。

（5）一般冲洗程序：喷洒消毒液→清水冲洗→洗涤剂刷洗→清水冲洗→消毒剂冲洗→清水冲洗。

（6）对清洗人员要求：作业中不擅自离开岗位，不与他人接触，工作服就地消毒，走污道回指定场所，淋浴洗澡消毒，更衣后再回净区或生活区。

6.小环境控制

搞好场区四季绿化、美化工作，使四季有绿，三季有花；进风口处高植、低植物或与水塘相结合，以改善进入空气质量；出风口处建沉淀池、高低植物与墙壁攀岩植物相结合，以沉淀、吸附空气中的污物；场内空地及密闭式鸭舍之间可种植瓜果、蔬菜或其他有益植物；开放式鸭舍之间的植物应控制在30厘米以下。

7.隔离制度

实行场、区、舍、群多级隔离，人、车、物、料、水、环境、部分空气有效消毒。消化道、呼吸道、接触、注射、黏膜、体液立体防御。

（1）场内外隔离：封闭生产，进入必须经过相应消毒。

（2）生产区隔离：限制出入，进入必须经过相应消毒。

（3）鸭舍间隔离：固定人员、禁串栋、消毒入内，固定用具、专舍专用，进入物消毒，水帘加药，送热风，进气口挥发性消毒剂。

（4）群内管理：合理密度，分群，环境、饲料、垫料、饮水保持清洁。及时检出病、残、死鸭，污染物一律走污门、污道。

（5）员工在场外的要求：不从事鸭养殖、加工、经营、诊治等工作；家中不养鸭；不经营处理鸭粪；不接触鸭及其产品生产、加工、经营、诊治、处理等易污染的场所。

8."全进全出"制度

饲养区"全进全出"。实行独立的饲养区，一个饲养区饲养来源相同的雏鸭。一同入雏、一起淘汰。彻底清洗、消毒，空舍一定时间后再进鸭。

9.饲料卫生

提供饲料塔（罐）自动喂料系统。使用饲料库周转的，要加强饲料库卫生。两个以上饲料库,轮流使用,全进全出。饲料出库彻底清扫、拖地消毒后再进料。饲料库建于生产区入口,车辆及外人不得入内。尽量使用颗粒料。不买霉变、脏、发病区的饲料。营养成分测定合格,微生物、药残测定合格。

(1)运输:清洁卫生的车辆和驾驶员。装车前车体、驾驶员消毒。途中注意卫生防止污染。进入鸭场全面消毒。

(2)存储:料库、料塔清洁卫生,防霉、潮、虫、鼠、热、晒。

(3)饲喂卫生:确认无异常再喂。随时检查采食状况。料槽(桶)内不存过夜料。防止饲料进水、污染。

10. 垫料卫生

选购垫料力求清洁、干燥、卫生。未消毒垫料中含有大量的细菌和霉菌毒素,购入的垫料在垫料库用 3 倍量甲醛、高锰酸钾熏蒸消毒 72 小时以上,经细菌检验合格、确认无异常再出库使用;使用中保持卫生、松软,防止过干、过湿。

11. 饮水卫生

每季度检验水质一次,每月进行一次细菌检测,不合格的水源要处理后方可使用。每月清理一次水塔和输水管道;每次饮药后清理一次水线、饮水器或水槽。

12. 培育健康鸭群

挑选无疫场、健康、好品系、健壮整齐的鸭苗;严格按技术标准提供饲养管理条件,包括温度、湿度、密度、卫生、通风、营养、饮水、光照等。提供全群均一的饲养环境,培育鸭群良好的整齐度。

健康雏鸭质量标准:外观精神好,羽毛丰满。体型正常,体重达标。均匀度差异 10% 左右。肛门干净,脐部收缩好,腹部柔软。水分适中,无腹水、无脱水现象。数量误差在 0.1% 以下。沙门氏菌、支原体感染阳性率不超过国家限制标准(0.4% 以下)。母源抗体分布均匀,离散度小。1 周内成活率 98% 以上。

13. 观察报告和逐级负责

根据养禽场的大小及组织构架,建立从饲养员→栋长→生产主任、技术员或生产场长的逐级报告和负责程序。明确职责:饲养员——现场操作;生产主任、技术员或生产场长——现场管理、安排、指导,协助解决问题;场长——全面掌控、决策、对企业负责。

观察报告项目:禽群、禽舍、环境等。日记、记录、报表:饲养日记、一切工作记录、日报表、周报表、汇总表等。

第二节 健康养殖肉种鸭育成期的饲养管理

种鸭饲养育成期(4~18周)目的是培育出健康的、发育整齐、骨架均匀、体成熟和性成熟一致的后备种鸭。

一、体重均匀度的控制

1.控制好料量的确定及调整料量增幅对种鸭均匀度有很重要的影响

(1)在四周末确定种鸭的料量,主要是根据种鸭的周末体重,来确定同时考虑环境温度对种鸭的体重增长的影响。具体如下:如果体重低于标准,喂28天的料量至35日龄;如果体重等于标准,喂26天的料量至35日龄;如果体重高于标准,喂24天的料量至35日龄。

(2)增料幅度:①在4~8周对种鸭的料量调整幅度宜小,受前28天喂料计划的影响,基础料量较高,且这个阶段种鸭的生长主要以骨骼发育为主,生长较快,加料幅度一般在3~5克,超过这个加料幅度,种鸭易过大,育成后期很易过肥,很难控制体重,直接影响产蛋高峰的爬升。②在9~10周,是种鸭生长由以骨架发育为主到内脏为主的过渡阶段,加之换料,所受应激较大,应多加些料,一般在天气较暖和的5~10月份,增料幅度在8~12克;在天气比较寒冷的11月至翌年4月份,增料幅度宜在10~15克。③在11~18周,种鸭主要发育内脏及生殖系统,加料幅度一般宜在8~12克。

2.喂料的方式及方法

(1)4～18周的喂料采取地面撒料(冬季最好采用舍内垫料饲喂,其他季节可采用运动场饲喂)。

(2)要求撒料面要大,上料速度快,可采取多人饲喂,提高喂料均匀程度和预防踩踏造成鸭群瘸腿。

(3)冬季舍内饲喂一定要保证垫料干燥,过于潮湿时,可在喂料前铺一层稻壳,然后再上料。

3.体重的抽测和均匀度计算

(1)在称重前先让鸭子充分活动起来。

(2)称重应尽量做到定人、定点、定位置。

(3)称重的比例应按10％来抽样称量。

(4)均匀度的计算应按平均体重的±5％来计算。

4.调整均匀度的方式、方法

(1)均匀度是衡量鸭群限饲效果,预测鸭群开产是否整齐、蛋重均匀程度及产蛋数量的一项重要指标。

(2)均匀度的调整应尽早进行,从种鸭育雏开始,便开始有意识地进行分群饲养。另外在平时注重调群,免疫时亦可进行大小栏的分群,以确保种鸭能够生长均匀。同时在调群过程中一定要注意,不能把小栏或大栏的种鸭直接放到大栏或小栏中,调群不能越级进行。

(3)如均匀度较差时,可在四周时进行一次全群称重。分出大、中、小栏,根据各栏体重调整料量。

(4)平时日常管理中要养成良好的习惯,发现形体偏大或偏小的及时调整。

(5)为确保良好的均匀度,一定要保证各栏鸭数准确,各栏料量的准确,称料的准确。

二、育成期腿病的预防与治疗

1.料量的调整幅度

(1)控制体重,特别是4～8周,预防体重增速过快,导致体重增长与骨骼发育不对称,出现瘸腿,每周料量增幅在 3~5 克。

(2)9 周以后体重增幅缓慢下滑,适当加大加料幅度,每周料量增幅在 8~10 克。

2.运动场的管理

(1)保证运动场卫生:尽量推迟到当天下午刮粪,以保证第二天喂料时地面干净。

(2)对破损的地面及时修补,保证平整,预防对鸭蹼的机械性损伤。

(3)运动场有漏水竹排的可在易感阶段(5~10 周)铺垫隔网,同时用喷灯将竹排上的毛刺烧干净,避免竹排对鸭蹼造成扎伤、挫伤。

(4)出鸭口周围保证干净,无砖块等杂物,冬季及时将冰清除,预防鸭群急于外出采食饮水,造成腿部关节扭伤、挫伤。

3.垫料的管理

(1)保证垫料干燥、松软、无板结。

(2)阴雨天气及时铺垫稻壳,预防垫料过潮,对鸭膝关节造成损伤。

(3)铺垫稻壳时,及时将霉变的稻壳、木棍、砖头、铁丝、绳头等杂物清理,预防硌伤或扎伤鸭蹼或缠在腿上造成瘸腿。

(4)稻壳在使用时一定要经过效果确切的熏蒸消毒。

三、饮水的管理

1.供水的方式

(1)育成期采用运动场水槽供水或普拉松饮水器。

(2)供水标准为保证水槽内有合适的水位(2/3 水槽深度),既能保证鸭群方便地饮水,又不溢出,不造成浪费;普拉松饮水器红帽盛水处(2/3 的深度)。

2.水量的确定

(1)水量主要受鸭群采食量、温度及生产水平等因素影响。

(2)水量的确定:在天气比较凉爽时一般种鸭日饮水量是喂料量的 2~4 倍。

四、饲料的更换

(1)饲料更换主要为:育雏前期料(540)更换为育雏后期料(541);育雏后期料(541)更换为育成料(543);育成料(543)更换为产蛋高峰料(544H);产蛋高峰料(544H)更换为产蛋后期料(544升)共4次换料。

(2)换料要逐步过渡,时间为5天,每天将新料增加20%,直到全部更换为新料。

(3)换料时,由于营养成分发生变化,会影响鸭群肠道平衡,影响消化吸收,所以在拌料时同时添加多维素和微生态制剂,减少鸭群的应激和调整肠道菌群。必要时可投服一个疗程的抗生素,以预防种鸭体质下降。

五、育成期的免疫

1.免疫前的准备

(1)免疫前要对员工进行免役技术的培训,要从理论上懂得免疫操作技术要领。

(2)免疫活苗时,免疫前2天不能进行带鸭消毒,更不能进行饮水消毒。

(3)在免疫前2天,免疫当天,免疫后2天,共5天时间给种鸭饮用加倍的电解质和营养药。

(4)连续注射器要经过严格消毒,剂量要准,顺畅好用,且有备用的。

(5)准备免疫用具,如:围鸭网、针头(消毒过的)、备用注射器、酒精棉球等。

(6)在天气比较寒冷的季节,要先对疫苗进行预温,活苗免疫,对生理盐水进行预温。

(7)将免疫人员进行分组:拦鸭、看网、抓鸭、免疫人员严格分工,责任明确。同时将免疫部位、手法再次重点强调并现场示范指导。

2.在免疫过程中工作

(1)工作人员要认真负责,赶鸭人员从运动场向舍内轻轰慢赶鸭,每次不得超过40只,不得用脚赶鸭子。拦鸭人员不得使鸭子相互挤压。抱鸭人员双手轻轻抓住鸭子双翅根部或两手张开轻轻抱起鸭子,胸脯抬高并朝向注射人员,方便注射人员注射。注射人员严格按指定部位、方向及规定剂量注射,避免漏免。注射完后抱鸭人员弯腰将鸭子轻轻放到稻壳上。

(2)注射人员要经常检查核对刻度。

(3)拦鸭时,要将网子稍微抬起,离地面3~5厘米,防止圈鸭时损伤鸭腿。

(4)免疫过程中,不断地水平轻摇疫苗瓶。

(5)注意针头有无弯折和堵塞,如有应及时更换。

(6)生产主任和技术人员必须亲临现场,认真观察,随时纠正不合乎要求的做法,平和镇定地处理突发事件,保证整个操作过程按预定要求有条不紊地进行。

3.在免疫后的工作

(1)将免疫物料及时消毒冲刷干净,备用。

(2)将免疫用的注射器清洗干净,针头经高压灭菌处理。

(3)废旧疫苗瓶回收统一焚烧。

(4)做好种鸭日常管理,特别是舍内环境卫生管理,适当多铺些稻壳,保证舍内干燥,减少应激。

(5)及时检测、分析免疫效果。

(6)每两周进行一次抗体检测,并做好详细记录。

六、混群前公母鸭的选育标准

1.公鸭的选育标准

公鸭形体符合本品种特征,呈船形,体重达标,雄性羽明显,反应灵敏,胫骨长且粗壮,叫声洪亮,羽毛光亮顺服的留作种用。将过肥、过瘦、瘸腿、驼背、形体瘦小的公鸭淘汰。

2.母鸭选育标准

母鸭形体高挑清秀,反应灵敏,合群性强,叫声洪亮,羽毛光亮顺服的留作种用。将瘸腿、驼背、过瘦、羽毛脏乱的淘汰。

七、18～19 周由定量饲喂向定时饲喂转换的方式、方法

1.方式的变化

(1)18 周前采用的是运动场或舍内地面撒料饲喂,种鸭直接从地面采食。

(2)18 周后将种鸭饲喂的方式逐渐转变为料箱内采食。

2.喂料方法

(1)在 18～19 周,第 1 天,将每一栏圈正常的喂料量撒在地面上,待鸭子采食完后,将喂料箱的盖子打开,让鸭子自由进食 2 小时;第 2 天,将每一栏圈正常喂料量的一半集中撒在喂料箱附近的地面上,待鸭子采食完后,再将喂料箱的盖子打开,让鸭自由进食 2 小时;第 3～7 天,用喂料箱为鸭提供饲料,但每天只提供 2 小时的自由采食时间。

(2)18 周前 3 天,料箱打开后,鸭舍人员必须来回巡视,发现料箱内余料不足的,马上补加,要提前称好并做好记录,保证鸭在 2 小时内自由采食,以后至淘汰同样防止在采食时间内出现断料情况。

(3)19～21 周喂料时间分别为 4 小时、6 小时、7 小时。21 周后根据鸭子的采食量和蛋重调整喂料时间,直至达到目标蛋重 90 克后再维持当时的喂料时间。

(4)另有按照定量喂料在 18 周料量的基础上每周增加 5～7 克料,直到增加到 220～230 克,此种方法仍待进一步探讨摸索。

第三节　健康养殖肉种鸭产蛋期的饲养管理

一、产蛋前期的饲养管理关键技术

1.换料期间管理

18周开始喂料方式由采食量限制转变为采食时间的限制。具体方式如下：

(1)备好带盖的料箱,在17周周末放入舍内,按每只鸭200克计算,将该栏饲料加入料箱内,盖好盖子。

(2)18周第1天,将本周该栏鸭子的计划喂料量撒在料箱附近的地面上,待鸭采食完毕后将料箱盖子打开,让鸭自由采食2小时,关闭料箱盖,称料箱内余料,计算该日鸭只的平均采食量。按每只鸭300克计算,将该栏饲料加入料箱内,盖好盖子。

(3)18周第2天,将计划喂料量的一半集中撒在料箱附近的地面上,待鸭子采食完毕后将料箱盖子打开,让鸭子自由采食2小时,关闭料箱,称料箱内余料,计算该日鸭平均采食量。仍按每只鸭300克计算,将该栏饲料加入料箱内,盖好盖子。

(4)18周第3天开始到第7天,地面不再撒料,每天直接掀开料箱盖,让鸭自由采食2小时,盖上盖子,称量料箱内余料,计算该日鸭只平均采食量。

(5)19周开始自由采食时间分别为：19周4小时,20周6小时,21～27周7小时。

(6)18周前3天,料箱打开后,鸭舍人员必须来回巡视,发现料箱内料不足的,马上补加,要提前称好,并做好记录,保证鸭在2小时内自由采食,以后至淘汰同样要防止鸭在规定的采食时间内出现断料情况。

(7)每日坚持称料,防止粉末饲料堆积发霉变质,同时确定该日的平均料量。做法:记录好每栏加料数,减去该栏余料,除以该栏鸭数,即得该栏平均料量。该栋总的加料量,减去该栋总的余料,除以该栋鸭子总数,即得该栋日平均料量。

(8)料箱规格:长×宽×高=2米×0.5米×0.4米,料槽规格:宽×高=6厘米×9厘米,适宜种鸭采食,且不易向外撒料。

(9)料箱盖要结实,最好是铁皮,掀开后角度要大,以不妨碍采食为原则,关得要严,防止鸭子偷料。

(10)采食时间要控制准确。

(11)料箱4个角及中部必须分别用两块砖垫起来,防止料箱底部与潮湿稻壳接触造成料箱的损坏,同时防止稻壳进入料槽内造成饲料的污染。

(12)将饲料放置到料箱内时动作要轻,避免损坏料箱。

(13)从20周开始更换产蛋期料,每天换1/4,转换时间为4天,换料期间连续4天饮用抗应激药物、电解质多维素,减少换料的应激。

2.公母混群种公鸭、种母鸭的选择标准

(1)种公鸭选择标准:头大颈粗,眼睛明亮有神,背直而宽,胸腹宽略扁平,腿高而粗,蹼大而厚,橙黄色或橘红色,两翅对称,羽毛光洁整齐,尾稍上翘,性羽明显,雄壮稳健,精神状态好。

(2)种母鸭选择标准:头颈较细,背短而宽,腿短而粗,两翅下翻,羽毛光洁,腹部丰满下垂而不触地,耻骨开张3指以上,繁殖力强。

3.混群操作规程

(1)混群时间:一般在20周左右,具体依种鸭体成熟和性成熟程度而定。

(2)混群前2天开始饮用抗应激药物、电解质多维素,连用5天。

(3)整群将公、母鸭群中鉴别错误,病、弱、残、体姿不正、外貌不符合品系要求的个体全部剔除,余下的清点数量并记录,混群前两天完成该工作。

(4)准备拦鸭隔网,长 2 米,宽 0.7 米,并消毒,彻底清理鸭舍运动场前路上的尖锐硬物,防止赶鸭时扎伤鸭掌。鸭舍隔栏和运动场有栏门的可充分利用栏门进行赶鸭。

(5)依据公母配比 1∶4.8 和鸭舍面积确定每栏鸭子数,根据每栏现有的鸭子数决定每栏公鸭、盖印母鸭和母鸭的进出数目及顺序,均匀地将种鸭分布在各个栏圈。

(6)混群时公母鸭应遵循大配大、中配中、小配小的原则。

(7)混群期间可根据多次的药敏试验选用高敏的药物(常用:磺胺类、喹诺酮类)对鸭群进行一到两个疗程的产蛋前期的全群净化。

4.产蛋窝的安放及管理

(1)安放蛋窝宜早不宜晚,最好在 20～21 周进行,以每 3 只母鸭一个蛋窝的比例,沿栏圈周边安放,出鸭口区域不要放,栏圈中间区域视情况也可背靠背放上一排产蛋窝,要求每栏蛋窝统一摆放,蛋窝位置一旦确定,不得随意改变。

(2)摆好后,产蛋窝中根据情况铺 5～10 厘米厚的稻壳,使每个蛋窝的舒适度保持一致,让鸭子没有选择性。

(3)每周要将蛋窝内垫料全部更换一次,将蛋窝统一上提,将潮湿稻壳清理出来,并在蛋窝内铺垫部分新鲜的稻壳,使每一个蛋窝都保持蓬松、舒适,使鸭子一开产时种蛋分布均匀,减少窝外蛋,便于藏蛋,减少暗纹的产生,获取更多的合格蛋。

(4)蛋窝铆钉脱落要及时进行检修,蛋窝变形要及时拆下,重新压形后再安到原处。

(5)根据蛋窝和地面的实际情况铺设稻壳,保证干燥清洁的产蛋环境。

(6)铺设稻壳时间一般在晚上 20:00 以后关灯之前,越晚种蛋越干净。

二、种蛋管理技术

1.种蛋的收集

(1)首先保证蛋窝内稻壳的干净、充足,及时更换、添加新鲜稻壳。

(2)固定捡蛋人员,捡蛋时动作幅度要轻,小头朝下,缓慢放到蛋托内,防止种蛋撞击蛋托造成破裂。

(3)捡蛋顺序要固定,减少人为产生的应激。

(4)初产母鸭产蛋时间一般集中在 1:00～6:00,随着周龄的增加,产蛋时间会向后延迟,产蛋后期母鸭大多在 10:00 以前产蛋。

(5)严格按照日工作流程进行捡蛋,根据情况增加捡蛋次数,防止蛋在蛋窝内存放过久,造成堆积破裂。

(6)及时捡蛋很关键,冬季防止种蛋受冻,夏季防止种蛋受热,温度过高或过低都会影响胚胎的正常生长发育。

2.种蛋的选择

(1)蛋的分类:合格蛋、畸形蛋、破蛋、双黄蛋。

(2)及时挑选:从蛋窝内捡出种蛋后,立即分类挑选,把合格蛋与其他类型蛋及时分开。

(3)种蛋要求:种蛋要求蛋形正常,卵圆形,蛋壳均匀,薄厚适度,表面光洁,无钢皮、沙壳、破损、暗纹,过圆、过长或过尖都不适合种用。蛋重应符合品系要求,80～93 克较合适,蛋重过大一方面生产成本高,另一方面孵化率低,蛋重过小则孵出来的雏鸭较小,饲养管理难度加大。

(4)保证种蛋的清洁度:将种蛋表面的鸭毛、粪便等污物用干布擦掉或刀背刮掉,若种蛋过脏则病原微生物易入侵种蛋,导致气体交换的障碍,影响孵化率和鸭苗质量,甚至造成臭蛋,污染孵化器。保证合格蛋的清洁度可从蛋窝内勤铺稻壳、减少窝外蛋、勤捡蛋 3 方面着手。每盘种蛋中央要标记舍号,方便统计各栋舍的孵化指标。

(5)种蛋的新鲜度:指种蛋产出到入孵的储存时间长短,一般 3～5 天最好。新鲜种蛋蛋内营养物质损失少,各种病原微生物侵入少,胚胎生命力强,孵化率高,出雏整齐,雏鸭健壮,成活率高。

3.种蛋的消毒

(1)蛋产出后,虽然有胶护膜、蛋壳、外壳膜、内壳膜的屏障保护,但是这种保护不是绝对的,蛋一旦接触到粪便和垫料,微生物将通过蛋壳表面的气孔侵入蛋内,时间越久,污染越严重,所以最好在种蛋产出后尽快消毒,入孵后在孵化器内进行二次消毒。

(2)生产上常用甲醛熏蒸消毒法:该法操作简单,效果好。熏蒸剂量:每立方米空间 15 克高锰酸钾,30 毫升甲醛(甲醛溶液通称"福尔马林",含甲醛 40%),熏蒸时间 20~30 分钟,熏蒸时关闭门窗,室温控制在 25~27℃,相对湿度 75%~80% 的条件下效果较好。

(3)熏蒸柜密封要严,熏蒸用具每次用后应清洗干净,以免残渣影响药物反应。

(4)准备刻度清晰、不易碎的量具,剂量要准。

(5)加药顺序先加高锰酸钾(瓷盆装),后加甲醛(量筒装),不能颠倒。

(6)气温较低的冬春季节,应将同高锰酸钾等量的热水先加入到高锰酸钾中,以促使反应完全。

(7)熏蒸时间一到,马上打开柜门,排出气体,以免鸭胚受损。

(8)要有详细的熏蒸记录,起、止时间,具体到分。

(9)消毒时挥发出的气体具有刺激性,应避免与皮肤接触,操作人员要做好个人防护,避免有毒气体吸入。

4.种蛋的保存

(1)保存环境:种蛋储存室要求隔热性能良好,配备恒温控制的制冷设备、采暖设备和湿度自动控制器。

(2)保存温度:胚胎发育的临界温度为 23.9℃,高于这个温度时,胚胎开始缓慢发育,蛋内营养物质会不断地消耗,细胞的代谢会逐渐导致胚胎的衰老和死亡,低于临界温度以下一定范围时,蛋内的各种酶仍在活动,蛋体上的细菌仍在繁殖,对下一步孵化时胚胎的发育也是不利的,若温度过低,则会造成胚胎的死亡,影响孵化率。一般种蛋保存的理想温度为 13～16℃。刚收集的种蛋不能立即将温度降为保存的理想温度,应逐步降温,否则对胚胎发育也会产生不良影响。

(3)保存湿度:种蛋保存期间,蛋内水分通过蛋壳上的气孔不断蒸发,其速度与储存室内的湿度成反比。比较理想的相对湿度为75%～80%,湿度过高,蛋表面回潮,易发霉变质,湿度过低,蛋内水分大量蒸发,损失过多,气室增大,蛋失重过多,影响孵化效果。

5.种蛋的运输

(1)在场内运输种蛋时,最高不超过 6 盘 150 枚,使用蛋筐时一筐装 6 盘 120 枚。装蛋时动作要轻,运输中要求平稳。运输中要用棉被遮盖,防止风雾雨直接侵袭。夏季注意防止阳光直射,冬季注意防冻。

(2)运输种蛋的机动车辆一旦到达,要尽快装车,装车时要轻装轻放,避免强烈震荡。运输途中要求快速、平稳,尽量缩短路途时间,减少震动,并且要避免夏天日晒雨淋,冬季注意保暖防冻,以保证种蛋质量,到达孵化后要及时卸车,剔除破损蛋,预热、码盘、消毒、及时入孵。

三、产蛋期的饲养管理关键技术

1.日常管理的稳定性

产蛋期鸭子的新陈代谢和生理机能会发生很大的变化,在此期间,要制定严格的日操作规程,避免一切应激因素的出现,为产蛋鸭创造一个有规律的生活环境。父母代种鸭场日操作规程(仅供参考):

3:50 起床、换消毒盆,将种鸭赶进鸭舍内,关好地门;

4:00 开节能灯,关红灯;

4:00 捡第一遍蛋,挑选、处理、熏蒸消毒并称蛋重;

5:00 捡第二遍蛋,挑选、处理、熏蒸消毒;

5:50 开地窗门,调节水槽水位;

6:00 喂料;

6:20 捡第三遍蛋,挑选、处理、熏蒸消毒;

6:40 打扫操作间、宿舍及中间大路卫生;

7:00 早饭；

7:30 例会,领用物料及药品；

7:40 捡第四遍蛋,挑选、处理、熏蒸消毒；

8:00～9:00 按要求分栋、交蛋、称蛋重、调节水龙头；

8:00～11:00 按要求分栋拉料,清理运动场鸭粪并将鸭粪运走,擦洗饮水器和水线；

11:00 捡第五遍蛋,挑选、处理、熏蒸消毒；

11:20 填写报表,打扫操作间、宿舍及中间大路卫生；

11:30 午饭；

12:00～13:30 午休(安排人员值班)；

13:30 栋长捡第六遍蛋,挑选、处理、熏蒸消毒；

13:30 栋员查看水槽水位,调节水龙头流水量；

14:00 清扫鸭毛,整修蛋窝；

15:00～16:30 清理运动场鸭粪并将鸭粪运走；

16:30 捡第七遍蛋,挑选、处理、熏蒸消毒；

16:50 清空料箱,称剩余料,计算料量；

17:20 打扫宿舍、操作间及大路卫生；

17:30 晚饭；

18:00 刷洗运动场水槽；

18:30 拉稻壳,料箱加料；

19:30 开运动场灯；

20:00 铺稻壳；

20:40 关运动场灯；

21:00 开红灯泡,关舍内灯。

备注:①捡蛋时间根据周龄及蛋数多少可以进行调整；②6:00～11:30,13:30～17:30 运动场蛋每 1 小时捡 1 次；③每周一、周四带鸭消毒,每周二、周五运动场及外环境消毒,每周末对水箱、蜘蛛网、灯线、灯罩进行一次清理和打扫；④60 周后根据蛋壳情况每周一、周四、周六补喂贝壳粉；⑤日工作流程及备注内容工作中要求稳定,时间上不能随意更改。

144

2.光照的合理控制

(1)光照的主要作用是促进滤泡的成熟排卵。临近开产前,要逐步增加光照时间,一般每次增加量不超过 1 小时,增加后要稳定 5～7 天,目的是促进卵巢的发育,达到适时开产。光照效果一般需要 10 天左右才能显示出来,故在产蛋期内,不能因为达不到立竿见影的效果,而突然增加光照时间或提高光照强度,否则易造成母鸭的脱肛现象。进入产蛋高峰后,要力求光照时间和光照强度的稳定,目的是延长高产时间。

(2)产蛋期的光照强度以 10～20 勒克斯为宜,节能灯高度离地 2 米,必须加罩,使光线照到鸭的身上,而不是照着顶棚。鸭舍灰尘多,节能灯要经常擦拭,保持清洁,以免蒙上灰尘,影响亮度。进入产蛋期的光照原则是:只宜逐渐延长,直至达到每昼夜光照 15～16 小时,不可忽照忽停,忽早忽晚,光照强度不可时强时弱,只许渐强,否则将使产蛋鸭的生理机能受到干扰,影响产蛋率。

3.饮水注意事项

(1)舍内供水:通过实验,夜间舍内不用考虑供水。白天气温超过 30℃时,11:00～15:00 可考虑供水。

(2)运动场供水:气温低于 0℃时,关灯后将舍内总阀门关闭,排净水管和水槽内存水,防止上冻。供水期间因各场运动场水槽设置类型不同,水槽内水位高低无法确定,要求鸭子饮水时水不能外溢。

(3)药物的饮用:在饮水中,可根据情况定期添加电解多维、维生素 A、维生素 D_3、维生素 E 等营养药以及绿源生等保健药品,定期预防使用高敏的抗生素,净化鸭群,保证鸭群健康。

(4)舍内水线每周末擦拭消毒一次。舍内水箱每周末清理消毒一次。运动场水槽每天晚上用消毒药刷洗一次。

4.消毒及注意事项

(1)选择消毒剂。

①带鸭消毒一般选择安全、无刺激、广谱、杀毒迅速、耐有机物的消毒剂,可交替使用碘制剂(如威典)、季铵盐(如拜安、安灭杀)。各种消

毒剂单独使用,一般不混合使用。②环境消毒一般选择广谱、杀毒迅速、耐有机物的消毒剂。可交替使用威岛、速毒杀或农福,冬季气温较低时,主要使用农福等。③饮水消毒可选择卫可、安灭杀等。

(2)常用消毒剂及其浓度参见表6-3。

表6-3 常用消毒剂及其浓度

消毒剂	带鸭消毒浓度	环境消毒浓度	饮水消毒浓度
卫克	1∶200		1∶1 000
威岛	1∶800	1∶800	
速毒杀	1∶2 000	1∶2 000	
安灭杀	1∶500	1∶500	1∶5 000
威典	1∶1 000	1∶1 000	1∶3 000
农福		1∶400	
拜安	1∶800	1∶800	

(3)配液:根据各种消毒剂的使用要求,配制并充分搅拌均匀,有条件的可用25~45℃的温水稀释。

(4)消毒时间及消毒次数:带鸭消毒通常在中午时间进行,夏季除起到消毒的作用外,还可以增加湿度,降低温度。冬季是为了保证消毒液的效果,同时降低对种鸭的刺激。气温适宜的春秋季节可以根据情况灵活选择消毒时间。产蛋阶段每周2次,周围有疫情或鸭群健康不佳或鸭舍环境不良时每天1次。①外环境消毒每天1次;②饮水消毒每周2次,选择上午饮水量大的时候进行。

(5)消毒设备:①舍内使用背式喷雾器消毒;②运动场用机动三轮车带动高压喷雾器进行统一的消毒。

(6)消毒剂量:①运动场带鸭消毒:药液不少于40毫升/米^2;②舍内带鸭消毒:药液不少于20毫升/米^2;③外环境消毒:药液不少于60毫升/米^2。

(7)喷雾消毒操作:①喷雾时关闭门窗、关掉风机,消毒完后10分钟打开。②雾粒直径大小应控制在 80～120 微米;高度距离地面 1.5～2.5 米为宜,过高雾滴在下降过程中蒸发而不能到达地面,过低则不能对空气充分消毒。③消毒时不要将药液直接喷向鸭体,而是将喷头朝上,向上喷雾,雾滴自然下落,对鸭体消毒。④要对舍内各部位及设施均匀喷洒,不留死角,但要避开舍内的灯具、电线等设备。⑤冬季应先提高舍温 3～4℃。⑥兑好的消毒液应一次用完。

(8)饮水消毒操作:①种鸭饮水严格按照人用饮水标准,每月两次采样检测细菌含量是否超标;②每天晚上水槽内水放掉后,用 1∶1 500 的速毒杀消毒并清洗水槽;③第二天早晨在不饮用其他药物时,在种鸭饮水中添加规定量的消毒剂,消毒剂一定要混合均匀;④饮水消毒不可与其他任何药物同时进行。

(9)用具检修与冲刷:①喷雾器在使用前要进行检修,以保证正常使用;②消毒后要用清水冲刷干净,正确保养,使用。

(10)消毒人员必须配戴帽子、口罩、橡胶手套等防护用品。

5.免疫及注意事项

(1)疫苗的选用:①在使用前,必须对疫苗的名称、厂家、有效期、批号做全面核对并记录;②严禁使用过期疫苗,疫苗必须确认无误后方可使用。

(2)疫苗的保管:①灭活佐剂苗置于 2～8℃保存,使用前 1～2 小时升至室温,摇匀使用;②弱毒苗在 -15℃环境中保存,取出后用冰袋保存,尽快使用,稀释后必须在 2 小时内用完;③疫苗保管有其他温度要求及特殊要求的,以使用说明书为准。

(3)免疫操作方法:注射免疫:①准备好疫苗、针头、连续注射器,调整好剂量。②颈部皮下注射:首先将鸭只保定好,提起脑后颈中下部,使皮下出现一个空囊,顺皮下朝颈根方向刺入针头。注意避开神经、肌肉、骨骼、头部及躯干的地方,防止误伤。③胸肌注射:保定者两手分别握住翅膀根部,平衡轻提,注射人员从胸肌最肥厚处即胸大肌上 1/3 处 30°～45°角斜向进针,防止误入肝脏及腹腔内致鸭死亡。

（4）注意事项和要求：

①树立爱心观念。免疫前进行认真的宣传教育,使员工明白鸭子作为自然界的一员、人类的朋友,为我们提供营养丰富的肉、蛋及羽绒等产品,我们应该感激它们,并给予它们充分的关爱和照顾。

②合适的操作时间。天气上要选择风和日暖的晴好天气,避开大风、降温、降雪等恶劣天气。上午 8：00～14：00 为宜。

③免疫期间,避免使用抗病毒类药物。如病毒灵、利巴韦林、金刚烷胺等。对一些复方制剂的药物,要弄清楚是否含有抗病毒类成分,如成分不明则不要轻易使用。

④免疫前后不要使用能引起免疫抑制或毒性强的药物。如：氯霉素、磺胺类药物、痢特灵、地塞米松、马杜拉霉素、氯化可的松、庆大霉素等。

⑤健康鸭只才能对疫苗有好的应答,不健康的鸭群禁止接种,不但影响抗体的产生,还容易引起疾病的发生。

⑥免疫前 1 天,免疫当天,免疫后 1 天,连续 3 天给鸭群饮加倍量的抗应激药物、电解质多维素,也可根据药敏试验使用一个疗程的抗生素进行药物净化。

⑦连续注射器必需严格消毒,剂量要准,顺畅好用,且有备用的。

⑧准备经过消毒、数量足够的针头,每 50 只鸭子更换一次。

⑨准备经消毒的长 2.5 米、高 0.7 米的三折塑料网,确保边缘经过包扎而不会损伤鸭腿。

⑩做好免疫前充分的准备工作,保证工作时不缺少物品而影响心情。

⑪鸭瘟、鸭肝疫苗免疫时可将两种疫苗混合到一起,减少免疫次数,降低免疫应激。

⑫鸭瘟、鸭肝胸肌和颈部皮下免疫均可,流感、新城疫等灭活油苗免疫部位要在颈部皮下。

⑬组织专门的人员负责免疫工作,操作人员要经过认真详细的培训,确保技术熟练,人员足够。

⑭免疫人员、抱鸭人员、看鸭人员和赶鸭人员严格分工,责任明确。

⑮免疫过程中不准说话,更不准打闹。

⑯工作人员要认真负责,赶鸭人员从运动场向舍内轻轰慢赶鸭,每次围鸭数量不得超过 50 只,不得用脚赶鸭。拦鸭人员不得使鸭相互挤压。抱鸭人员双手轻轻抓住鸭双翅根部或两手张开轻轻抱起鸭子,胸脯抬高并朝向注射人员,方便注射人员注射。注射人员严格按指定部位、方向及规定剂量注射,避免漏免。注射完后抱鸭人员弯腰将鸭子轻轻放到稻壳上再放手。

⑰注射部位准确,注射人员要经常检查核对刻度,注意针头有无弯折和堵塞,如有应及时更换。

⑱免疫过程中,不断地水平轻摇疫苗瓶。冬季免疫时可先用温水预温,然后将疫苗瓶放在免疫人员贴身衣服内持续预温,胶皮细管直接与手臂皮肤接触预温,保证给种鸭注射的疫苗温度在 30°以上,效果很好。

⑲领取疫苗数量要合适,操作过程中不能浪费疫苗。

⑳疫苗要按厂商要求进行运输、保存和使用,并做好免疫记录。

㉑完善奖惩制度,鼓励良性行为,免疫后产蛋率下降最少的鸭舍,当月进行适当的奖励。

㉒生产主任和技术员必须亲临现场,认真观察,随时纠正不合乎要求的做法,平和镇定地处理突发事件,保证整个操作过程按预定要求有条不紊地进行。

㉓免疫接种完后,连续几天仔细观察免疫反应,发现不良症状时,及时报告生产主任。

㉔连续注射器用完后及时拆开部件,用洗衣粉清洗干净,然后分别消毒备用。金属部分可高压消毒或在沸水中蒸煮 30 分钟,橡胶管和玻璃管在紫外线灯下照射 20 分钟。

㉕用过的疫苗瓶一定要集中烧掉。

㉖每两周进行一次抗体检测并做好详细的抗体记录。

6.提高种鸭产蛋率的关键措施

(1)加强喂料的管理:根据周龄和蛋重调整喂料时间,一般28~31周,每周增加1小时采食时间,从7小时增加到11小时(6:00~17:00),夏季可增加到15小时(5:00~20:00),开始稳定不再调整,当蛋重增至85克时,采用定量饲喂,高峰期一般能持续2~3个月,高峰期料量一般定为210~225克,每日要坚持定时称料,每月清点一次鸭数,必须确保每个栏圈和该栋日平均料量的准确性。高峰过后根据蛋重、产蛋率、采食速度和季节调整喂料量。高峰期理想的蛋重为90克,高峰过后至75周理想的蛋重为90~93克。

(2)夏季注意防暑降温和通风:夏季温度较高时,鸭子采食量降低,营养物质摄入不足,热应激还会导致血钙下降,严重者影响蛋壳的形成,导致蛋壳品质的产蛋率的下降。防暑降温可根据情况采取挂遮阳网、喷水、洗浴等方式,但要注意保持舍内垫料的干燥清洁,搞好舍内的通风换气,确保空气清新,为鸭群提供一个舒适的休息和产蛋环境。

(3)冬季注意防寒:通过实验,当舍内温度低于0℃时,要使用暖风炉或其他供暖设备给鸭舍提温,提温时要注意窗户的合理开关,解决好保暖和通风之间的矛盾。

(4)尽量减少各种应激:种鸭的日常饲养管理程序要保持稳定,不能轻易变动,否则将引起产蛋率的下降。同时要尽量减少各种应激因素,如人员的固定饲养、捡蛋、放水、喂料、清粪、开关灯时间、赶鸭等均应形成稳定的流程。同时也要做好天气突然变化投喂抗应激药物的提前准备,鸭群的免疫安排在产蛋前期和避开产蛋高峰期,抗生素药物使用得正确和合理性。饲料的质量更要重点关注,鸭子对黄曲霉毒素非常敏感,饲料霉变,易导致鸭子肝脏肿大,腹水增多,霉变严重的话会导致鸭子采食量减少,甚至造成鸭子的停产换羽。正常的换料也要有5天时间的逐步过渡。

7.提高种蛋合格率的关键措施

(1)减少窝外蛋:舍内窝外地面和运动场地面的蛋称为窝外蛋,这种类型的蛋,蛋的表面比较脏,破碎率又比较高,一般不做种蛋用。减少窝外蛋需要做好以下工作:产蛋窝的安放时间最迟不超过 22 周,条件允许的话每 3 只母鸭配备一个产蛋窝,产蛋窝一旦装上,位置一定要固定,不能移动。保持蛋窝内垫料的干燥清洁,初产的蛋可以放在产蛋窝内作为"引蛋",让鸭子养成一个好的产蛋习惯。早上 4:00 捡蛋前先把鸭子赶到舍内,关闭地窗门,可有效减少运动场破蛋。舍内和运动场的窝外蛋要及时捡走。严格按照光照程序开关灯,稳定各项日常工作规程,不要轻易变动,尽量减少各种人为方面引起的应激。

(2)及时收集种蛋:初产期、产蛋中期和产蛋后期母鸭产蛋时间会有差异,时间会向后延迟,应根据母鸭产蛋时间的变化规律,制定合理的捡蛋时间和捡蛋次数。种蛋收集越及时,种蛋越干净,破损率越低。

(3)注蛋壳质量:蛋壳质量不好一般会出现较多的薄壳或软壳蛋,造成蛋壳不好的原因主要有以下几个方面:日粮中钙含量不足,钙磷比例失调,或缺乏维生素 D_3。产蛋高峰期连续高产,饲料中钙质补充不够。夏季温度较高,鸭子食欲减退,采食量降低,钙补充不足。疫苗免疫、患病、用药方法不当、通风不良、天气突然变化、惊吓应激等扰乱了神经机能和内分泌腺功能,使钙的形成发生障碍或蛋排出过快。

(4)选择性淘汰:鸭子周龄越大,产蛋性能越差,畸形蛋的比例越高。一般在 60 周后,会开始陆续出现停产换羽的情况,一般选择性淘汰时主要根据外观生理性状和羽毛脱换情况进行淘汰。淘汰病弱、腿部有伤残、羽毛凌乱无光泽、主翼羽脱落、停产换羽、耻骨间隙 3 指以下的母鸭,并及时淘汰病弱、掉鞭、体姿不正、瘸腿、过肥和多余的公鸭。

8.提高种鸭受精率的关键措施

(1)洗浴:混群前公鸭要求体格健壮、性器官发育健全,才能有较高的受精率。混群后根据鸭子的交配规律,可创造条件让鸭子多下水活动,促使其性欲旺盛。

(2)合理的公母配比:在生产实践中,指导性公母配比如下:混群时 1:4.8,30~60 周 1:5,60 周以后 1:4.5。公母配比不是绝对的,可根据饲养条件和实际受精率情况进行调整,注意尽量避免公鸭争斗、干扰交配和母鸭受伤现象。

（3）预防公鸭腿病：公鸭腿病现象比较常见，以关节炎性肿胀为主，跗关节发病率最高；其次是髋关节和趾关节，发病时关节肿胀，触诊有热感，病初局部较软，尔后变硬，不能伸屈，表现严重跛行或不能走动。一般有以下几方面原因造成：体重过肥，交配时爬跨困难受伤。夏季地面温度太高，高温湿气影响，形成跛脚。地面太硬损伤脚底部软组织，引起软组织增生，关节变形。消毒不严，饲料、饮水受到细菌污染，经口进入肠道而导致细菌感染。玻璃、铁钉等尖锐物品导致脚蹼受伤，病菌侵入体内，治疗用药不当或治疗不彻底，转为慢性，引起关节肿胀。

（4）饲养管理很关键：受精率除受公母鸭双方生殖系统生殖机能的影响外，还受饲养管理条件的影响。密度过大，垫料潮湿，通风不良，种蛋保存时间过长，光照管理不稳定等因素也会影响受精率的高低。种鸭日粮营养成分不全面，或者缺乏与繁殖有关的维生素 A、维生素 D_3、维生素 E、维生素 B_{12}、泛酸、生物素、吡哆醇和锰等营养物质，均会影响受精率。产蛋期间，要及时淘汰有生理缺陷的、患病的、瘸腿的和掉鞭的公鸭，以免影响受精率。产蛋后期，随着公鸭性欲的降低，受精率会明显下降，应及时替换部分受精率低的老龄公鸭。

第四节　健康养殖肉种鸭强制换羽技术

一、肉种鸭强制换羽的意义

由于近几年来，养殖业的迅速发展，使养殖业受市场的波动也越来越频繁（如 2003 年的非典、2004 年的禽流感、2008 年至今的经济危机）。在市场行情低谷到来时，商品苗的价位低于生产成本，但行情又是瞬息万变的。在行情低迷后，商品苗价位又在成本价以上，往往使生产者无所适从。这样，在实际生产过程中，生产者为了规避市场低谷，调整产蛋高峰使之与市场需求之间实现较佳的契合。往往对肉种鸭进行换羽。

肉种鸭换羽与肉种鸭第一个生产周期的优点：①在行情低迷时，对肉种鸭进行换羽，可以直接减少饲料的消耗，降低生产成本。②肉种鸭换羽从停产到开产，只需 2 个月，到高峰也只需 3 个月的时间；而第一个产蛋期，从育雏到开产需要 5 个月，到产蛋高峰则要 6 个多月。③改善种蛋品质，提高种苗质量。④一个育雏期，利用两个产蛋周期，延长种鸭的利用时间，提高经济效益。⑤肉种鸭强制换羽后，抗病力增强，产蛋较第一个产蛋期更稳定。

二、换羽的方法

换羽方法在实际生产中常用的有两种：一种是氧化锌法，另一种是饥饿强制法。氧化锌法换羽的优点是鸭群停产短，开产早，见蛋快；但缺点是产蛋率低。饥饿强制法的特点是从鸭群停产到开产见蛋时间相对较长，但优点是开产后产蛋率高，有的能达到 90％以上。因而在生产中，饥饿法换羽较氧化锌法常用。

1.氧化锌换羽法

对目标鸭群，在饲料中掺入 3％的氧化锌饲喂鸭群，正常给水，每次喂给量宜少，因为这种饲料适口性不好，会降低鸭群的食欲，适量投料可以减少饲料损失。3 天后鸭群采食量下降很大，并出现绿色粪便，这样连续饲喂 7 天，鸭群基本上全部停止产蛋，第 8 天鸭群开始脱毛，全部停产换羽，这时改喂换料前蛋白含量高的饲料（CP 含量 19％左右），并恢复正常光照，这样过 10 天开始恢复产蛋，1 个月后产蛋率能达到 60％。受精率能达到第一个产蛋期的 90％～95％。

2.饥饿法强制换羽

（1）强制换羽目标鸭群的选择：①所选鸭群第一个产蛋期，各项生产性能都必须发挥正常，否则，换羽后的各项生产指标不会很理想。换羽的周龄一般在 70～75 周为宜。②换羽前，必须对鸭只进行挑选，把弱鸭、残鸭、过胖、过瘦等鸭只挑出,并淘汰。③换羽前两周对鸭群进行流感疫苗的防疫,换羽前1周对鸭群进行药物净化,以确保鸭群安全度过换羽期。

（2）强制换羽方案见表6-4。

表6-4　强制换羽方案

日龄	周龄	母鸭	公鸭	饮水	光照控制
1	1、1	停料	停料	供水	5:00～17:00
2	1、2	停料	停料	供水	5:00～17:00
3	1、3	停料	停料	供水	5:00～17:00
4	1、4	停料	150	供水	5:00～17:00
5	1、5	停料	150	供水	5:00～17:00
6	1、6	停料	150	供水	5:00～17:00
7	1、7	停料	150	供水	5:00～17:00
8	2、1	停料	150	供水	5:00～17:00
9	2、2	停料	150	供水	5:00～17:00
10	2、3	停料	150	供水	5:00～17:00
11	2、4	停料	150	供水	5:00～17:00
12	2、5	停料	150	供水	5:00～17:00
13	2、6	停料	150	供水	5:00～17:00
14	2、7	停料	150	供水	5:00～17:00
15	3、1	停料	165	供水	5:00～17:00
16	3、2	停料	165	供水	5:00～17:00
17	3、3	60	165	供水	5:00～17:00
18	3、4	60	165	供水	5:00～17:00
19	3、5	80	165	供水	5:00～17:00
20	3、6	80	165	供水	5:00～17:00
21	3、7	80	165	供水	5:00～17:00

续表 6-4

日龄	周龄	母鸭	公鸭	饮水	光照控制
22	4、1	120	170	供水	5:00~17:00
23	4、2	120	170	供水	5:00~17:00
24	4、3	120	170	供水	4:30~20:30
25	4、4	140	170	供水	4:30~20:30
26	4、5	140	170	供水	4:30~20:30
27	4、6	140	170	供水	4:00~21:00
28	4、7	160	170	供水	4:00~21:00
29	5、1	160	180	供水	4:00~21:00
30	5、2	160	180	供水	4:00~21:00
31	5、3	170	180	供水	4:00~21:00
32	5、4	170	180	供水	4:00~21:00
33	5、5	170	180	供水	4:00~21:00
34	5、6	180	180	供水	4:00~21:00
35	5、7	180	190	供水	4:00~21:00
36	6、1	180	190	供水	4:00~21:00
37	6、2	190	190	供水	4:00~21:00
38	6、3	190	190	供水	4:00~21:00
39	6、4	200	190	供水	4:00~21:00
40	6、5	200	190	供水	4:00~21:00
41	6、6	210	190	供水	4:00~21:00
42	6、7	210	190	供水	4:00~21:00

注意事项:①舍内料一定要清理干净。②判断喂料的依据,主要是失重率(23%~26%),以第二天早上称重数据为基础。失重率不要超过30%,将对鸭体造成不可逆性损伤。③关于拔毛。在22~26天,判断依据是羽毛干枯、不带血、易拔,将主翼羽、副翼羽、尾羽一次性拔除。

经试验,产蛋率与不拔毛的鸭群差异不显著。④恢复喂料 30～40 天,鸭子大量掉毛,注意每天清扫舍内、外的鸭毛。⑤方案的应用,宜采用时间长、较温和的方案,死亡低,时间长能达到换羽的真正目的,最大量的消耗腹腔脂肪(腹脂、卵巢周围、肠系膜脂肪)。⑥恢复喂料后,鸭子的喂料方式及管理方法,按育成期的要求。⑦饲料由限量向限时转换及料量的控制与育成期向产蛋期的转换相同。⑧将公母鸭在 42～45 天混群,公母比为 1:4.5。混群后,料量按母鸭料量饲喂。⑨换料,在鸭群开始喂料后,喂育成料。在鸭群混群后,将育成料换成产蛋料,注意过渡 6 天。

注意:达到失重标准,一般为 13 天,最长 20 天。每周饮两次多维,提高机体的抵抗力,降低死亡率,自 4 月 13 号到 4 月 30 号,18 天总死亡 21 只,死亡率 0.5%。后 1 个月还要死亡一部分,总死亡率要求为 3%～5% 或以下。

思考题

1.肉种鸭育雏前要进行哪些准备工作? 对育雏的环境条件有什么要求?

2.肉种鸭育成期饲料更换有哪些变化? 对饮水管理有哪些要求?

3.在育成期如何对肉种鸭进行免疫预防?

4.肉种鸭产蛋期分为哪几个阶段? 各自的饲养要点是什么?

5.种蛋入孵前要做哪些准备?

6.提高种鸭产蛋率和种蛋合格率的关键措施有哪些?

7.肉种鸭强制换羽有哪几种? 需要注意什么?

健康养殖致富技术

第七章

健康养殖商品肉鸭的饲养管理

第一节　健康养殖商品肉鸭育雏期的饲养管理

一、商品肉鸭场的建设

1. 场址的选择

鸭场应建在地势较高、干燥、采光充分、易排水、隔离条件良好的区域。周围 3 千米内无大型化工厂、矿厂，1 千米以内无屠宰场、肉品加工，或其他畜牧场等污染源。距离干线公路、学校、医院、乡镇居民等设施至少 1 千米以上，距离村庄至少 500 米以上。周围有围墙或防疫沟，并建立绿化隔离带。不允许建在饮用水源、食品厂上游。

2. 鸭舍的建筑

鸭舍墙体坚固，内墙壁表面平整光滑，墙面不易脱落、耐磨损、耐腐蚀，不含有毒有害物质。舍内建筑结构应利于通风换气，并具有防鼠、防虫或防鸟设施。鸭舍宽度通常为 9～11 米，长度适需要而定，一般不超过 100 米，内部分隔多采用低网（栅）。最基本的要求是冬暖夏凉、空气流通、光线充足，便于饲养管理，容易消毒和经济耐用。一个完整的平养鸭舍应包括鸭舍和运动场 2 部分。这 2 部分面积比例一般为（1～2）：1.5，肉鸭仔鸭舍可不设运动场。

（1）育雏舍：要求保温性能良好、空气流通。棚舍檐高 1.5～1.8 米即可。内设天花板，以增强保湿性能。窗与地面面积之比一般为 1：（8～10），南窗离地面 60～70 厘米，设置气窗，便于空气调节，北窗面积为南窗的 1/3～1/2，离地面 100 厘米左右，所有窗子与下水道通外的口子要装上铁丝网，以防兽害。育雏地面最好用水泥或砖铺成，便于消毒，并向一边倾斜，以利排水。室内防止饮水器的地方要有排水沟，并盖上网板，雏鸭饮水时溅出的水可漏到排水沟中排出，确保室内的干燥，最好把育雏舍设成几个小间，便于保温或管理。

（2）育肥鸭舍：也称青年鸭舍。育肥阶段鸭的生活力较强，对温度的要求不如雏鸭严格。因此育肥鸭舍的结构简单，基本要求能遮挡风雨、夏季通风、冬季保暖、室内干燥、规模较大的鸭场，建筑育肥鸭舍时可参考育雏鸭舍。

（3）养鸭使用的工具：养鸭的用具比较简单，尚未形成系列化、规格化的产品。现将常用工具介绍如下。

①竹排（围条）：围条长方形，长 1.5～2.0 米，高 0.5 米，用毛竹篾编制而成，用作围鸭用，鸭大多群养，抓鸭时群体过大，极易造成应激，一般用围条围成若干小群。1 000 只雏鸭需要围条 4～5 张。②喂料工具（饲槽、喂料器材）：喂鸭的工具样式很多，最简单的如塑料布，用于饲喂雏鸭，雏鸭认料后换成专用料桶，50～80 只鸭需备 1 个料桶。较大的青年鸭可用无毒的塑料盆，作为食盆，这种食盆便于清洗、消毒和搬动，1 000 只青年鸭需 18～20 个食盆。③饮水工具：养鸭用的饮水器的式样很多，最常见的是塔式真空饮水器，有塑料的，已成规格化的产品，也有用比较粗的 PVC 管制作的简易水槽，这种饮水器轻便实用，容易清洗，比较干净，适用于夏季饲养，鸭子能把头伸进水里同时起到降温

的作用。④加温设备：养鸭育雏过程中，需要较高而稳定的室温环境，因此需要配备加温设备，通常采用的加温方法有火炕（火墙、烟道）加温、红外线灯泡加温、煤炉加温和电热育雏伞加温。最常用的方法还是煤炉加温。保温棚覆盖与否辅助调节温度。进雏以后要提早一天试温，使室内预热，达到需要的温度。

煤炉加温：这是最常用、最经济的加温方法之一。采用类似火炉的进风装置，将进气口设在底层，把煤炉原有的进风口堵死，另外装一个进气管，在管的顶部加一盖子，通过盖子的开启来调节火势大小。炉的上侧装一排气、烟管，向室外排气、排烟。为了使炉温保持在一定范围内不扩散，通常在炉子的外围根据使用面积的大小围两层塑料布，便于升温。

二、肉鸭的生理特点

1. 鸭的正常生理指标

体温 41.5～42.5℃，心跳：140～200 次/分钟，呼吸：16～28 次/分钟。

2. 鸭有卵黄囊

刚孵出的雏鸭体内有一个卵黄囊，其生理作用是供给雏鸭 3 日龄内的主要营养物质。卵黄囊的好与坏，直接关系到生长发育，应及早开饮开食和适当供温，可促进卵黄吸收。

3. 雏鸭调节温度机能不完善

刚出生的雏鸭比成年鸭体温低 2～3℃，对外界温度变化适应性差，自身调节机能尚不完善，同时绒毛薄而疏松，皮下脂肪少，保温性能差。因此育雏时供给合适的温度是育雏成败的关键。

4. 胃容积小，采食量小

雏鸭生长发育快，所需营养较多，消化代谢旺盛，而雏鸭胃容积小，又没有明显的嗉囊，所以雏鸭的日粮宜精不宜粗，饲喂方式采用少添多次的方法为好。

5.雏鸭的抗病机能尚未完善,抵抗力差

刚出壳的雏鸭,抗病力弱,易得病死亡,需加强饲养管理,应特别注意做好卫生防疫工作。

三、育雏前的准备

1.育雏舍及其设备

育雏前要对鸭舍进行检修、消毒、垫料等。检修鸭舍,使育雏舍保温良好、干燥、光亮适度,便于通风换气等,并对所有育雏器具和喂料、饮水设施进行检修,以及灭蚊、灭鼠。

对育雏舍应彻底进行清洁消毒。将舍内使用过的垫料全部清除出舍外,在远处集中严格处理(如深埋消毒等),清扫舍内。地面和网上的鸭粪要刮干净。疏通水沟,排出污水,然后彻底消毒,舍内舍外面面俱到、不可遗漏。消毒方法有喷洒法、熏蒸法、灼烧法等,实际生产中视具体情况而定,要使用高效广谱、未过期的消毒药水且不腐蚀舍内设施。消毒后让育雏舍空舍2周以上,以便晾干和消除异味。

将所有设备、用具洗净、消毒,小件可浸于消毒水中,大件可用喷洒法消毒。稀释消毒药最好使用温热水,因为在常温下水温每提高10℃,消毒效果会增加2倍。育雏舍利用熏蒸法消毒时,可将所有洗净的设备、用具放入舍内,关闭门窗,每立方米空间用甲醛溶液15毫升和高锰酸钾7.5克,加少许水混合后,人员迅速离开,密闭1天以上。消毒后空置几天,以便全部彻底灭杀细菌和病毒,加强消毒效果。

雏鸭进舍前2天,应在舍内地面和网上铺设好干净的垫料。垫料切忌霉烂,结块和颗粒细小,要求干燥、清洁、柔软、吸水性好、粉尘少、无坚硬杂物。常用的垫料有刨花、粗木屑、稻壳等,有时也可用干禾草、麦秸、干沙、谷壳等。同时要将其他育雏设备准备好,特别是保温设施,需反复检查试用,以确保工作正常。

雏鸭到达前,应在育雏舍内安放好充足的饮水器,并提前升温使室内空气和饮水的温度达到要求。饮水器需在育雏区域内均匀分布,勿太靠近热源,且高度与鸭背平,正好适合雏鸭饮用。要保证雏鸭有足够的饮水点,一般最初几天每50~80只雏鸭需有一个4.5升大小的真空饮水器,水深为1厘米为好。第一天要在塑料布上洒水,引导雏鸭喝水。饮水中最好添加水溶性多维、葡萄糖、抗生素等。经长途运输的雏鸭还应补加补液盐,以满足雏鸭的生理、生长需要,维持其正常食欲,帮助卵黄吸收和饲料消化,防止虚脱。

2.鸭苗的选择和运输

(1)鸭苗的选择:应从种鸭质量好、卫生防疫严的种鸭场购苗。①体重:雏鸭平均体重在50克以上,各阶段体重与种鸭日龄阶段相符;②均匀度:同批体型大小均匀、整齐、体型差异在20%以内;③外观:精神状态良好,叫声洪亮,活泼,形体正常,行走自如,挣扎有力;④脐部:脐带收缩良好,可带有小段干枯的尿囊柄;⑤跗部:大小适中、活动自如、色泽光润;⑥肛门:肛门部位绒毛丰满、柔软;⑦腹部:柔软、羽毛丰满、卵黄吸收良好;⑧水分:绒毛润泽光亮,眼睛明亮有神,喙、掌、腿部丰满光润,腹部柔软,重量适中。

(2)鸭苗的运输:运输前一天,根据所运输雏鸭的数量和距离,合理安排好车辆。运输车辆到场后,彻底进行清洗消毒。装车前检查车况,确保路途不会出现故障。每盒雏鸭装80只,雏鸭盒码放要整齐,高度不要超过10个。靠近车辆的内侧需要用绳子固定好,防止运输途中倒塌。每车装放时不能太挤,中间需留出人行道,以便观察和调箱。冬季注意保温时通风。夏季注意防晒、防雨淋,加大通风,途中最好每运行1小时下车观察一次。若发现雏鸭张口急叫、振翅,说明温度过高,要打开车窗和篷布,疏散雏鸭,加强通风换气并合理调箱,上下、左右、前后轮换对调;如果雏鸭扎堆、尖叫,说明温度太低,要加强保温,同时防止"贼风"。

运输时要尽量走高速公路等路状较好的路线,确保顺利;如遇堵车或车辆抛锚时更要观察雏鸭,时间较长时要倒箱或将雏鸭卸下,防止缺氧。运输到达目的地后,迅速、轻稳卸车,防止车厢前部和上部高温、缺氧。保证在出雏后10小时到达目的地。

3.初生雏鸭的饲喂技术

(1)饮水:1日龄雏鸭第一次饮水称为初饮,雏鸭初饮后无论如何都不应该再断水。重点掌握"早饮水,早开食,先饮水,后开食"的原则。雏鸭一运到,应马上进入育雏舍,让其稍安静片刻,然后放入保温区域内,设法让其尽快学会饮水。一般做法是将雏鸭按顺序放入预先准备好的育雏舍内,铺上塑料布。在上面均匀洒部分凉开水,引诱雏鸭喝水。早开饮有利于雏鸭排除胎粪,增加食欲,刺激尾脂腺的分泌等。雏鸭在出壳24小时内一定要饮到水,以防出现脱水现象。水质必须新鲜、清洁,水温接近室温。应先提高水温,达到20℃以上。饮水器数量要足够,分布要均匀,高度适中,这些都需雏鸭日龄的增加而加以调整。饮水器高度应同鸭背持平,若水位过低,鸭在饮水时会反吐饲料,造成饲料浪费,而且用水洗身、理毛时,易将身上弄脏。饮水器数量不够或摆放位置不均匀时,弱雏和部分雏鸭难以饮到水,对生长不利。对不会饮水、呆立的雏鸭,应采取人工诱导的方法,让其学会饮水。饲养中要防止长时间缺水后引起雏鸭暴饮。饮水器每天要刷洗1~2次,数量要充足,每100只雏鸭至少应有2~3个4.5升大小的真空饮水器。

(2)开食:雏鸭第一次吃食称为开食,一般在饮水后3小时左右就可以开食。最初选择一些颗粒破碎料,一般用510当做开口,每1 000只雏鸭饲喂1包开口料后开始饲喂1号料,把饲料撒在塑料布上,要撒的均匀,边撒边吆喝,调教采食。饮水器要放置在采食布的旁边,便于边吃边饮水。随着雏鸭长大,把饮水器和料槽的距离拉开,可节约饲料。

四、雏鸭的管理

1.合适的温度

控制温度是肉鸭育雏成败的关键因素。虽然雏鸭对温度的要求不如雏鸡严格,保温工作可粗放一些,但在寒冷天气下,温度仍是育雏的首要条件,直接影响到幼雏的体温调节、运动、采食、饮水、饲料的消化吸收以及抗生能力等。在大规模的集约化育雏时，更应做好保温工作。

雏鸭的体温比成年鸭低 2～3℃，皮下脂肪层尚未形成，羽毛未丰，体温调节机能尚未完善，防寒能力差。虽然雏鸭代谢旺盛，但胃的容积很小，采食量有限，产生的热能不足以维持生理热的需要，不能较好地适应外界温度和气候的变化，因而在育雏的最初几天，当天气寒冷或多变时，还需适当地供给外源性能热量。育雏温度的标准应根据雏鸭的日龄、品种、健康状况、具体表现及昼夜气候等因素而定。如 1 日龄温度最高（可维持在 33～35℃），以后逐渐降低；弱雏的保育温度比强健雏要高些。根据季节可略有变化，冬季宜提高 1℃，夏季宜降低 1～2℃。48 小时以后，随着雏鸭的长大，羽毛和皮下脂肪逐渐丰满，体温调节机能不断加强，温度可逐步降低，每日下降 1℃，直至室温为止。

控温除根据温度计外，还主要根据雏鸭的活动情况而定。若温度过高，雏鸭远离热源呆立，精神不振，烦躁不安，张口喘气，大量饮水，食欲减退，正常代谢受影响，体质软弱，发育缓慢。容易感冒、脱水、虚脱和感染各种疾病。若温度太低时，雏鸭挤在一起取暖，或靠近热源处相互挤压，有时爬作多层，堆叠起来，造成下面的鸭被压致伤、死，上面的鸭因长时间过热或过冷，容易失水和感染各种疾病。温度适宜时，雏鸭散开活动，三五成群，采食正常，舒适安静，活泼好动，躺卧姿势很舒展，伸颈展翅，食后静卧无声。经常仔细观察雏鸭群的状态，它们的行为是对温度的最好反应，据此做出相应的调整和决定是最佳的。例如，有经验的专业户在天气暖和时不再升温，约 10 日龄后就搬出舍外圈养，育雏效果很好。

一般采用较低温度育成的雏鸭比较健壮，但温度太低时雏鸭在热源处密集挤压，影响采食和运动，饲料报酬低，易发生消化不良等各种疾病，弱雏数目增加，应十分注意。常用的育雏保温方法有多种，不论采取何种保温方法，都应注意温度的逐渐降低过程和供热成本问题，温度不能大幅度下降或忽冷忽热。测量温度应以雏鸭背高水平线为准。

2. 适宜的湿度

一般情况下，相对湿度不像温度那样要求严格，但在极端情况下也会对雏鸭造成很大危害。湿度指相对湿度,即空气中水汽的相对含量。一般育雏时的相对湿度标准是1~3日龄为80%,3~7日龄为60%~80%,2周龄以后保持在50%左右,3日龄80%的相对湿度和雏鸭出孵时孵化器内湿度接近,可避免雏鸭因呼吸干燥空气而散发体内大量水分,影响机体正常功能。如湿度过低,雏鸭易出现饮水过多,食欲减弱,羽毛生长不良,脚胫干瘪,群体生长发育不均,下痢,卵黄吸收不良,不眠,灰尘刺激诱发呼吸道疾病等,如湿度过大,会为细菌、病毒和寄生虫的滋生繁殖创造有利条件,容易导致球虫病、呼吸道病、腹泻和消化不良等疾病流行。虽然常温下鸭舍各处湿度都在50%~70%,但当保温热源开启后,空气被加热,空气中水分就会减少,湿度随之降低,空气变得干燥,这对鸭群是不利的。因此,在鸭刚孵出的最初几天应当注意加湿,增加湿度可通过增加饮水器数量和适当调整其位置来进行。育雏2~3天后,雏鸭饮水量大大增加,排粪多而湿,呼吸也大大加快,呼出水分增多,因此不需要再考虑加湿的问题,反而要十分注意防止湿度过大,保持舍内干燥,给雏鸭创造一个干净、清洁的生活环境。此时需要清除粪便,勤换勤添垫料,保持良好的通风,防止雏鸭在饮水器内洗澡。饮水器应放置在离地网上,地网下面设有排水良好的沟,盛接溢出的水,或饮水器周围设有排水良好的、不妨碍行走的浅水沟或漏缝水沟。若无此等设备,可将水盆和饮水器放置在鸭舍的一侧,而将饲料桶放置在另一侧,这样放置饮水的一侧潮湿脏污,但其他地方较清洁干燥,不会影响鸭舍的正常温度和鸭群的正常憩息。夏天适宜的湿度还可防止雏鸭中暑,因为温度较高、湿度较大雏鸭会觉得更热,而不善散热的鸭在脂肪层长出后是最怕热的。

3.注意通风换气

只有保持育雏室中空气的新鲜,才能保证雏鸭的正常代谢和健康生长。

雏鸭饮水溅水多、粪多,所以雏鸭舍很潮湿,而潮湿的粪和垫料会分解发酵,产生大量的氨气、硫化氢等有害气体,煤灶保温时还会产生大量一氧化碳和其他废气,雏鸭呼吸产生的二氧化碳也多,舍内空气的生长发育和健康,有时有害气体会使雏鸭中毒和感染疾病而引起不同程度的死伤。因此,必须处理好通风和温湿度的关系,使雏鸭感到舒适,但通风必须注意以下几点。

(1)通风时注意保温:在育雏最初建议案的保温阶段,当外界温度较低时,通风会使舍内温度不好控制。因此,在保温育雏时须注意通风方法。最简单的方法是:在中午天气较暖和时,打开部分高处的窗户,利用舍内外温度差进行通风。必须注意不可使舍内温度有明显变化,不能让冷风直接吹到鸭身上。育雏头两天完全可以不通风,空气也不至于太差。

(2)适宜通风:通风是否适宜,除通过专用仪器测定舍内二氧化碳和氨气的含量来判定外,主要是靠养鸭人员进入育雏舍的感觉。如果感觉空气良好清新,不易刺鼻,不觉憋气,则较好;假如雏鸭表现出精神不安,行动迟缓,羽毛污秽零乱,食欲不振,发育不良,夹杂着有啰音和咳嗽等症状时,说明污浊的环境已经严重影响鸭群健康,要立即通风。

(3)防"贼风"入舍:目前绝大多数开放式鸭舍是以调节舍内的温度和湿度为主要目标来进行通风换气的,靠开闭门窗的多少和开闭时间的长短来控制通风。窗户应设在高处,风不能直接吹到鸭身上,也利于排除较热较轻的废气;有的安装通风设备,采用动力通风,这样可同时控制好温度和通风。不管怎么样,必须提供一个无贼风的通风环境,防止从水沟、缝隙中来的冷贼风。因为贼风和温度的波动过大,容易引起雏鸭感冒和生长不良。

4. 适中的密度

雏鸭的密度是指单位面积饲养的雏鸭只数,密度大小关系到雏鸭的生长发育和健康,适宜的密度是提高育雏效果的措施之一。密度小,群体小,相互干扰小,舍内环境好,育雏效果最好,雏鸭生长快,但鸭舍设备利用率相对较低。密度太大时,群体内互相拥挤,极易造成大的应激反应和伤残,以及采食、生长不均等问题,雏鸭生长缓慢,发育不整齐,易感染疾病,伤亡率升高。饲养密度应该根据育雏舍构造、饲养设备、通风状况、管理水平以及当时的气候等条件来决定。网上饲养,保温和通风条件好的密度可大些,饲料营养水平(特别是维生素类水平高)高时密度可大些。通常雏鸭群以 1 000 只/栏为宜,地面平养时,1 周龄 20 只/米² 左右,2 周龄 14 只/米² 左右,3 周龄以后 5 只/米²;网面平养饲养密度可大些,最多冬季可养 7 只/米²。不管群体大小和密度如何,都要适时进行雏鸭强弱分群,弱雏单独饲养、精心护理,以减少残次成鸭数量。

5.合理的光照

光照能提高鸭的体表温度,增强血液循环,刺激消化系统,促进雏鸭采食,增加运动量,有助于新陈代谢,促进肌肉、骨骼的生长发育,增加机体的抗病能力,提高生产性能。在自然光照不足的情况下,要用人工补充光照的办法来解决。雏鸭更需要光照。育雏期内光照的强度可大些,以后逐渐减弱。以能看到采食和饮水就可以了。育雏出壳后 1～3 天进行较强光照,以利于雏鸭熟悉环境,保证生长均匀。以后采用 23 小时光照,夜间可不定时停止光照 1 小时,以锻炼雏鸭对黑暗的适应能力,避免停电而造成雏鸭应激反应。光源强度按电灯功率计,前 3 天为 3 瓦/米²,以后 1 瓦/米² 的灯光通宵照明。

6.综合性的防病措施

由于鸭的生理结构及饲养密集等原因,比较容易发生传染病,尤其是雏鸭,一旦发病,传染快,死亡高,往往到出售也来不及恢复,因此,任何一个鸭场都必须把防病放在一个很重要的位置。综合性的防病措施主要有营养因素、卫生、消毒、免疫接种和药物预防。

营养因素:选择质量好、价格低、营养全面的全价饲料,保证新鲜不变质。

卫生包括饮水卫生和环境卫生:雏鸭所饮水水质应符合人类的饮水标准,防止水污染。环境卫生尤为重要,很多疾病与环境和用具被污染有关,为预防疾病的发生应定期不定期地进行消毒。

消毒包括饮水、带鸭消毒和环境消毒。实践证明做好各项消毒工作既能净化环保,又能有效防止疾病传播,是治病防病的重要环节。

预防接种使鸭体内部产生对疾病的抵抗能力,从而达到防病的目的。药物预防是我们防病治病的有效手段。

现实工作中做好某一项工作起不到多大作用,只有做好综合性的防病措施,才能保证我们的鸭群健康。

第二节　健康养殖商品肉鸭育肥期的管理

肉鸭 3～7 周称为中雏,是肉鸭生长的育肥期,也是决定商品价值和饲养效益的重要阶段。中雏期是鸭子生长发育最为迅速的时期,对饲料营养要求高,且食欲旺盛,采食量大。对外环境的适应性比较强,容易管理。

一、饲料的更换

18～20 天,从雏鸭舍转入中雏舍,将雏鸭料(548#)逐渐调换成中雏料(549#),32～34 天时再将中雏料(549#)逐渐调换成大鸭料(549f),使鸭逐渐适应新的饲料。

二、温湿度调节

除冬季和早春温低外,采用升温育雏饲养,其余时期中雏的饲养均采用自温饲养方法。但若自然温度与育雏末期的室温相差太大(一般不超过 3～5℃)会引起感冒或其他疾病,特别是需要转群时,这时就应在开始几天适当增温,使室温达到 10℃以上。把湿度控制在 50%～55%,尽量保持地面干燥。光照以能看见饮水吃料为准,白天利用自然光,晚上再开灯。

三、密度适当

中雏的饲养密度,肉用型雏鸭由每平方米 8～10 只,逐渐减少到 4～5 只,随日龄增大,应逐渐扩群,以满足雏鸭不断生长的需要,不至于过于拥挤,从而影响其摄食生长,同时也要充分利用空间。扩群时应注意逐渐地扩大鸭的活动面积,待雏鸭经过锻炼,腿部肌肉逐步增强以后,再逐渐扩棚,增大活动面积,防止雏鸭因活动量大不适应,导致的气喘、拐腿,重者引起瘫痪。

四、分群饲养

将雏鸭根据强弱大小分为几个小群,尤其对体重较小、生长缓慢的弱中雏应强化培育,集中饲养,加强管理,使其生长发育能迅速赶上同龄强鸭,不至于延长饲养日龄,影响适时出栏。

五、饲喂沙砾

为满足雏鸭生理机能的需要,应在中雏鸭的运动场上,专门放几个沙砾小盘,或在饲料中加入一定比例的沙砾,这样不仅能提高饲料转化率,节约饲料,而且能增强其消化机能,有助于提高鸭的体质和抗逆能力。

六、肉鸭的免疫程序

1.目前常用的免疫程序

1～3 日龄,注射鸭病毒性肝炎疫苗 1.5 头份。配制方法:250 毫升生理盐水加 3 瓶疫苗,每只注射 0.25 毫升,颈背部皮下或肌肉注射。

8～10 日龄,注射禽流感疫苗(H$_5$ 亚型),每只注射 0.3～0.5 毫升,颈背部皮下或肌肉注射。

13～15 日龄,注射鸭瘟疫苗 1.5 头份。配制方法:250 毫升生理盐水加 3 瓶疫苗,每只注射 0.25 毫升,颈背部皮下或肌肉注射。

2.注意事项

(1)疫苗的选用:在使用前必须对疫苗的名称、厂家、有效期、批号做全面的核对并记录,严禁使用过期疫苗。

(2)疫苗的保管:灭活苗和弱毒苗均应在 2～8℃保存,灭活苗应防止冻结,使用前应先升至室温摇匀后使用。弱毒苗在稀释后应尽快使用,稀释后应在 1～2 小时内用完,剩余的疫苗应焚烧或深埋。

(3)免疫过程中,勤换针头,避免交叉感染。

(4)接种前 24 小时,在饮水中加入电解多维防止应激,但禁止在饮水中加抗病毒药物和消毒剂。

(5)免疫时要经常检查核对注射器的剂量刻度,注意剂量,注射部位准确,仔细管理防止漏免,如有免疫反应,注意药物防治。

3.合理使用抗生素,搞好药物预防

(1)以预防为主,防重于治的原则,集约化养殖受条件限制,更易发病,鸭群发病后,疾病蔓延快,发病率高,发病的数量也多,给治疗造成很大困难,治疗的费用也很高,因此,必须提前做好药物预防,防病在前,治疗在后。

(2)使用抗生素,剂量要准确,疗程要足,一般疗程 3～5 天,但对呼吸道疾病和使用中草药制剂时一般不少于 5 天,以防复发。

(3)目前肉鸭疾病多为混合感染,最好采用复方药或多药联用效果明显,但鸭易产生抗药性,一种药最好每批只用一次,尽量避免重复使用。

(4)对于不溶于水的药物,最好拌料使用,不得随意加大用量,防止意外中毒,避免造成损失。

(5)1～5 日龄,保健预防,使用葡萄糖、电解多维和头孢类的药物。预防沙门氏菌、脐炎,减少雏鸭因运输造成的应激,提高健雏率,成活率。

(6)10～13 日龄,免疫前后,应激较大,有时会有呼吸道症状,此时应使用广谱抗菌药如氟喹诺酮类的抗生素。

(7)18～20 日龄,更换饲料应激较大,易引起拉稀,使用氨基糖苷类的药物。

(8)32～35 日龄,更换饲料应激大,因日龄较大,用药量也就大,易使用新霉素或痢菌净等原粉类的药,价格便宜,效果也很好。

七、商品鸭出栏

1.养殖与出栏模式

(1)合同养殖与合同出栏:现在很多大的一条龙企业或时下纷纷成立的养殖专业合作社让合同养殖模式已经深入人心,合同养殖自然也就按照合同的约定出栏上市,这是最安全的养殖模式,没有大的养殖风险,利润空间一般控制在1～2 元/只。主要还是以靠规模创效益。

(2)合同养殖与社会鸭出栏:宰杀厂也是企业,在行情下滑的情况下,风险太大也会超过宰杀厂的承受能力,一些坑害养殖户的事也经常发生,宰杀厂亏损,他也不会让养殖户挣钱,会以调整合同或在磅秤上做文章。和宰杀厂签订养殖合同的时候一定要考虑周全,以免给自己造成损失。

(3)社会养殖:肉鸭养殖市场还不是很成熟,各地基本都还是以合同为主。宰杀厂会联合控制市场价格,因此市场户应慎重,但养殖与出售遵循市场规律,随行就市,风险和机遇并存。

2.出栏注意事项

根据鸭群的采食情况把握好出栏时机,尽量达到合同标准。市场肉鸭在出栏前后几天应根据是否发病和死亡率的情况,结合鸭群的采食情况,考察毛鸭的价格等因素,决定是否出栏。关键性的几天会带来意想不到的收益,即使合同养殖出栏日期也不是固定的,要有一个范围,在鸭群发病的时候也可以提前出栏才行。

先定好出栏时间,再落实抓鸭队伍。落实好宰杀厂车辆到达时间,让抓鸭队提前到场。拉毛鸭的车到达后，开始抓鸭，抓鸭要轻，实际上抱鸭(以免抓断腿和翅膀，影响屠体质量和价格)；装车时也要轻，避免压死鸭或压坏、压伤鸭头；根据季节和气温决定装鸭的密度，否则，会因为高温高密度而闷死鸭；炎热季节在装车时要边装车边喷淋凉水，减少死亡率。

3.出栏结算

合同鸭一般都是到厂宰杀胴体，再根据出成折算毛鸭，养殖户带合同本、身份证、银行卡到宰杀厂结算，1周内打款。尽量不与个别信用不好的宰杀厂合作。

4.饲养记录

为帮助饲养户明明白白养鸭，应清清楚楚管理，每批都做好盘点记录，从饲养中悟出经验和教训，以提高饲养管理水平。

(1)收入：毛鸭、鸭粪、废品。

(2)支出：鸭苗款、饲料款、药费(消毒药、疫苗、抗菌药、抗菌毒药、抗寄生虫、抗体等)、燃料费(煤炭、燃油)、水电费、维修费、垫料款、土地承包费、固定资产折旧、生活费、人工费、低值易耗品费、抓鸭费、检疫费等。

(3)指标：总利润、单只利润(总利润/出栏毛只数)、成活率(出栏鸭数/进鸭数)、料肉比(饲料消耗/出栏毛鸭重量或胴体折合毛鸭重量)、总药费、单只药费、单只检疫费、单只燃料费等。

(4)重点抓好：成活率、药费、料肉比、单只出栏重。

(5)详细统计好各项指标，建档封存，以备后查。

思考题

1.商品肉鸭育雏前需要做什么准备工作？育雏时对温度有何要求？

2.商品肉鸭在育雏舍时的饲养须注意什么事项？

3.商品肉鸭转入育肥期时饲养条件有哪些改变？

4.商品肉鸭出栏时要注意什么？

第八章

健康养殖蛋用鸭饲养管理

第一节　健康养殖蛋用鸭育雏期的饲养管理

　　蛋用鸭的育雏期一般是从出壳到 4 周龄。育雏是蛋鸭生产中的第一阶段,也是关键的环节,育雏期的饲养管理直接影响雏鸭的成活率、青年鸭的生长发育及产蛋鸭的生产性能,与饲养效益密切相关。因此,蛋用鸭育雏期的饲养管理在整个饲养过程中具有十分重要的作用。雏鸭的成活率和健康状况是判定育雏期饲养管理成败与否的两个重要指标。针对雏鸭的自身特点,需要制定配套合理的饲养管理方案,以保障雏鸭的健康,进而提高蛋鸭的生产水平和经济效益。

一、蛋用雏鸭的生理特点

　　蛋用雏鸭具有绒毛短、体温调节能力差、消化机能尚未健全、生长速度快、易感染疾病等特点。

1. 雏鸭娇嫩，适应能力较差

雏鸭从蛋壳中刚孵化出来，各种生理机能还不十分健全，十分娇嫩，适应外界环境能力较差，在管理上需要给予一个逐步适应环境的过程。

2. 调节体温的能力较差

雏鸭绒毛短，自身调节体温的机能较差，不能抵御低温环境，应创造合适的环境温度，进行人工保温，尤其是盛夏和严冬育雏，需要严格控制育雏温度。

3. 消化器官容积小，机能尚未健全

刚出壳的雏鸭，其消化器官尚未经过饲料的刺激和锻炼，容积很小。食道的膨大部很不明显。如绍兴鸭的肌胃重只有1.1克，十二指肠的宽度只有0.3～0.4厘米，消化道的总长度只有48厘米，储存食物的能力有限，消化机能尚未健全，应有一个逐步锻炼的过程。在管理上要少喂多餐，给予营养丰富且容易消化的饲料。

4. 生长速度快，代谢机能旺盛

雏鸭生长速度快，饲养至4周时，其体重为初生重的11倍，需要丰富而全面的营养物质，才能满足其生长发育的要求。

5. 雏鸭的抗病机能尚未完善，抵抗力差

刚出壳的雏鸭抗病力弱，容易感染疾病而造成死亡，需加强饲养管理，应特别注意做好卫生防疫工作。

二、选择合理的育雏季节

采用集约化饲养方式，依靠人工喂料，一年四季均可饲养蛋鸭，但应该注意产蛋高峰期最好避开盛夏和严冬。采用半牧半舍饲养方式，应根据自然条件和农田茬口选择合适的季节，采用相应的技术培育雏鸭。

按照雏鸭出雏的季节可以分为春鸭、夏鸭和秋鸭。

1.春鸭

每年 3～5 月份出壳的雏鸭叫"春鸭",此时气候较冷,温度低且变化较大,应注意保温防寒。该期正值春耕播种阶段,放牧场地多;螺蛳、蚯蚓、小虾等天然动物性饲料丰富,气候逐渐变暖,管理较容易,雏鸭生长快、饲料省、开产时间早。

2.夏鸭

每年 6～7 月份出壳的雏鸭叫"夏鸭",这个时期气温高,雨水多,湿度大,雏鸭育雏期较短,不需要保温措施,农作物生长旺盛,可以在稻田中放牧,并可利用早稻收割后的稻谷,夏鸭开产时间较早。但夏季多雨闷热,管理较为困难,要注意防暑、防潮和防病。

3.秋鸭

每年 8～9 月份出壳的雏鸭叫"秋鸭",此时秋高气爽,气温由高到低逐渐下降。秋鸭可充分利用杂交稻和晚稻的稻茬地放牧,只需适当添加一些蛋白质饲料。秋鸭较春鸭和夏鸭开产时间迟,但体质健壮,开产后能保持稳定的产蛋,产蛋高峰期维持时间比较长,第一个产蛋期恰好是孵化生产季节,能满足孵化的需要。

三、做好育雏前的准备工作

雏鸭育雏之前应该做好育雏舍、温度控制措施以及消毒等各个方面的准备工作。

(1)育雏舍要求保温性能好,保持干燥以及有良好的通风条件。及时检查鸭舍门窗、墙壁、通风、照明和供暖设备等,若有损坏及时维修。

(2)加温方式根据具体条件,因地制宜,从能源、鸭舍结构、经济条件、育雏效果等多方面考虑,可选择合适加温方式,下面介绍几种常用的加温方式。

烟道:用砖、缸瓦或铁管等做成。烟道建在育雏室内,一头砌有焖灶,设在室外;另一头砌成烟囱,高出屋顶,使出烟通畅。通过烟道把炉灶和烟囱连接起来,利用烧煤或其他燃料产热,热量通过烟道使室温升高。温度的高低靠加煤的多少来调节。此法成本较低,适宜大规模饲养,适宜于产煤地区或供电无保证的地区采用。注意烟道周围设置防护网,以免烫伤雏鸭。

煤炉:带有排烟管的炭炉,应检查烟筒是否漏烟,切忌无烟筒或烟筒堵塞,以防煤气中毒。

电热保温伞:用木板、纤维板或金属铝皮制成伞形或斗形罩,夹层填充玻璃纤维等隔热材料,上部小,直径 25～30 厘米;下部大,直径为 100～120 厘米,高 67～70 厘米;伞下安装电热丝或加热管,与自动控温装置相连接,可按育雏需要调节温度并能自动控温。也可用层板或竹条制成伞状的简易电热保温伞,竹条制成伞状后,伞内安装红外线灯或其他热源。此法简便省力,换气良好,育雏舍清洁,育雏效果好,但耗电量较大,育雏费用较高。

(3)清洗、消毒:用水冲洗地面、墙壁及用具,待冲洗干净后,用 5%～10%新鲜石灰水或 2%烧碱喷洒地面和墙壁等处。用 3%～5%来苏儿或 0.1%新洁尔灭对用具消毒,也可用百毒杀等消毒。育雏舍空间按每平方米用 20～40 毫升福尔马林、15～20 克高锰酸钾进行密闭熏蒸消毒。消毒时关好门窗,雏鸭进舍前要排出甲醛气体。

(4)准备好饲料、药品及用具:备足无发霉变质且营养丰富全面的饲料,药物(疫苗、抗菌素等)、料盘、水盘、温度计等,地面平养还应准备垫料,如锯木屑、机制刨花、稻草油、菜子壳等,垫料要求干燥清洁,柔软,吸水性强,切忌霉烂。

(5)提前预温,检查烟道、保温伞、煤炉等供温是否正常,烟道、煤炉不能漏烟,以防煤气中毒。在雏鸭入舍前 12 小时开始供热,观察保温伞或育雏舍内温度是否合适,要求雏鸭背部高度的温度为 30℃左右。

四、选择适宜的育雏方式

1.蛋鸭育雏按照供温方式可分为自温育雏和人工加温育雏两种

(1)自温育雏:主要利用雏鸭本身的温度,在无热源的保温器具内,以鸭只多少、保温器具覆盖与否来调节温度。这种方式节省能源,设备简单,但受外界环境条件影响较大,气温过低的冬季不能采用这种方式育雏。

(2)人工加温育雏:主要是利用加温设备调节育雏所需要的温度。这种方式不受季节的影响。不论外界的气温高低,均可以育雏。但它要求的条件较高,能源消耗大,育雏费用较高。常用的有煤炉加温、火炕加温、红外线灯泡加温、育雏伞电热加温等。

2.按照饲养方式育雏又可以分为平面育雏和笼养育雏两种方式

(1)平面育雏:按地面结构不同可分地面平养、网上育雏和混合式育雏3种。①地面平养:这是使用最久、最普遍的一种方法。育雏地面上铺上清洁干燥的垫料,接雏后将雏鸭直接放在育雏舍的垫料上。日龄越小垫草越厚(初生雏第一次垫料厚6~8厘米),使雏鸭熟睡时不受凉。垫料要求干燥、清洁、柔软、吸水性强。常用的有稻草、谷壳、锯木屑、碎玉米轴等。这种育雏方式,设备简单,投资省,管理方便,缺点是卫生条件较差。②网上育雏:网上育雏即利用网面代替地面,网的材料可以是铁丝网、塑料网,也可以是木条、竹条制作,一般网面距地面60~70厘米。网床可单列或双列排列,舍内应留有供饲养人员喂料、清洁的走道。网状育雏的最大特点:其一是环境卫生条件好,雏鸭不与粪便接触,感染疾病的机会少;其二是不用垫料、节约劳力;其三是温度比地面稍高,比地面育雏节约能源,成活率较高。缺点是一次性投资比较大。③混合式:将育雏地面分为两部分,1/3的地面设置铁丝网或漏缝地板,网上设饮水器,网下设排水沟,剩下2/3是垫料地面,两部分之间有水泥坡面连接,雏鸭采食饮水在网上,休息、活动在垫料地面,对提高育成率和保护育雏舍环境均有利。

(2)笼养育雏:将雏鸭养在金属笼或竹、木制的笼里,能充分利用鸭舍空间,增加饲养量,节约能源。但管理不够方便,造价较高;蛋鸭育雏一般不采用笼养育雏。

五、掌握科学的饲养管理方法

1.科学饲喂技术

（1）饮水：初生雏鸭第一次饮水称为"开水"。注意一定要先饮水后开食，否则容易引起死亡。一般在出壳后 8～12 小时"开水"，刚开始要进行调教，将雏鸭浸入浅水盘或饮水器的水中，促使饮水 1～2 次。饮水器应放在有利于排水的地方。每天应清洗饮水器，更换新鲜的饮水，保证饮水的充足和清洁，为预防疾病，饮水中可适当加入维生素和抗菌素，有助于增强雏鸭的抵抗力。

（2）开食：第一次给雏鸭喂食称为"开食"。"开水"后即可开食。春鸭出壳后 24 小时左右，夏鸭出壳后 18～20 小时，秋鸭出壳后 24～30 小时。"开食"最好用颗粒饲料，颗粒料营养丰富，易采食，浪费少。若无颗粒饲料，可用粉料拌湿喂，干湿程度以手指捏指缝中出水为宜。每次拌料不宜太多，否则容易变质发霉且浪费饲料，增加养殖成本。将易于消化、营养全面的配合饲料撒在料盘里，1 周龄以内使用料盘，1 周龄以后使用料槽，少喂多餐，料槽内添加的饲料不能太满，这样可刺激食欲和减少饲料浪费。一般小型蛋鸭的饲喂量，每天可按每只 2.5 克递增给料，即第 1 天 2.5 克，第 2 天 5 克，第 3 天 7.5 克，依此类推，大型蛋鸭每天可按每只 4 克递增。饲喂次数 10 日龄内的雏鸭每昼夜 6 次，白天 4 次，晚上 2 次；10 日龄以后白天 3 次，晚上 1～2 次。具体饲喂量和次数应根据雏鸭的消化吸收情况，随时适当调整。每只鸭应有充足的槽位，以保证充分进食。

（3）日粮营养水平：配制饲料时，要求代谢能 2 800 千卡/千克、粗蛋白 20%、蛋氨酸 0.4%、赖氨酸 0.1%、钙 1%、磷 0.7%。参考配方：玉米粉 60%、麦皮 5%、米糠 4%、豆粕 20%、淡鱼粉 6%、骨粉 1%、贝壳粉 3%、石膏粉 1%。

（4）适时的脱温、放水和放牧：在保温的同时，应逐步降低温度使雏鸭逐渐适应在自然温度下生活。适时脱温可增强雏鸭的体质，夏鸭一般在 3～5 日龄可以完全脱温;春鸭和秋鸭因外界气温低,需要较长的保温期,7～10 日龄可完全脱温。放水和放牧可以使雏鸭提早适应外界环境,当气候温暖,阳光充足时,可让雏鸭在浅水中进行训练,开始时间不宜长,上、下午各两次,每次时间 5～10 分钟,以后逐步增加次数和时间。半牧半舍饲养的蛋鸭还要进行放牧训练。放牧时间由短到长,次数由少到多,距离由近到远,开始每天放牧两次,每次 20～30 分钟,在鸭舍周围放牧。放牧地的溪渠水流要平缓,溪渠或水稻田中的天然动植物饲料要丰富,岸边的坡度应平坦,便于雏鸭活动。

2. 严格控制环境

(1)温度:雏鸭 1 日龄时,室内温度不得超过 32℃,平均温度应控制在 30℃ 左右。不论使用哪种供温方式,温度都应每 2 天逐渐下降 1℃,直到和环境温度一致,或 4 周龄左右达到 15℃,应该每天在舍内相当于鸭背的水平高度检查,并做好记录。季节不同,品种不同,温度控制还应当根据雏鸭的反应进行合理调控,必须经常观察雏鸭活动情况,特别是 1 周龄内的雏鸭,因为,从它们的行为上可看出温度是否合适。要"看鸭施温",适时而均衡,以鸭群活动状态良好为宜。绝对不允许温度突然上升、下降和长期过高,特别是幼雏阶段。温度过高,影响雏鸭正常代谢,食欲减退,发育缓慢,身体易病,常导致感冒、呼吸道疾病及啄癖的发生;温度过低,影响雏鸭对腹内卵黄物质的消化吸收,如果受到低温的骤然侵袭,则因畏冷而集群,影响采食与运动,或挤压受伤,并易受惊而导致疾病发生,严重的可造成死亡。

(2)湿度:雏鸭出壳后,通过运输或直接转入干燥的育雏舍内,雏鸭体内的水分会大量丧失,失水严重会影响蛋黄吸收,进而影响健康和生长。因此,育雏初期育雏舍内需保持较高的相对湿度(60%～70%)。随着雏鸭日龄的增加,体重增长,呼吸量加大,排泄量增大,此时应尽量降低育雏舍的相对湿度(50%～55%)。

(3)通风:育雏舍空气中的有害气体,对雏鸭危害很大,如氨气达 25～35 毫克/千克时,将会引起雏鸭眼部疾病,二氧化碳浓度过高时,会使雏鸭昏睡,甚至死亡。育雏舍内空气氨浓度一般要求在 10 毫克/

千克以下。由于雏鸭体温高,新陈代谢旺盛,呼吸次数多,呼出的二氧化碳多;粪便和垫料由于温湿度适宜,也会分解产生大量有害气体,因此,必须采取有效的通风措施,以保证舍内空气新鲜。如安装排风扇,应经常打开门窗等。但同时应注意防止穿堂风、贼风的侵入。

(4)饲养密度:雏鸭的饲养密度与生长发育有关,密度过大,影响生长发育,导致个体大小参差不齐;密度过小,生长较好,但圈舍利用不经济。应根据季节、雏鸭的日龄和环境条件等灵活掌握。地面平养,每平方米可养 1 周龄雏鸭 30～40 只,2 周龄 25～30 只,3 周龄 20～25 只;网上饲养,每平方米可养 1 周龄雏鸭 40～60 只,2 周龄 35～50 只,3 周龄 30～40 只。调整密度时应注意强弱分群,分开饲养。依据所饲养的品种各阶段生长发育标准,体重未达标的增加饲喂量,超标的适当减少喂料量,以提高鸭群的整齐度。为便于管理,避免鸭群过大,互相干扰太多而影响生长,每群以养 200～300 只为宜。

(5)光照:刚出壳的雏鸭宜采用较强的连续光照,以便使其尽快熟悉环境,迅速学会饮水和采食。育雏期每天 23 小时光照和 1 小时黑暗,使鸭群适应黑暗的环境,以免停电时引起应激。光照强度 1 周龄 8～10 勒克斯,而后为 5 勒克斯。

3.卫生与防止兽害

应为雏鸭提供一个清洁卫生的生活环境,清扫鸭舍及周围环境,清洁用具,定期消毒鸭舍。注意防止鼠、犬、猫等动物对雏鸭的侵害。

第二节 健康养殖蛋用鸭育成期的饲养管理

育成鸭是指 5 周龄至开产前的青年鸭,这个阶段称为育成期。育成鸭具有采食量大,消化力强,生长发育迅速,增重快,合群性强,适于调教和培养良好的生活规律,觅食和游泳等行为敏捷灵活,适于放牧饲养等特点。育成鸭可以根据自然条件、资金情况选择适宜的饲养方式。

一、育成鸭的特点

1.体重增长快

以绍鸭为例,从绍鸭的体重和羽毛生长规律可见,28日龄以后体重的绝对增长快速增加,42～44日龄达到最高峰,56日龄起逐渐降低,然后趋于平稳增长,至16周龄的体重已接近成年体重。

2.羽毛生长迅速

以绍鸭为例,育雏期结束时,雏鸭身上还掩盖着绒毛,棕红色麻雀羽毛将要长出,而到42～44日龄时胸腹部羽毛已长齐,平整光滑,达到"滑底",48～52日龄青年鸭已达"三面光",52～56日龄已长出主翼羽,81～91日龄蛋鸭腹部已换好第二次新羽毛,102日龄蛋鸭全身羽毛已长齐,两翅主翼羽已"交翅"。

3.性器官发育快

青年鸭到10周龄后,在第二次换羽期间,卵巢上的滤泡也在快速长大,到12周龄后,性器官的发育尤其迅速,有些青年鸭到90周龄时才开始产蛋。为了保证青年鸭的骨骼和肌肉的充分生长,必须严格控制青年鸭过速的性成熟,对提高今后的产蛋性能是十分必要的。

4.适应性强

青年鸭随着日龄的增长,体温调节能力增强,对外界气温变化的适应能力也随之加强。同时,由于羽毛的着生,御寒能力也逐步加强。因此,青年鸭可以在常温下饲养,饲养设备也较简单,甚至可以露天饲养。青年鸭随着体重的增长,消化器官也随之增大,贮存饲料的容积增大,消化能力增强。此期的青年鸭表现出杂食性强,可以充分利用天然动植物性饲料。在育成期,充分利用青年鸭的特点,进行科学的饲养管理,加强锻炼,提高生活力;使生长发育整齐;开产期一致,为产蛋期的高产稳产打下良好基础。

二、选择适宜的饲养方式

目前,青年蛋鸭饲养方式分为集约化饲养、放牧饲养和半舍饲饲养三种方式。集约化饲养即圈养,将鸭圈在固定的鸭舍和水围内进行饲养管理;放牧饲养指将鸭赶至野外觅食稻田、河流、湖泊等不同放牧场地的天然动、植物饲料,视觅食饥饱情况少量补饲或不补饲。

1. 集约化饲养

由于活动范围有限,育成鸭体重容易出现过肥过重,出现开产早,产蛋高峰期持续较短,整个产蛋期产蛋量不高等情况,因此要限制饲养,从饲料的质和量控制体重,可采用日粮代谢能为 11 兆焦/千克左右,粗蛋白质为 15%～16% 的较低营养水平,不同日龄的青年蛋鸭营养标准参考表 8-1。饲养管理过程中要提供充足的饲槽位置,保证每只鸭都能吃到饲料,使体重正常,均匀度一致。

表 8-1 青年蛋鸭营养参考标准(每千克风干日粮含量)

指标	含量	指标	含量
代谢能/兆焦	11.3～11.1	锌/毫克	60
粗蛋白/%	16.0～15.0	铜/毫克	8
赖氨酸/%	0.80～0.65	碘/毫克	0.6
蛋氨酸/%	0.30～0.25	维生素 A/国际单位	4 000
钙/%	0.80	维生素 D/国际单位	600
磷/%	0.45	维生素 B_1/毫克	4
钠/%	0.15	维生素 B_2/毫克	8
铁/毫克	80	维生素 B_{12}/毫克	0.01
锰/毫克	100	维生素 E/毫克	30

鸭舍要求场址应远离村庄和主干道 500 米以上,鸭舍应通风采光良好,坐北朝南,地势高燥。水面、运动场的面积分别为鸭舍的 1.5～2 倍,

水深 2 米左右,无污染。鸭舍饲养密度根据青年蛋鸭日龄而定,一般情况下,35~70 日龄为 10~15 只/米²,71 日龄至开产为 7~10 只/米²。圈养环境温度范围为 5~27℃,过高或过低都必须采取防暑或防寒措施,最适宜环境温度为 13~20℃。光照方面,青年蛋鸭育成期每天光照时间稳定在 8~10 小时,夜间补充弱光照明,光源功率按 0.5 瓦/米² 计算,白炽灯泡要求在 25 瓦以下,灯泡高度 2 米且等距离排列。另外,多与鸭群接触以防止惊群,每天赶鸭在圈内或运动场运动 2~4 次,每次 5~10 分钟;供应充足饮水;注意观察饮水、采食、粪便及精神状况,一有异常,及时采取相应措施。

2.放牧饲养

放牧饲养可节约大量饲料,降低饲养成本,使鸭得到锻炼,体质得到增强。根据放牧场地大小确定每群饲养量,放牧时要安排好放牧场地和路线,摸清放牧区农作物布局,天然饲料情况、水源情况、道路情况,施肥、喷洒农药和疫病等情况。夏季炎热,一般在清晨和傍晚放牧,其余时间多在水中停留或在阴凉处;白天放牧出去,中午将鸭群赶到河岸等适当处任其洗浴,梳理羽毛,休息,天黑前应放牧返回,回舍前应点清数量,如有丢失要及时找回;放牧前不喂料,鸭群回舍后视其采食情况适当补饲。放牧赶鸭不要太快,游江过河应选择水浅的地方,上下河岸应选择坡度小、场面宽阔的地方,便于通行。根据自然条件,放牧饲养可分为农田、湖荡、河塘、沟渠放牧和海滩放牧。

(1)农田放牧:可利用水稻田、稻麦茬地等的稻谷、麦粒、昆虫及翻耕地时的蚯蚓等饲料。鸭群一边觅食,一边起到中耕除草、施肥和消灭寄生虫等作用,是农牧结合的好方式。放牧初期,鸭群需要一个从喂给饲料到放牧觅食的适应过程,应训练鸭群的觅食能力。将稻谷等饲料撒在地上,任其采食。随着鸭群日龄的增大,放牧时间逐渐延长,距离由近到远;行走时要走水路或有草地的线路,避免伤到鸭脚;放牧地较远时,途中应有避风雨的地方,放牧地附近还应有休息的场所。凡是刚施放过农药、除草剂、化肥的农田不能放牧,有疫情发生的地方也不能放牧。在农田茬口连接不上时,可利用附近的沟渠、湖荡、河塘进行放牧,也可暂时圈养。

(2)河塘、湖荡、沟渠放牧:鸭群可在这些地方的浅水处觅食水草、小鱼、螺蛳、小虾等动植物饲料。放牧初期,要训练鸭群觅食螺蛳的习惯,先将螺蛳扎碎后连壳喂,吃过几次后,再直接喂给小嫩螺蛳,最后将螺蛳撒在浅水中,培养鸭群在水中觅食整个螺蛳的习惯,经过一段时间的训练,鸭群就能够觅食天然螺蛳了。放牧地应选择水较浅的地方,在沟渠中应逆水放牧,这样更容易觅食到食物。

(3)海滩放牧:海滩有丰富的动物饲料,每当退潮后,海滩上有大量的小鱼、小虾、小蟹等动物性饲料。海滩放牧的场地要宽阔平坦,放牧地附近应有淡水河流或池塘,供鸭群洗浴和喝水。鸭群下海前要先喝足淡水,放牧归来时让其在淡水中饮水、洗浴。如果鸭群单纯采集水生动物,会造成维生素 B_1 缺乏症,因此,要适当饲喂糠麸类饲料。

3. 半舍饲饲养

鸭群饲养固定在鸭舍、陆上运动场和水上运动场,不外出放牧。吃食、饮水可设在舍内,也可设在舍外,一般不设饮水系统,饲养管理不如全圈养那样严格。其优点与全圈养一样,减少疾病传染源,便于科学饲养管理。这种饲养方式一般与养鱼的鱼塘结合一起,形成一个良性循环。它是我国当前养鸭中采用的主要方式之一。

三、采用先进实用的管理技术

1. 体重控制

不同品种的蛋鸭在不同时期都有相应的体重范围,它是衡量蛋鸭生长发育是否正常的重要依据。育成期间,每 2 周早上喂料前空腹称重一次,数量为鸭群的 10%～15%。将所称体重与标准体重对比,可看出体重是否达标,生长是否整齐,为调整鸭群喂料量提供依据。称重时,可结合羽毛、体型生长情况观测鸭群生长发育是否正常,为选留高产蛋鸭提供依据。青年蛋鸭不同日龄体重参考表 8-2。

表 8-2　蛋鸭育成期体重变化范围　　　　　　　　克

日龄	体重	日龄	体重
29~59	380~410	60~89	400~960
90~119	960~1 320	120 至开产	1 350~1 500

2.分群

分群是为了使鸭群生长发育整齐一致,为以后开产一致和维持较长的产蛋高峰打下良好的基础,同时也便于饲养管理。根据体重分为达标体重、超标体重和低于标准体重 3 个类型,适当调整每天饲喂量,分开饲养。

3.限制饲喂

通过限制饲喂,控制鸭群体重,使育成鸭生长发育一致,适时开产。在分群的基础上,对于体重低于标准的增加一定的饲喂量;高于标准的减少饲喂量;达标的维持原饲喂量。放牧鸭群若群体较大,可分类分开放牧,通过放牧场地和补料进行调整,若群体小,可将体重较轻的弱鸭留在舍内补料饲养。最后将体重控制在适当的范围,如小型蛋鸭开产前的适宜体重为 1 350~1 500 克。一般而言,圈养鸭容易超重,应注意控制饲喂量;放牧鸭若因放牧场地限制而采食不足,则应注意补饲。

4.加强日常管理

开放式鸭舍为自然光照,夜晚采用弱光照,便于鸭群饮水和防止老鼠等引起惊群。圈养鸭舍要保持空气新鲜,加强通风,降低舍内湿度,保持干燥,可采用网养与地面平养相结合的饲养方式。地面用水泥铺成,有一定坡度,便于清扫鸭粪,舍外设运动场,或与鱼塘结合在一起,这种方式适宜于饲养种鸭。

5.加强运动和接触

加强鸭子运动,促进骨骼和肌肉的发育,防止过肥。每天定时赶鸭在舍内作转圈运动,每次 5~10 分钟,每天 2~4 次。经常与鸭群接触,提高鸭的胆量,防止惊群;蛋鸭胆子小,神经敏感,因此可利用喂料、喂水、换草等机会与鸭群接触,使鸭与人逐渐熟悉。切不可认为蛋鸭胆小而避而不近,这样反而容易惊群,造成损失。

6.环境控制及免疫程序

加强饲养管理,提高蛋鸭育成期的抗病力。鸭舍及运动场每天清扫1次,粪便无害化处理,搞好环境卫生。定期消毒、驱虫,杜绝疫病传播。育成鸭阶段主要预防鸭瘟和禽霍乱。具体免疫程序是:60~70日龄注射一次禽霍乱菌苗,70~80日龄注射一次鸭瘟弱毒苗,100日龄前后再注射一次禽霍乱菌苗。青年蛋鸭35~70日龄间隔1周分别接种禽流感、禽霍乱疫(菌)苗1次,100~120日龄再分别重复接种1次;70~80日龄接种1次鸭瘟弱毒疫苗。

第三节 健康养殖蛋鸭产蛋期的饲养管理

蛋鸭产蛋期一般从18~19周龄开始产蛋至淘汰。产蛋期饲养管理的任务是提高产蛋量和合格蛋率,减少破损蛋,节约饲料,降低死亡率,对种鸭还应注意提高种蛋质量,获得较高的受精率和孵化率。

一、产蛋鸭的特点和要求

1.产蛋鸭胆大

与青年鸭完全不同,母鸭开产后胆子大,不但见人不怕,反而喜欢接近人。

2.产蛋鸭觅食勤

无论圈养和放牧,产蛋鸭(尤其是高产鸭)最勤于觅食,早晨醒得早,叫得早,出舍后四处寻食,放牧时到处觅食,喂料时最先响应,下午收牧或入舍时,虽然吃得饱了,总是走在最后,留恋不舍地离开牧区。

3.产蛋鸭性情温顺

开产以后的鸭只,性情变得温顺起来,进鸭舍后就独个儿伏下,安静地睡觉,不乱跑乱叫,放牧时易离群,喜欢单独活动。

4. 产蛋鸭代谢旺盛,对饲料要求高

由于连续产蛋的需要,消耗的营养物质特别多,如每天产 1 个蛋,蛋重按 65 克计算,则需要粗蛋白质 8.78 克(按粗蛋白质占全蛋的 13.5％计算),粗脂肪 9.43 克(按粗脂肪含量占全蛋的 14.5％计算),此外,还有无机盐和各种维生素。饲料中营养物质不全面,或缺乏某几种元素,则产蛋量下降,如蛋数减少,变小,蛋壳变薄,或蛋的内容物变稀变淡,或鸭体消瘦直至停产。所以,产蛋鸭要求质量较高的饲料,特别喜欢吃动物性鲜活饲料,而在青年鸭时期常吃的粗饲料,此时已不爱吃了。

5. 产蛋鸭要求环境安静,生活有规律

正常情况下,鸭子产蛋都在深夜 1:00～2:00,此时夜深人静,没有吵扰,最适合鸟类繁殖后代的要求。如在此时突然停止光照,则要引起骚乱,出现惊群。除产蛋以外的其余时间,鸭舍内也要保持相对安静,谢绝陌生人进出鸭舍,避免各种鸟兽动物在舍内窜进窜出。在管理制度上,何时放鸭,何时喂料,何时休息,都要建立稳定的生活规律,如改变喂料次数,随意调整日粮配方,都会引起鸭群生理机能紊乱,导致停产、减产的后果。

二、为产蛋鸭提供适宜的饲养环境

蛋鸭产蛋量不仅取决于品种、营养等因素,环境也是影响产蛋量的重要因素,因此,要严格控制产蛋鸭饲养环境,为蛋鸭发挥最好的产蛋性能提供保障。其中,对产蛋影响最大的环境因素有光照和温度。

1. 光照

光照的主要作用是刺激脑下垂体,加强分泌促性腺激素,促进卵巢的发育,从而分泌滤泡激素和排卵诱导素,促进滤泡成熟并排卵。所以在育成期,要控制光照时间,目的是防止青年鸭的性腺提早发育,过于早熟;即将进入产蛋期时,要有计划地逐步增加光照时间,提高光照强度,目的是促进卵巢的发育,达到适时开产;进入产蛋高峰期后,要稳定光照时间和光照强度,目的是保持连续高产。产蛋期的光照强度以5～8勒克斯为宜,如灯泡高度离地2米,一般鸭舍按1.3～1.5瓦/米²计算,大约18米²的鸭舍装一盏25瓦的灯泡。安装灯泡时,灯与灯之间的距离相等,悬挂的高度要相同。大的灯泡挂得高,距离宽,小灯泡则相反。实际使用时,通常不用60瓦以上的灯泡,因为大灯泡光线分布不匀,且浪费电。日光灯受温度影响较大,一般也不使用。灯泡必须加罩,使光线照到鸭的身上,而不是照着天花板。鸭舍灰尘多,灯泡要经常擦拭,保持清洁,以免蒙上灰尘,影响亮度。一般需要7～10天才能产生光照效果,在产蛋期内,不能因为达不到立竿见影的效果而突然增加光照时数或提高光照强度。一般每次增加量不超过1小时,增加后要稳定5～7天。进入产蛋期的光照原则是:只宜逐渐延长,直至达到每昼夜光照16～17小时,不能缩短;不可忽照忽停,忽早忽晚;光照强度不宜过强或过弱,只许渐强,直到达到每平方米8勒克斯光照强度,不许渐弱,不许忽强忽弱;否则将使产蛋的生理机能受到干扰,严重影响产蛋率。

合理的光照制度,能使青年鸭适时开产,使产蛋鸭提高产量;不合理的光照制度,会使青年鸭的性成熟提前或推迟,使产蛋鸭减产停产,甚至造成换羽,给生产带来损失。合理的光照制度要与日粮的营养水平结合起来实施,进入产蛋期前后,如只改变日粮配方,提高营养水平和增加饲喂量,而不相应增加光照时数,生殖系统发育慢,易使鸭体积聚脂肪,影响产蛋率;反之,只增加光照,不改变日粮配方,不提高营养水平和增加喂量,会造成生殖系统与整个体躯发育不协调,也会影响产蛋率。所以两者要结合进行,在改变日粮的同时或前1周,即可增加光照时间。

2.温度

为了充分发挥优良蛋鸭品种的高产性能,除营养、光照等因素外,还要创造适宜的环境温度。鸭是恒温动物,虽然对外界环境温度的变化有一定的适应能力,但超过一定的限度,将影响产蛋量、蛋重、蛋壳厚度和饲料的利用率,也影响受精率和孵化率。鸭没有汗腺可以散热,当环境温度超过 30℃时,体热散发慢,尤其在圈养而又缺乏深水活水运动场的情况下,由于高温影响,采食量减少,正常生理机能受到干扰,蛋重减轻,蛋白变稀,产蛋率下降,严重时会引起中暑;如环境温度过低,鸭体为了维持体温,势必消耗很多能量,使饲料利用率明显下降。成年鸭适宜的环境温度是 5～27℃。产蛋鸭最适宜的温度是 13～20℃,此时产蛋率和饲料利用率都处在最佳状态。因此要尽可能创造条件,提供理想的产蛋环境温度,以获得最高的产蛋率。

三、分阶段合理饲养

蛋鸭整个产蛋期可分为初期、中期和后期 3 个阶段,根据各个阶段的不同特点,实行阶段饲养,采用相应的饲养管理方法,满足蛋鸭对营养物质和环境条件的需求,即可提高饲养效益。

1. 产蛋初期(18～24 周龄)

产蛋初期指从开产到产蛋率达到 50% 的时期。这阶段的饲养管理重点:尽量使母鸭的体重达到该品种的要求,确保适时开产,并尽快把产蛋率同时推向高峰。17 周龄末时,抽样测定鸭群平均体重,若有超过标准的,要实行限饲,并推迟 1～2 周增加光照时间,待体重达标后,逐渐按产蛋鸭的要求进行饲养。相反,若体重低于标准,那么原实行限制饲养的转为自由采食,如果原来实行自由采食的适当加强营养,提高蛋白质、代谢能等水平,并推迟增加光照时间 1～2 周,待体重达标后,再按产蛋鸭标准饲养。按产蛋期的饲养标准,提供营养丰富全面的饲料,特别注意蛋白质和钙、磷的含量及比例。产蛋率在 60% 以下时,可采用粗蛋白质为 15%～16%,代谢能为 11.3 兆焦/千克,钙和有效磷分别为 2.9% 和 0.5% 的营养水平。增加饲喂次数,白天 3 次,晚上1 次,每只鸭日平均采食在 150 克左右。光照时间应逐渐增加,至22 周龄,人工光照加自然光照合计达到 17 小时,以后保持不变,增加光照的时间,要平均加在早上和晚上,开关灯时间应固定,不能随意变动,也不能随意增加或减少光照,光照强度5~8勒克斯,夜间用弱光照明。此阶段饲养管理是否恰当,可从产蛋率、蛋重和体重等方面判定。饲养管理正常时,产蛋率上升快,150日龄左右达50%,200日龄左右进入产蛋高峰期。多数蛋鸭品种初产蛋重40克左右,150日龄达到标准蛋重的90%以上,200日龄左右达到标准蛋重,体重符合本品种标准。

2. 产蛋中期(24~57周龄)

产蛋中期可细分为高峰期(24~43周龄)和中后期(44~57周龄),此阶段饲养管理的重点是在产蛋迅速进入高峰期后,尽可能使产蛋高峰期持续时间长,应提供蛋鸭所需要的营养物质和稳定、安静、卫生舒适的生活环境。这一时期连续产蛋,体力消耗大,对外界环境极为敏感,饲养管理稍有不慎,就会减产,且难以恢复。为使产蛋迅速达到高峰且长时间保持,从产蛋率达到60%起,日粮应采用营养水平更高的配合饲料:粗蛋白质为17.5%,代谢能为11.5兆焦/千克,钙和磷分别为2.9%和0.5%。产蛋中后期还应淘汰低产鸭以减少饲料浪费,低产鸭往往体重大,触摸肛门小,耻骨间距离小。腹部过度下垂,发生卵黄性腹膜炎的鸭也应淘汰。不易确认的鸭可挑选出来单独饲养,观察后再决定是否淘汰。

产蛋中期饲养管理是否得当,应看产蛋率能否达到高峰期的标准且能较长时间持续,同时结合观察蛋的质量。如能达到上述标准,且蛋壳质地均匀,蛋形符合品种要求,大小适中,产蛋率稳定,说明饲养管理良好。否则应查找原因,采取相应措施。特别是3~4月份的春鸭,产蛋高峰期正值农历8月下旬以后,气温逐渐降低,日照缩短,容易引起产蛋率下降,甚至换羽、长时间停产等情况,应做好鸭舍保温工作,防止鸭群受寒感冒,保证每天光照16小时左右,产蛋高峰期还应定时抽查体重,超过或低于标准体重5%以上,应查找原因,及时调整日粮营养水平。

3. 产蛋后期(58~72周龄)

经过8~9个月连续产蛋,产蛋率开始下降,此期饲养管理的主要目标是尽量使鸭群产蛋率下降的幅度不要过大。若饲养管理得当,产蛋率仍可维持在 75%～80%。应根据产蛋率和体重调整饲料质量和数量。产蛋率较高时,维持原日粮营养水平;较低时,适当降低日粮蛋白质水平,控制体重增加,适当增加钙、磷含量。产蛋率降到 60% 以下时,已难以上升,无需加料,尽早淘汰。

产蛋期应严格遵守光照程序,停电时使用其他光源代替,光照忽长忽短或停电会造成窝外蛋、软形蛋、畸形蛋增多,经常发生这种情况会导致换羽,产蛋量急剧下降。喧哗、鞭炮声、奇光、鼠或犬窜入鸭舍会引起鸭群骚乱,也会导致软壳蛋、畸形蛋增多,产蛋量下降,因此,应保持鸭舍环境安静,尽量避免声、光、人、物对鸭的干扰。禁止使用霉变饲料,霉变饲料含有黄曲霉素,鸭对黄曲霉素非常敏感,饲喂霉变饲料后,鸭肝脏会严重变性、肿大、坏死、腹水增多,产蛋量明显下降,死亡率增加。免疫接种和投药是预防和治疗鸭病不可缺少的兽医处置方法,处置不当会使鸭群采食量大减,产蛋量下降,因此,免疫接种应安排在种鸭开产前。鸭群发生疾病时,应选用不影响鸭采食量、安全平缓的药物。早晨产蛋后应及时收蛋和消毒,以减少污染的机会,商品蛋也应及时运送、分级、包装、保管。做好产蛋记录,根据产蛋量的变化,分析查找原因,及时掌握生产状况。

四、加强蛋鸭产蛋期的季节管理

蛋鸭产蛋易受气候温度的影响,因此应根据不同季节的特点,采取相应的饲养管理技术。

1. 春季

春季气候由冷转暖,日照时数逐日增加,气候条件对产蛋很有利,要充分利用这一有利因素,创造高产稳产的环境。首先要加足饲料,从饲料的数量和质量上满足需要,这个季节只要管理好,某些优秀个体产蛋率可达 95% 以上。早春偶有寒流侵袭,要注意保温,春夏之交,天气多变,会出现燥热天气,或连续阴雨,要因时制宜区别对待,保持鸭舍内通风、干燥。搞好清洁卫生工作,定期进行消毒,舍内垫草不要过厚,要定期清除,每次清除垫草后,鸭舍要进行消毒。如逢阴雨,要适当改变操作规程,缩短放牧时间,以免蛋鸭受雨淋。

2.梅雨季节

春末夏初,南方各省大都在 5 月末和 6 月份出现梅雨季节,常常阴雨连绵,温度高,湿度大,低洼地常有洪水发生,此时是蛋鸭饲养的难关,稍有不慎,就会出现停产、换羽。梅雨季节管理的重点是防霉、通风。措施有:

(1)敞开鸭舍门窗,充分通风,排除鸭舍内的污浊空气,高温高湿时,尤要防止氨气中毒。

(2)勤换垫草,保持舍内干燥。

(3)疏通排水沟,运动场不可积有污水。

(4)严防饲料发霉变质,每次进料不能太多,饲料要保存在干燥处,运输途中要防止雨淋,发霉变质的饲料绝不可喂。

(5)定期消毒。

(6)及时修复围栏,鸭滩、运动场出现凹坑,要及时垫平。

(7)鸭群进行一次驱虫。

3.夏季

每年 6 月底至 8 月份,是一年中最热的时期,此时管理不好,不但产蛋率下降,而且还要死鸭。如精心饲养,产蛋率仍可保持在 80% 以上,这个时期的管理要点是防暑降温。主要措施有:

(1)鸭舍屋顶刷白,周围种丝瓜、南瓜,让藤蔓爬上屋顶,隔热降温,运动场搭凉棚,或让南瓜、丝瓜爬上遮阳。

(2)鸭舍内敞开门窗,前后草帘全部卸下,加速空气流通,有条件的可装排风扇或吊扇,加强通风降温。

(3)早放鸭,迟关鸭,增加中午休息时间和下水次数。傍晚不要赶鸭入舍,夜间让鸭露天乘凉,但需在运动场中央或四周点灯照明。防止老鼠、野兽危害鸭群。

(4)饮水不能中断,保持清洁,最好饮凉井水。

(5)多喂水草等青料,提高饲料中的蛋白质含量,饲料要新鲜,现吃现拌,防止腐败变质。

(6)适当疏散鸭群,缩小饲养密度。

(7)防止雷阵雨袭击,雷雨前要赶鸭入舍。

(8)鸭舍及运动场要勤打扫,水盆、料盆吃一次洗一次,保持地面干燥。

4.秋季

每年9~10月份,正是冷暖空气交替的时候,气候多变,如果饲养的是上一年孵出的秋鸭,经过大半年的产蛋,身体疲劳,稍有不慎,就要停产换羽,故群众有"春怕四,秋怕八,拖过八,生到腊"的说法。所谓"秋怕八",就是指农历8月是个难关,既有保持80%以上产蛋率的可能性,也有急剧下降的危险。此时的管理要点有以下几点。

(1)补充人工光照,使每日光照时间不少于16小时,光照强度按每平方米5~8勒克斯计算。

(2)克服气候变化的影响,使鸭舍的小气候保持相对稳定。

(3)适当增加营养,补充动物性蛋白质饲料。

(4)操作规程和饲养环境尽量保持稳定。

5.冬季

每年11月底至翌年2月上旬,是最冷的季节,也是日照时数最少的时期,产蛋条件最差,常常是产蛋率最低的季节。但当年春孵的新母鸭,只要管理得法,也可以保持80%以上的产蛋率;若管理失策,也会使产蛋率再降下来,使整个冬季都处在低水平上。冬季管理工作的重点是防寒保暖和保持稳定的光照时间,措施有:

(1)精挑细选,坚决淘汰老、弱、病、残和低产鸭,对鸭群进行整群,以减少死亡和饲料消耗。

(2)控制舍温,防寒保暖,关好门窗,防止贼风侵袭,北窗必须堵严,气温低时,最好屋顶下加一个夹层,或者在离地面2米处,横架竹竿,铺上草帘或塑料布。越冬蛋鸭防寒保暖至关重要,务使深夜棚内温度保持在5℃以上,才能确保高产蛋率。

(3)舍内垫厚干草,在鸭舍产蛋区内,垫30厘米厚干净、柔软稻草或麦秸等草料，捡蛋后，可将窝内旧草撒铺在鸭舍内；每天晚上鸭群入舍，再添加新草作产蛋窝，使垫草逐渐积累。几天出草 1 次，既保暖又可节省人力。

（4）配制合理日粮，蛋鸭越冬期既要御寒又要产蛋，能量消耗很大，必须适当增加饲料代谢能，达到 11.715～11.724 兆焦/千克的水平，适当降低蛋白质的含量，以 17%～18% 为宜；并供给充足的青绿饲料或定时补充维生素 A、维生素 D、维生素 E。如果能在蛋鸭饲料中添加 3%～5% 的油脂，每天中午供给 1 次切碎的白菜等青绿饲料，效果会更好。冬季昼短夜长，且夜间气温较低，如能在夜间添喂 1 次温热饲料，不仅能增加蛋鸭营养，有利于鸭子御寒，更可提高产蛋率 10% 以上。夜间补料应当注意两点：一是必须供给温热饮水；二是夜食中以玉米等高能量饲料为主，不宜补喂过多蛋白质。另外，冬季必须做到热饲温饮，精料必须用温热水调制，饮水也必须喂给温热水，其温度以保持 38℃ 左右最佳，切忌饮用冰雪水。

（5）适当增加光照，冬季自然光照少，鸭脑垂体内分泌腺活动减少而导致产蛋率大幅下降。这就要求必须进行人工补充光照。一般要求每天的光照时间不能少于 16 小时。可在鸭棚内按每 30 米^2 安 1 盏 60 瓦灯泡进行补光。灯泡离鸭背 2 米高左右，并装上灯罩，每天补光时间要固定。有试验表明，补光比不补光可提高产蛋 20%。

（6）科学管理，提高效率，冬季可适当提高单位面积的饲养密度，每平方米可养 8～9 只；早晨迟放鸭，傍晚早关鸭，减少下水次数，缩短下水时间，上下午阳光充足的时候，各洗澡 1 次，时间 10 分钟左右；每日放鸭出舍前，要先开窗通气，再在舍内赶鸭 5～10 分钟，促使多运动。

五、蛋鸭的防疫保健措施

1.选择体格健壮、抗病力强的优良品种

应从种源可靠的无病种鸭场引进种蛋或雏鸭。引进青年鸭时，要了解当地疫情，必须在确认无传染病流行的健康鸭群中引种，并做好预

防接种和驱虫工作,进行一段隔离饲养的观察后,确实无病的种鸭方可引进饲养。

2.搞好饲养管理,增强抗病能力

(1)提供全价饲料,忌喂发霉变质饲料,根据鸭子不同阶段和不同产蛋率的需要,提供全价饲料,充分满足其营养物质的需求,特别是维生素和微量元素,决不可忽视。

(2)创造适宜的环境条件,鸭舍的布局和结构要合理,鸭舍之间要保持一定的距离,以减少疫病传播的机会。鸭舍要通风良好,温度、湿度合适,饲养密度不能太大。不同品种和不同年龄的鸭群要分开饲养,实行"全进全出"制,以免疫病交叉感染。

(3)搞好环境卫生,清除鸭舍周围的垃圾和杂物,使鼠类无藏身和繁殖的场所,使各种昆虫无滋生和栖息之处,从而减少其对饲料的祸害以及传播寄生虫或病原微生物等。因此搞好环境卫生是防疫灭病的重要环节。鸭粪及清理出的污物应在离鸭舍较远的地方集中堆放、发酵,杀灭病原微生物及寄生虫卵,一般经25~30天才能作为肥料使用。

(4)搞好个人卫生。工作人员进场要换鞋、洗手,外来人员未经允许不得擅自进入鸭舍,鸭舍工作人员和用具要固定。

(5)防止把疫病带入场内。禁止把来历不明的家禽带入场内。本场的鸭子一经调出,不能返回鸭舍。

六、蛋用种鸭的饲养管理

我国蛋鸭产区习惯从秋鸭(8月下旬至9月孵出的雏鸭)中选留种鸭。秋鸭留种正好满足次年春孵旺季对种蛋的需要。同时在产蛋盛期的气温和日照等环境条件最有利于高产稳产。由于市场需求和生产方式的改变,常年留种常年饲养的方式越来越多地被采用。饲养蛋鸭和饲养种鸭,都是为了得到更多符合质量要求的蛋,从这一点上讲,他们的基本要求是一致的,所以饲养方法也基本相似。不同的是,养产蛋鸭只是为了得到更多的商品食用蛋,满足市场上消费者的需要。而养种鸭,则是为了得到高质量的可以孵化后代的种蛋,所以饲养种鸭要求更高,不但要养好母鸭,还要养好公鸭,才能提高受精率。下面介绍种鸭饲养的要点。

1.养好公鸭提高公鸭的配种能力,才能获得高受精率的种蛋

公鸭应体质健壮,性器官发育健全,性欲旺盛,精子活力才好。饲养公鸭比母鸭早1~2个月,这样在母鸭开产前即可达到性成熟。在育成期公母鸭最好分开饲养,让公鸭多运动、多锻炼,生长整齐一致。对已经性成熟又未配种的公鸭应少下水,以减少公鸭之间互相嬉戏,形成恶癖。配种前30天左右按公母合理比例合群饲养,此时应多放水运动,诱使公鸭性欲旺盛。

2.适宜的公母配比

蛋用型种公鸭配种能力强,公母鸭比例为1∶20。若受精率偏低,要及时查找原因,对于阴茎发育不全或精子畸形的公鸭应立即淘汰更换体质健壮的公鸭。

3.提高日粮营养水平

种鸭饲料蛋白质水平较蛋鸭料要高,尤其是蛋氨酸、赖氨酸和色氨酸等必需氨基酸应满足需要并保持平衡。为提高种蛋受精率和孵化率,还应增加青绿饲料和维生素的添加。

4.加强种鸭的日常管理

为种鸭提供清洁、干燥和安静的饲养环境,为得到干净的种蛋,垫料必须干燥清洁,避免污染;产蛋后及时收集种蛋,避免种蛋受潮、受晒或被粪便污染。公鸭在早晚交配的次数较多,应早放鸭,迟关鸭,增加舍外活动时间,以延长下水活动时间。

思考题

1.蛋用雏鸭的生理特点有哪些? 育雏季节分几种?

2.蛋用雏鸭怎样进行科学的饲养管理?

3.蛋用育成鸭的特点是什么?

4.蛋用鸭育成期可采取哪些先进实用的管理技术?

5.产蛋鸭的特点有哪些?

6.光照和温度对产蛋鸭产蛋有什么影响?

7.蛋种鸭的饲养要点有哪些?

第九章

健康养殖鸭场舍建筑与设计

第一节　健康养殖鸭场场址的选择

选择鸭场场址时,应根据鸭场的经营方式、生产特点、饲养管理方式以及生产集约化程度等基本特点,对地质、地形、土质、水源以及居民点的配置、交通、电力、物质供应等条件进行全面的考虑。

一、地势、地形

鸭场应该地势高燥,至少高出当地历史洪水的水线以上。其地下水为应在 2 米以下。这样的地势可以避免雨季洪水的威胁和减少因土壤毛细血管水上升而造成的地面潮湿。低洼潮湿的场地,不利于鸭的体液调节和肢蹄健康,而有利于病原微生物和寄生虫的生存,并严重影响建筑物的使用寿命。鸭场要远离沼泽地区,因为沼泽地区常是鸭体内外寄生虫和蚊虻生存聚集的场所。

鸭场场址的选择应本着节约用地,不占或少占农田的原则。鸭场场地应充分利用自然地形地物,如利用原有的林带树木、山岭、河川、沟渠等作为场界的天然屏障。

鸭场的地面要平坦而稍有坡度,以便排水,防止积水和泥泞。地面坡度以1‰~3‰较为理想,最大不得超过25‰。坡度过大,建筑施工不便,也会因雨水常年冲刷而使场区坎坷不平。地形要开阔整齐。场地不要过于狭长或边角太多,场地狭长往往影响建筑物合理布局,拉长了生产作业线,同时也使场区的卫生防疫和生产联系不便。边角太多会增加场区防护设施的投资。

鸭场区的面积要根据鸭的种类、饲养管理方式、集约化程度和饲料供应情况(自给或购进)等因素确定。此外,根据发展,应留有余地。必要时,还应考虑职工生活福利区所需面积。

二、土质

鸭场场地的土壤情况对鸭影响颇大。土壤透气渗水性、毛细管特性、抗压性以及土壤中的化学成分等,不仅直接、间接影响场区的空气、水质和植被的化学成分以及生长状态,还可影响土壤的净化作用。

适合建立鸭场的土壤,应该是透气透水性强、毛细血管弱、吸湿性和导热性小、质地均匀、抗压性强的土壤。透气透水性不良、吸湿性大的土壤,当受粪尿等有机物污染时往往在厌氧条件下进行分解,产生氨、硫化氢等有毒气体,使场区空气受到污染。这些污染物及其厌氧分解的产生,还易于通过土壤孔隙或毛细管被带到浅层地下水中,或被降雨冲集到地面水源里,从而使水源受到污染。此外,吸湿性强、含水量大的土壤,因抗压性低,常使建筑物的基础变形,从而缩短建筑物的使用年限。

总之,从鸭环境卫生学观点来看,鸭场的选择地以选择在沙壤土类地区较为理想。在一定地区内,由于客观条件的限制,选择最理想的土壤是不容易的。这就需要在禽舍的设计、施工、使用和其他日常管理上,设法弥补当地土壤的缺陷。

三、水源

鸭场应选择在有稳定、可靠水源的地方建场。鸭的放牧、洗浴和交配都离不开水,在鸭场的生产过程中,鸭的饮用、饲料清洗与调制、鸭舍和用具的洗涤等,都需使用大量的水。所以建场时应尽量利用自然水域资源,通常宜建在河流、沟渠、水塘和湖泊边上。此外,鸭场所使用的水必须洁净,每 100 毫升水中的大肠杆菌数不得超过 5 000 个,因此,一个鸭场必须有一个可靠的水源。鸭场选择水源一般应遵从以下 4 项原则:

(1)水量充足,能满足鸭场内人、鸭饮用和其他生产和生活用水。并应考虑防火和未来发展的需要。

(2)水质良好,不经处理即能符合饮用标准的水最为理想。此外,在选择时要调查当地是否因水质不良而出现过某些地方性疾病等。

(3)便于防护,以保证水源水质经常处于良好状态,不受周围条件的污染。

(4)取用方便,设备投资少,处理技术简单易行。

四、周边环境

鸭场场址的选择,必须遵守社会公共卫生准则,使鸭场不致成为周围社会的污染源,同时也要注意不受周围环境污染。因此,鸭场的位置应选择在居民点的下风处,地势低于居民点,但要离开居民点污水排出口,更不应选在化工厂、屠宰场、制革厂等容易造成环境污染企业的下风处或附近。

鸭场要求交通便利,特别是大型集约化的商品鸭场,其物质需求和产品供销量极大,对外联系密切,故应保证交通方便。但为了防疫卫生,鸭场与主要公路的距离至少要在 300 米以上。国道、省际公路 300 米;一般道路 100 米(有围墙时可缩小到 50 米)。

场址周围 5 000 米内,绝对不能有禽畜屠宰场,也不能有排放污水或有毒气体的化工厂、农药厂,并且离居民点也要在 5 千米以上。尽可能在工厂和城镇的上游建场,以保持空气清新、水质优良、环境不被污染。

鸭场要修建专用道路与公路相连。但鸭场通向放牧地及水源的道路不应与主要交通线交叉。

五、朝向

首先,鸭舍的位置要放在水面的北侧,把鸭滩和水上运动场放在鸭舍的南面,使鸭舍的大门正对水面向南开放,这种朝向的鸭舍,冬季采光面积大,吸热保温好;夏季又不受太阳直晒、通风好,具有冬暖夏凉的特点,有利于鸭子的产蛋和生长发育。

其次,在找不到朝南的合适场址时,朝东南或朝东的也可以考虑,但绝对不能在朝西或朝北的地段建造鸭舍,因为这种西北朝向的房舍,夏季迎西晒太阳,使舍内闷热,不但影响产蛋和生长,而且还会造成鸭中暑死亡;冬季招迎西北风,舍温低,鸭子耗料多、产蛋少。所以朝西北向的鸭舍养鸭,在同样条件下,比朝南的鸭舍投入要多一成,产出要减少一成,经济效益相差也大,生产者千万要注意这一点。

第二节　健康养殖鸭场区划布局和建筑设计

合理的布局可以节省占地,节省建筑投入,给管理工作带来方便,可以提高鸭场的工作效率和经济效益。鸭场的功能区分是否合理、各区建筑物布局是否得当,不仅影响基建投资、经营管理、生产的组织性、劳动生产率和经济效益,而且影响场区小气候状况和兽医卫生水平。因此,鸭场的建筑布局是十分重要的。要综合分析各种因素,加以科学的安排。

一、鸭场的分区规划

鸭场通常分为 3 个功能区：即生产区（包括禽舍、饲料贮存、加工、调制建筑物等）、管理区（包括与经营管理有关的建筑物、产品加工、贮存和农副产品加工建筑物以及职工生活福利建筑物与设施等）和病鸭管理区（包括兽医室、隔离舍等）。

鸭舍的布局根据主风方向应当按下列顺序配置，即孵化室、幼雏舍、中雏舍、后备鸭舍、成鸭舍。即孵室在上风向，成鸭舍在下风向，这样能使幼鸭舍能得到新鲜空气，从而可减少发病的几率，同时也能避免由成鸭舍排除的空气造成疫病传播。

为防止疫病传播和蔓延，病鸭管理区应设在生产区的下风和地势较低处。并应与鸭舍保持 300 米的卫生间距，病鸭隔离舍应尽可能与外界隔离，隔离区四周应有天然的或人工的隔离屏障（如界沟、围墙、栅栏或浓密的乔灌木混合林等），设单独的通路与出入口。处理病死鸭的尸坑或焚尸炉等设施，应距鸭舍 300～500 米，隔离更应严格。此外，病鸭管理区的污水与废弃物应严格控制，防止疫病蔓延和对环境的污染。

鸭粪尿及其他废弃物的堆放、处理和利用，具有极其重要的公共卫生学意义。因此，贮粪场的设置既应考虑便于由鸭舍运出，也应便于运到田间施用。同时又要保证堆放时间不致造成对环境的污染和蝇、蛆等孳生。国外大量集中饲养鸭的鸭场（大型工厂化养殖场）因粪尿等废弃物处理不当，造成环境污染的教训，应引以为戒。

二、鸭运动场与场内道路的设置

1. 鸭运动场的设置

鸭每日定时到舍外运动，能使其全身受到外界气候因素的刺激和锻炼，促进机体各种生理过程的进行，增强体质、提高鸭的抗病力。舍外运动能改善种公鸭的精液品质、提高母鸭的受胎率和促进胎儿的正常发育、减少难产。因此,有必要给鸭设置舍外运动场,但最近研究显示旱养新模式,舍外饲养改为舍内饲养,不设运动场。

舍外运动场应选择在背风向阳的地方,一般是利用鸭舍间距,也可在虚设两侧分别设置。如受地形限制,也可设在场内比较开阔的地方。运动场要平坦,稍有坡度,以利排水和保持干燥。在运动场的一侧(一般在西侧及南侧)应设置遮阳棚或种植树木,以减少夏季烈日曝晒。运动场围栏外侧应设排水沟。运动场的面积,应能保证鸭自由活动,又要节约用地,一般按每头鸭所占舍内平均面积的 3～5 倍计算。

2. 场内道路的设置

场内道路设置不仅关系场内运输,也具有卫生意义。要求道路直而线路短,保证鸭场各生产环节最方便的联系。主干道路因与场外运输线路连接,其宽度应能保证顺利错车,为 5.5～6.5 米。支干道与鸭舍、饲料库、产品库、疾病室、贮粪场等连接,宽度一般为 2～3.5 米。在卫生上要求运送饲料、鸭产品的道路不与运送厩粪的道路通用或交叉。路面要求坚实、排水良好(有一定弧度)。道路的设置应不妨碍场内排水。道路两侧也应有排水沟,并应植树。

三、鸭舍的建筑设计

1. 鸭舍的几个重要组成部分

鸭舍是鸭场的主体部分,完整的平养鸭场,必须由鸭舍、鸭滩(陆地运动场)和水围(水上运动场)3 个部分组成。

(1)鸭舍:鸭舍建筑的基本要求是防寒保暖,通风良好,便于清洗消毒,排水良好,保持安静,减少应激,能防止鼠、犬、蛇等动物侵害,降低造价,节约投资。建筑面积估算:由于鸭的品种、日龄及各地气候不同,对鸭舍面积的要求也不一样。因此,在建造鸭舍计算建筑面积时,要留有余地,适当放宽计划;但在使用鸭舍时,要周密计划,充分利用建筑面积,提高鸭舍的利用率。

使用鸭舍的原则:单位面积内,冬季可提高饲养密度,适当多养些;

反之,夏季要少养些。大面积的鸭舍,饲养密度适当大些;小面积的鸭舍,饲养密度适当小些。运动场大的鸭舍,饲养密度可以大一些;运动场小的鸭舍,饲养密度应当小一些。表9-1是按照春秋季的气候条件而设计的饲养密度,读者可参考这些标准进行估算。

表 9-1 蛋鸭不同阶段的饲养密度(供计算建筑面积参考)

阶段	鸭舍		鸭滩		水围	
	只/100 米²	只/米²	只/100 米²	只/米²	只/100 米²	只/米²
1 周龄	2.9～4.0	2.5～3.5				
2～4 周龄	4.0～5.0	2.0～2.5	66	15	10	20
5～8 周龄	5.0～6.7	1.5～20	10	10	12.5	8
9～16 周龄	6.7～10.0	10～15	12.5～14.3	7～8	16.7～20.0	5～6
产蛋期	12.5～14.3	7～8	16.7～20.0	5～6	25～33.3	3～4

鸭舍分临时性简易鸭舍和长期性固定鸭舍两大类。农户养鸭大都用简易鸭舍,大中型鸭场大都用固定鸭舍。简易鸭舍一般以毛竹做架,房顶部和四周都用茅草帘围盖。这种草舍的优点是建造快,投资省,适用面广,各种类型的鸭都可以养,而且保温性能好,夏天可卸下四周的草帘,通风凉爽,冬天用草帘将四壁加厚盖严,达到冬暖夏凉的要求。长期性固定鸭舍一般采用砖瓦水泥结构,有固定的门窗,按一定的规格设计,坚固耐用,抗御自然灾害能力强,建成后使用时期较长,但一次性投资较多。简易鸭舍的建造相对简单,下面针对固定鸭舍的建造作一详细阐述。固定鸭舍按用途可分为雏鸭舍、育成鸭舍、填鸭舍、种鸭舍和肉仔鸭舍。

①育雏鸭舍:育雏舍的最基本要求是保温性能良好,墙壁要厚实,寒冷冬季不能被寒风打透;其次,鸭舍地面处理,地面选材主要有3种:第一种是用砖铺设地面;第二种是用水泥地面;第三种是用石灰、红土、炉灰渣,按1∶1∶2夯实的三合土地面。通常在靠舍外的过道侧的网架底,挖一条为20～25厘米宽的排粪沟,人行道应比排粪沟底高10～15厘米,网架下从距排粪沟远侧向排粪沟底倾斜。粪沟底及两侧用水

泥抹好,舍外设集粪池。在我国北方地区,北窗要用双层玻璃窗,同时要求鸭舍内设有加温设施。雏鸭舍按饲养方式可分为平养鸭舍、网养雏鸭舍和笼养雏鸭舍3种方式。

平养鸭舍:一般采用有窗式单列带走廊的育雏舍。整个雏鸭舍为了保暖,便于管理,分割成若干个小区,小区近似于方形,不要分隔成狭窄的长方形,否则鸭子进舍转圈时,极容易踩踏致伤。鸭舍的地面上铺有稻草等垫料。为保持舍内干燥,应避免饮水器中的水洒在地上,可在育雏舍的一侧用水泥筑一水槽,上面盖有铁丝或漏缝地板,饮水器放在上面,洒出的水漏入水泥槽内排出舍外。鸭舍南北墙设窗,每侧上下两排窗。鸭舍的走廊与雏鸭区用围栏隔开,食槽在围栏中心。运动场和水浴池设在育雏舍的南面,同时在运动场中心部位要搭建遮阳凉棚。

网养雏鸭舍:网上饲养雏鸭舍多采用有窗式双列单走廊雏鸭舍,这种鸭舍跨度为8米,走廊设在中间,两侧为网状鸭床,这种鸭床用水泥杆、木料或毛竹搭成框架,长宽根据鸭舍大小而定,离地面1米左右,上铺塑料网、金属网等。每圈分若干个小圈,便于分群管理。网架外侧设高50厘米左右的栏栅,栏栅的间距为5厘米,在栏栅内侧设置水槽和食槽。鸭舍地面为水泥地面,网架下的地面建成“V”形沟形成一定的坡度,坡沟面的倾斜度30°,雏鸭排泄物可直接漏在“V”形沟中,用清水冲入集粪池中。网养雏鸭舍比平养雏鸭舍卫生条件好,节约垫草和能源,节省劳动力,便于管理、消毒等,但其投资费用较大。

笼养雏鸭舍:笼养育雏的布局采用中间两排或南北各一排,走廊设在中间或在两边。鸭笼长2米,宽1米,高30厘米,鸭笼底层离地面60厘米,粪便直接落下,由高压水枪冲入粪沟内,饲料槽设在笼外,另一侧为流动水的饮水器。两层叠层式,上层底板离地面120厘米,下层底板离地面60厘米,上、下两层设一层粪板。单层式的地板离地面1米,粪便直接落在地面上。在保证通风的情况下,可提高饲养密度,一般每平方米饲养60~65只。若分为两层,每平方米可饲养120~130只。

②育成鸭舍:育成鸭舍即青年鸭舍。肉鸭 22 日龄进入生长育肥期,这个时期肉鸭对外界环境适应能力较强,可因陋就简搭盖成本很低的肉鸭舍,要求通风透气。地面平养需要配备运动场,饮水位置应设在运动场外端,以保持舍内干燥。肉鸭舍不用建水池,以减少肉鸭活动,利于育肥。采用网上饲养,网床的结构与网上育雏相似,只是网眼应大些,2 厘米×2 厘米左右。育成鸭舍一般为双列式单走廊鸭舍,地面为水泥或三合土结构,鸭舍要备有垫草或锯末,鸭舍地面有一定倾斜,在较低的一边挖一道排水沟,沟上覆盖铁丝网,网上设置饮水器,防止漏水浸湿垫草。每 350 只鸭用 10 米的水槽,在槽的一端放一个水浮子,以保证有足够的水,舍内的走廊设在中间,走廊与鸭群之间用围栏隔离开来,食槽设在围栏的中心位置。

③种鸭舍:种鸭舍与雏鸭舍的基本要求相同,要有通风设备以保证足够的新鲜空气,同时,保温性能要求较高。我国种鸭舍多采用平养鸭舍,鸭舍有单列式和双列式两种。双列式鸭舍的走廊在中间,两边都有陆上运动场和水上运动场。房顶要有天花板,采用绝缘材料建筑鸭舍,要求鸭舍墙壁的隔热性能良好。鸭舍房檐高 2.6~2.8 米。鸭舍窗户的设置与雏鸭舍相同,另外为预防鸭群夏季热应激,可在北面开设地脚窗,但不用玻璃,只安装铁条或铁丝网,以防鼠害;在冬季寒冷时用油布或塑料布封闭,以防漏风。目前,提倡半封闭式种鸭舍,不仅节能,而且利于防疫。

④填鸭舍:填鸭舍的建筑要求与育成鸭舍基本相同,填鸭舍的要求更简单,一般地面为夯实的泥土,不必要求水泥地面,地面向走廊倾斜,在走廊一侧设置饮水槽,水槽下面有排水沟,使水槽溢出的水直接进入排水沟。由于填鸭舍中育成鸭的进一步肥育,鸭的个体大,因此填鸭舍要分隔成若干个小圈,每圈 12 米^2 左右,可容纳 50~60 只填鸭,平均饲养密度为 5 只/米^2。

⑤肉仔鸭舍:肉仔鸭舍的要求与育雏鸭舍差不多,与育雏鸭舍相比,肉仔鸭舍的窗户要小些,同时通风换气量要大。肉仔鸭舍的网上平养和笼养时,网要高些。

(2)鸭滩:又称陆上运动场,一端紧连鸭舍,一端直通水面,可为鸭群提供采食、梳理羽毛和休息的场所,其面积应超过鸭舍1倍以上。鸭滩略向水面倾斜,以利排水;鸭滩的地面以水泥地为好,也可以是夯实的泥地,但必须平整,不允许坑坑洼洼,以免蓄积污水,有的鸭场把喂鸭后剩下的贝壳、螺蛳壳平铺在泥地的鸭滩上,这样,即使在大雨以后,鸭滩也不会积水,仍可保持干燥清洁;鸭滩连接水面之处,做成一个倾斜的小坡,此处是鸭群入水和上岸必经之地,使用率极高,而且还要受到水浪的冲击,很容易坍塌凹陷,必须用块石砌好,浇上水泥,把坡面修得很平整坚固,并且深入水中(最好在水位最低的枯水期内修建坡面),使鸭群上下水很方便。此处不能为了省钱而草率修建,否则把鸭养上以后,会造成凹凸不平现象,招致引起伤残事故不断,造成重大经济损失。

鸭滩上种植落叶的乔木或落叶的果树(如葡萄等),并用水泥砌成1米高的围栏,以免鸭子入内啄伤幼树的枝叶,同时防止浓度很高的鸭粪肥水渗入树的根部致使树木死亡。在鸭滩上植树,不仅能美化环境,而且还能充分利用鸭滩的土地和剩余的肥料,促进树木和水果丰收,增加经济收入,还可以在盛夏季节遮阳降温,使鸭舍和运动场的小环境比没有种树的地方温度下降3~5℃,一举多得,生产者对此要高度重视。

(3)水围:即水上运动场,就是蛋鸭洗澡、嬉耍的运动场所。其面积不少于鸭滩,考虑到枯水季节水面要缩小,如条件许可,尽量把水围扩大些,有利于鸭群运动。在鸭舍、鸭滩、水围这3部分的连接处,均需用围栏把它围成一体,使每一单间都自成一个独立体系,以防鸭互相走乱混杂。围栏在陆地上的高度为60~80厘米,水上围栏的上沿高度应超过最高水位50厘米,下沿最好深入河底,或低于最低水位50厘米。

2.养鸭场存在的环境问题

由于人们对鸭生产环境的重要性认识尚有不足,使鸭场环境日趋恶化,污染较严重,已成为制约鸭群生产性能和经济效益的重要因素,很多鸭病的发生与流行都与养鸭场环境恶化有关。运用先进的科学理论和技术,为鸭提供比较适宜的小环境,使养鸭的生产水平达到更高已成当务之急。当前现在鸭场存在的问题主要有以下几个方面：

（1）养鸭场或养鸭户过度集中：鸭舍密度大、间距太近，导致鸭舍间互相污染，若一场或一户的鸭群有病，很快殃及其他鸭场或鸭户的鸭群，发病机会增多。

（2）鸭舍环境不洁：管理不善、粪便处理不及时、夏季蚊蝇漫飞，易引发鸭传染病传播。由于环境污染严重，虽然做了各种免疫工作，但仍然有可能引发传染病。

（3）鸭舍内有害气体超标：冬季鸭舍为保温关闭门窗，舍内通风不良，粪便发酵产生的氨气、硫化氢等有害气体高于卫生标准时，常诱发呼吸道疾病，影响鸭的健康及生产性能。

（4）鸭舍无防暑降温设施：夏季气温常高达 30℃ 以上，鸭采食量减少，产蛋率降低，蛋壳变薄，蛋重减轻，鸭体抗病力降低，易引发疾病。由于鸭舍无防暑降温设施，最易受高温环境影响，使鸭体产生应激反应。

（5）水体污染：鸭粪尿及产品加工污水，极易引起水体污染。如年存栏 10 万只的蛋鸭场，日产粪污量为 13 000～15 000 千克。由于大量的需氧腐败有机物排入水体中，易引发水质富营养化和人、畜过敏反应及疫病流行。

（6）土壤污染：主要来源于工业"三废"及农业上的农药、化肥及鸭粪尿中的有机氮和有机磷化合物。据资料报道，肉用仔鸭将食入氮的 50％ 和食入磷的 55％ 排出。这些氮和磷再转化为硝酸盐和磷酸盐直接污染土壤及地下水。此外，还有含高铜、砷等元素的饲料添加剂的污染危害也不可忽视。

（7）动物尸体和微生物污染：养鸭场对动物尸体没有妥善处理，是重要的传染来源。例如，大肠杆菌、沙门氏杆菌、葡萄球菌、链球菌、流感、鸭瘟等病原污染，以及各种寄生虫卵。此外，粪便和尸体还会导致蚊蝇孳生。

（8）来自场外的污染源：人员、物品、车辆的流动，加上昆虫、老鼠、野兽、飞鸟的进入，除给鸭群带来应激外，还可能带进污染了病原微生物的废弃物和污染物。最常见的是购鸭车辆随装运工具带进粪便、垫草和其他废弃物或污染物,通过笼具装卸而把废弃物和污染物遗弃或散落在养鸭场。又如老鼠,不但啃食和污染饲料,还是鼠疫、伪狂犬、伤寒、白痢、出败、钩端螺旋体、弓形虫、蚤、螨等多种疫病病原的带人者和贮存者。

四、鸭场舍建筑设计实例

1.鸭舍工艺设计基本参数

参数设计必须有利于鸭生长发育和生产性能的最大限度发挥。

(1)鸭舍的长度与跨度:跨度在 8 米的鸭舍,鸭舍的长度 80 米左右;跨度在 10 米时,鸭舍的长度 90～100 米;若鸭舍的跨度 12 米时,鸭舍的长度 120 米左右。

(2)鸭舍的高度:鸭舍的高度取决于鸭舍的跨度,一般跨度在 8～9 米时,鸭舍的高度 2.2 米;若鸭舍的跨度在 12 米,鸭的高度 2.5～2.7 米。

(3)鸭舍的间距:鸭舍的间距,主要从我国土地资源、防疫和防火要求,一般为鸭舍跨度的 1.5～2 倍比较合理。

(4)鸭舍运动场的大小,就是鸭舍的间距,种鸭舍跨度的 1.5 倍以上最好,如果运动场的面积过小,不利于鸭运动,地面污染也比较严重。

(5)鸭舍窗户大小:开放式有窗,鸭舍窗户大小是舍内面积的 1/3,窗户的高度为 1.2 米左右,窗户的宽度为 1.6～1.8 米,设南北窗。

(6)洗浴池的大小:一般设计为方形或长方形,也有的设计纵向洗浴水沟,洗浴池的深度 40 厘米,水面深度不低于 30 厘米,设计纵向洗浴水沟,其水沟的长度与鸭舍相当,无论洗浴池或洗浴水沟,水面深度过浅,不利于鸭在水内交配。在设计洗浴池或洗浴水沟时,注意排水管道要低于洗浴池底面,有利于排水即可。

(7)饮水槽的尺寸:舍内采用济南来因合力研制专利产品普拉松饮水器和山东省农科院家禽研究所研制自动饮水槽,而在运动场上设计的饮水槽,其水槽的位置有的在运动场的前面横向设计,有的与隔墙平行,水槽的长度为 2～3 米,高度 15 厘米左右,水槽的宽度为 20 厘米。

(8)饮水岛的尺寸:饮水岛的高度高出地平面 20 厘米,宽度一般为 1.2 米,为防止鸭子嬉水时弄湿垫料,要设计 40～60 厘米的隔墙,饮水岛地面用竹排铺垫并设计有排水沟,为清洁卫生,定期清理饮水岛内的粪便。

(9)运动场地面的要求:最好制成水泥地面,有利于粪便的清理和地面消毒,但要求地面的表面一定平滑,禁止使用时间不长,表面漏出锋利的石子,鸭易患蹼囊肿。

(10)鸭舍面积大小的设计:若带有运动场,按每平方米饲养 4 只鸭设计;若不设运动场,在舍内或密闭式饲养,按每平方米饲养 3.1 只鸭设计。

2.肉种鸭舍发展建议

(1)肉种鸭舍建设,选择在非耕地的山林和荒地,因为我国可耕地越来越少。

(2)进行旱养,因为水源越来越缺乏。

(3)有条件进行密闭式饲养,有利于环境的控制。

思考题

1.鸭场场址的选择应注意哪几点?

2.鸭场如何进行布局和划分?

3.鸭舍由哪几个重要部分组成?

4.养鸭场存在哪些环境问题?

第十章

健康养殖鸭的疾病

第一节　健康养殖鸭疫病发生及流行规律

一、当前鸭病流行情况

近年来,鸭病频频发生,在各类鸭病中,传染性疾病仍是危害养鸭业最为严重的疾病,其中尤以病毒性传染病为甚。近年来国内发生的病毒性传染病主要有鸭瘟、鸭病毒性肝炎、番鸭细小病毒病、鸭流感、番鸭"花肝病"。从近期情况看,危害较为严重的有番鸭"花肝病"、番鸭细小病毒病、鸭病毒性肝炎,相对较为少见的是鸭瘟,但在个别鸭场发生后发病率和死亡率仍然很高,仍需认真做好本病的防疫工作,不能因为少见而思想麻痹。细菌性传染病主要有大肠杆菌病、鸭疫里默氏杆菌病、鸭出血性败血症,其中危害最为严重的是鸭疫里默氏杆菌病,在不同鸭场普遍存在,并常常和大肠杆菌病、鸭流感、花肝病等混合感染。曲霉菌病也时有发生。寄生虫病少见有对鸭群造成严重损害的事例和报道,但因鸭特有的饲养方式,鸭体内和体外寄生虫的带虫极为普遍,必然会影响到鸭只的正常生长。另外还见到一些营养代谢性疾病和中毒性疾病,如维生素、钙、磷等缺乏症,霉菌毒素、肉毒梭菌毒素中毒等,资料显示霉菌毒素会给鸭的生长发育以及免疫器官造成持久的慢性损害,有明显的临诊症状,而得不到应有的重视,但其对饲料利用率以及机体抵抗力的影响不容忽视。此外,外伤、肿瘤、脱羽、光过敏、"产蛋疲劳症"等杂症亦有发生。

二、鸭病流行呈现出的特点

1.病情复杂性增加,新病不断出现

由于近年来养鸭业发展较快,从事养鸭的养殖户增多,养殖规模大小不一,从几百、几千到几万;设计规格多种多样,鸭场的选址和隔离条件各不相同。在饲养方式上,有的鸭场只饲养一种鸭,有的鸭场同时饲养两种甚至几种鸭,更有沿同一池塘边同时饲养鸡、鸭、鹅和猪,而不同日龄鸭同养于一场的更为普遍,加之近年来由于水源污染造成的水质下降,均给疫病的产生和传播带来有利条件,造成群发性或地方流行性疾病明显增多,单一病例少见,而多以混合感染的形式发生。有时不同品种(鸡、鸭、鹅)甚至同时发病,如大肠杆菌病、鸭霍乱等。新的疫情不断发生,鸭疫里默氏杆菌病最早由郭玉璞、郭予强等人在 20 世纪 80 年代证实在我国鸭群中存在,近期内有学者报道在鹅群中分离到鸭疫里默氏杆菌;番鸭细小病毒病、番鸭"花肝病"更是相继在我国出现。这些新病的出现之初,由于兽医人员缺乏对其正确的认识,加之现场没有理想的防治手段而常常带来严重损失。

2.一些细菌性疫病成为鸭场极难根治的疫病,反复发作

由于养鸭的环境特殊,给鸭场的消毒工作带来很大的困难,尤其是水塘,很难做到彻底消毒,因此,即使是在一些卫生管理环境好的大场,

虽然实施了全进全出,定期空场等管理方式,仍然表现出疫病尤其是细菌性疾病代代传递,连绵不绝的特点。来自现场的分析显示,鸭疫里默氏杆菌病、大肠杆菌病、鸭出血性败血症成为近几年中鸭群最为常见的细菌性传染病,三者的共同特点是一旦发病,反反复复,极难根治,出现最典型的特点是用药则不发病、停药则复发的现象,致使一些养殖场持续用药,带来沉重的经济负担,同时对诱导细菌耐药性的产生,以及药物残留所引起的公共卫生等问题带来极大的隐忧,目前国内有多家研究单位研制了针对此3种细菌病的灭活疫苗,但由于细菌血清型较多很难做到一种疫苗覆盖本地主要血清型,造成现场使用效果不确实,事实证明,使用本场分离菌制成的灭活疫苗效果较为理想,但由于目前国内的饲养方式分散,此方法很难做到普及。

3.胚源性、营养、代谢、中毒性疫病,同样是养鸭生产中经常出现的问题

近年来,虽养鸭生产得到大力发展,但集约化的祖代、父母代种鸭场发展相对滞后,在生产中占主流的孵化单位仍为普通养殖户,更有的孵化场只是从四面八方收集种蛋进行孵化,种蛋来源不稳定,种鸭群的防疫背景不清楚,一些疫病的母源抗体水平参差不齐,甚至携带有蛋传播疾病,这些都给雏鸭工作带来很大困难,造成小鸭疫病复杂,成活率低。在饲养管理方面,许多蛋鸭养殖户沿袭传统做法,在蛋鸭开产后使用单纯玉米喂饲,确实降低了饲养成本,但生产中也有因营养缺乏造成的产蛋后瘫痪、死亡的事例。药物的使用是一个复杂的问题,饲养水平、疫病控制、兽药生产以及基层兽医人员和普通养殖户的素质各个环节都给药物的合理使用带来问题,在生产中出现的药物中毒问题,也有多方面的问题,但无论从成本还是中毒本身造成的损失,都是一个急需重视的问题,更不用说药物残留给人类带来的潜在危害。

三、预防策略

必须有政府的足够重视和支持。我国现在已经成为 WTO 成员,

养鸭业必须面对和积极参与国际市场的挑战,由于一些发达国家饲养水平高,集约化程度及疫病防治水平高,使成本相对较低,产品质量有保证,出口顺畅,给我国的养鸭业带来极大压力,市场规律必须促使我国的养鸭业向集约化、规模化发展,但市场本身的调节毕竟相对滞后,单纯等待、依赖市场的调节,我们恐怕要交付昂贵的学费,因此现在更需要政府主管部门制订相应的政策法规,引导促使养鸭业走向集约化、规模化,以掌握市场竞争的主动。

加强种鸭场、孵化场的管理工作,做好种鸭群的防疫,尽量减少蛋传递疫病的传播,做到雏鸭群的防疫背景清晰;加强对基层兽医工作者以及普通养殖户的管理,定期组织培训、学习,对养殖场建立包括防疫进行监控,做到建场选址合理,疫病防疫完善;加强科研工作,对一些新发疫病,以及困扰生产的重要疫病,组织专家或成立专门实验室进行突破研究,以做到反应迅速;加强对兽药生产企业和兽药经营单位的管理,减少因商业行为造成的误导。

贯彻"预防为主、养防结合、防重于治"的方针。对鸭瘟、病毒性肝炎、细小病毒病等病毒病,制定切实可行的免疫程序,做好预防接种工作,在稳定的控制病毒性疾病的基础上,最大限度地减少细菌性疾病造成的损失,采用合理的免疫和用药相结合的策略,加强饲养管理工作,减少营养、代谢性疾病和中毒性疾病的发生,提高鸭群的整体抗病能力。

第二节　健康养殖鸭场生物安全控制措施

经过多年的发展,我国肉鸭养殖形成了自己的特色,也出现了一批产业化龙头企业,他们带动了广大养殖者的积极性,为我国的畜牧业作出了巨大贡献。养鸭业已经在国内形成相当的规模,中国成为世界上最大的鸭产品生产基地。但是,在实际生产中,仍然存在一些问题,其中鸭病就是一个令养殖者感觉较为棘手的问题。虽然在某些养殖场，鸭病的种类并不多，但却时有发生，有时还会造成较大的经济损失。在此，我们引入一个"生物安全"的概念，在实际生产中，注重生物安全，就能够很大程度上减少鸭病发生的风险，促进肉鸭养殖的健康发展。

生物安全是指将可传播的传染性疾病、寄生虫和害虫排除在外的安全措施。它是一个概括性术语，包括了防止有害生物进入和感染良好饲育禽群方面所应采取的一切措施，这些有害生物包括：病毒、细菌、真菌、原虫、寄生虫、昆虫、啮齿动物和野生鸟类。

鸭的生物安全体系是传统的综合防治和兽医卫生措施在集约化生产条件下的发展和宏观体现。总的目标是保持鸭群的高生产性能，发挥最大的遗传潜力和经济效益。针对疫病发生的 3 个基本要素，即病原体、易感动物和环境之间复杂的联系和相互作用，通过完善鸭场工艺设计和工艺流程，建立对鸭子健康有利的生态环境；强化环境卫生、营养和管理措施，使鸭体质健康，免疫反应健全；通过全员防疫，有效隔离，严格消毒，科学实施免疫接种、全面监测来加强鸭场的生物安全管理，从而防止集约化生产条件下鸭病的发生，这就是鸭的生物安全体系。

一、正确认识生物安全

1. 建立生物安全体系，首先要改变对疫病防治的认识误区

不可过分依赖疫苗和药物，疫苗仅能对某种特定传染病起到一定的预防作用，抑制病原在机体内的繁殖，降低发病的风险，并不能够阻止病原侵入机体或消除病原，控制疾病的发生，这也是在病原污染严重的地区，免疫失败时有发生的重要原因。药物虽然能够抑制或杀死某些病原，但长期大量使用，会使病原产生耐药性，还会造成在鸭体内的残留，因此，疫苗和药物都不能替代生物安全措施，它们只能作为生物安全的辅助措施，不是重点，更不是全部。

2.生物安全是最经济、最有效的控制传染病的手段

从长远看,建立生物安全体系所投入的人力、财力,远比由于疫病发生所造成的死亡、淘汰、饲料报酬降低、生产性能下降所带来的损失小得多。用卫生防疫措施将病原拒之门外,与使用疫苗、药物相比,不仅降低了生产成本,而且能够生产出更优质、更安全的鸭肉产品,这不仅是市场的需要,也是我国畜牧业产品走出国门,参与国际竞争的必然途径。

3.生物安全是一个预防问题的系统,但并不能预防所有传染病

它的各项制度和措施都是人为制订和实施的,所谓"百密一疏",我们不可能面面俱到,将所有的细节都做到完美无瑕,只要有漏洞存在,就有疫病发生的可能。所以生物安全不是一个固定的规则,我们应该根据具体情况,随时补充需要的内容,运用更为先进的手段,不断发展和完善生物安全体系,保证养殖业的健康快速发展。

二、鸭养殖场的科学选址和生产模式

1.选址:生物安全选址

鸭场的选址原则和鸭舍的间距和分布是有一定要求的。如:距离居民区不小于2 500米,离主干道不小于1 000米,场区周围5 000米内无其他畜禽养殖场、屠宰场或皮毛加工厂等。生活区和生产区之间要有不小于10米的隔离带;鸭舍间距及围墙与鸭舍距离不小于30米等,场外最好有一定隔离缓冲区,场内实行封闭式管理。

2.生产模式

目前我国政策鼓励从事鸭子养殖,养殖模式大体分成3种:①大型养殖企业模式,这种养殖企业一般集约化、规模化、产业化程度较高,设备、管理比较正规,对各种疾病的防范措施较好,但大部分仍存在粪尿污染物无害化处理不达标等方面的问题。北方大部分大型企业都是采取这种模式。②"公司+农户"模式,这在肉鸭养殖中比较普遍。一般农户分散、设备简陋、疫病复杂、交叉流动频繁,粪尿污物自由排放,不能严格执行卫生防疫制度,饲养地与集散地很容易成为疫源地,一旦发生疫病即导致迅速扩散蔓延甚至流行。南方的大型企业大多采用此种模式。③个体养殖户模式,这种模式多位于城郊和乡村,分布较广,一般利用自建的简易棚舍,饲养方式简单落后,卫生防疫意识较差,粪尿污物随意排放,环境污染严重。这种模式目前在中国还是普遍存在,特别是商品鸭养殖的主要模式。

鸭养殖的新模式就是目前出现的鸭旱养模式。原先我们饲养模式落后,大多采用水域放牧或池塘半放养的方式,设施简陋。这种模式首先对环境污染严重,特别是对水资源的污染,会产生严重的公共安全问题;另外这种模式自身生物安全也难以保障,造成一些传染病病毒的传播,养殖的风险很大,饲养的成功率很低。改进后的鸭旱养技术,针对不同的品种,确定了肉鸭网上养殖技术、蛋鸭笼养技术等鸭旱养技术方案。通过对不同品种、不同地区多次实验证明,该技术不但能显著降低鸭的发病率和死亡率,减少用药成本,提高饲料报酬和产蛋、产肉等生产性能,而且能降低鸭养殖对水域的依赖程度,破解目前因水质下降、水域资源减少、水域禁限养等因素对鸭养殖业发展的制约,有利于鸭养殖向规模化和集约化发展,形成一个新的畜牧业产业链。

三、鸭场生物安全措施

鸭场的生物安全措施是一个综合性的防控措施,包含所有可能导致鸭发生疾病的因素。疾病发生需要 3 大因素,即传染源、传播途径和易感动物。鸭场生物安全措施,就是针对上面 3 个途径,采取针对性的措施,来预防疾病的发生。主要目的就是消灭传染源、切断传播途径和减少易感动物,具体通过环境卫生、隔离消毒、免疫用药等措施,来达到鸭健康的目的。

1.环境卫生

鸭养殖场应建立在地势高燥、水源充足、交通方便,无污染和排废的地区,周边无村庄、其他养殖场或者屠宰场等,保证周边饲养环境的清洁。

（1）场内环境：场内生活区、生产区、污物处理区等要严格分开，生产区不同功能的单元之间如孵化、育雏、育成也应分开，有条件的可用种植树木形成的绿化带隔离。道路一般用水泥或沥青材料铺就，道路设计均应遵从单向原则，即从清洁区到污染区、从独立单元到共同生活区原则。场内不可饲养其他畜禽包括犬、猫、鹦鹉等宠物。房舍周围地面平整、清洁，不可有污水或堆积杂物，以防止蚊虫、老鼠滋生。

（2）舍内环境：保持一定的温度湿度，通风性能良好，地面和墙壁均应使用防水材料或进行防水处理，以便于清洗。鸭舍应相对密闭，以防止野鸟、鼠类进入。

2.生物安全隔离

鸭场的选址过程就是做好区域隔离的首要条件，场址选得好，鸭场就有了天然的隔离屏障，也是保证鸭养殖成功的外在因素。好的地理自然环境，对我们鸭养殖成功与否非常关键，能保证我们远离疾病的困扰。有了好的区域隔离环境，还必须做好场区内隔离工作，彻底切断传播途径。鸭场要划分为生产区、行政区、生活区，区与区之间要有消毒设施。外来人员、物品及动物产品、车辆不得随意进入场区，本场人员不得随意出入，人员进场后要有一定的隔离制度，需要隔离48小时以上，然后消毒、洗澡、更衣后方可进入生产区；原则上外界物品不能进入生产区，必须要进入场区的物品，必须经过消毒处理、化验室检测合格后方可进入场区；场区内也要有隔离，主要包括净污区隔离和栋舍之间的隔离，净污区要有明显的标示，饲养管理人员严禁进入污区，并且净污区的交叉口要有消毒设施和管理措施；栋舍之间人员和物品不能交叉，每一栋应该有固定的饲养和日常用具，预防栋舍之间的疾病传播，这些规定的目的就是隔离。把鸭场内外严格地隔离开来，使外界病原不能进入鸭场，场内病原不能在场内传播，保证鸭的生物安全。

3.鸭场的消毒管理

科学消毒是养殖场防疫工作的重要环节，也是切断疫病传播途径、消灭传染源和杀灭病原体的重要措施。要达到好的消毒效果，需要控制好消毒的各个环节。所有进出场区的人员和物品都要严格消毒,场内环境也要定期消毒,包含了水、饲料、工作服、工具、垫料等都要有消毒程序,并且要保证消毒效果。

(1)人员消毒:原则上鸭场禁止一切非生产人员入内,必须要进入场区的人员必须按照场内规定人员消毒程序进行,常采取的措施有全身喷雾消毒、走火碱池和消毒液洗手消毒,然后需要在指定区域隔离48小时以上,然后在生产区浴室洗澡,更换场内消毒的工作服方可进入场区。

(2)物品消毒:包含进出场所有物品,车辆、饲料、垫料、日用品等。原则上没有进过消毒的物品是不能进入生产区的,针对物品的多样性,消毒也需要采取不同的方法。对车辆的消毒主要采取喷雾消毒为主,在场区大门口和生产区门口都要设置喷雾器,对车辆的全身进行喷雾消毒,特别需要注意车辆的底部也要碰到,驾驶室也需要消毒完全;一般日用品需要熏蒸消毒,至少保证熏蒸的有效时间达到1小时以上方可;食品类的物品,一般采用紫外线照射消毒,但要保证照射的时间足够,应不少于30分钟,消毒间温度控制在20~30℃;饲料和稻壳的消毒一般采用密闭空间、熏蒸消毒的方法,常采用甲醛+高锰酸钾的消毒方式,同时也要注意消毒的温度和湿度,温度应在20℃以上,湿度不能低于60%,熏蒸时间最好控制在48小时以上,熏蒸后可以通过实验室检测饲料袋或者垫料袋表面的微生物指标,来确定熏蒸效果。

(3)环境消毒:整个鸭场要定期消毒,包含生活区、生产区和鸭舍。消毒可以有效减少病原菌和病毒的数量,进而减少疾病的发病概率。生产区和生活区一般采用1周2次消毒,遇到大雾、大风天气随时增加消毒次数;有运动场的鸭养殖场,运动场也要定期清理消毒,每周1~2次。冬、春疾病高发季节应该加强消毒,加强消毒频率和定期更换消毒剂,保证好消毒效果。消毒还要注意以下消毒事项:

①消毒剂的选择:消毒药种类繁多,效果不一,长期使用单一消毒剂,细菌、病毒会产生抗药性。为避免固定使用单一消毒剂,可使用广谱类消毒药替换使用,养殖场消毒最好是几种不同类型的消毒剂轮换

使用。常用的消毒剂种类有季铵盐类消毒、卤素类消毒剂、酸碱类消毒和酚类消毒剂等。不同种类的消毒剂消毒的种类不同,对细菌、病毒的杀灭种类和效果也有差异,交叉使用是最好的使用方法。

②消毒前认真搞好环境卫生:养殖场存在大量的有机物,这些有机物中藏匿着大量病原微生物,夏季是病原微生物大量繁殖的时期,大量病原微生物会消耗或中和消毒剂的有效成分,严重降低消毒剂对病原微生物的作用。因此彻底清除这些有机污物是有效消毒的前提,全面消毒前要对所有的圈舍、周围环境等先进行一次大清扫,清扫粪便、饲料粉渣、污物,堆积后用泥土封好发酵,堆封表面用2%苛性钠溶液喷洒消毒。

③正确掌握和使用消毒方法:消毒的方法非常多,主要包括了清洁卫生、物理消毒和化学消毒。在生产过程中,应该根据不同的消毒需要,灵活选用合适的消毒方法,达到事半功倍的效果。例如水的消毒常用的方法是有机酸处理,通过降低水的 pH 值来达到水消毒和清洁水线的目的;饲料和垫料作为大宗原料,消毒非常困难,通常采用甲醛熏蒸的方法,同时应该关注消毒时的温度和湿度;人员的消毒是消毒环节最难控制的部分,因为人员流动性大,难以管理,主要还是采取洗澡、更换洁净的工作服达到消毒的目的;小件物品采用熏蒸柜密闭熏蒸消毒的方法效果理想;进入鸡舍的人员首先要更换场内工作服,还要全身喷雾消毒;一些养殖设备的消毒,最有效的就是清洗消毒,清洗干净能达到99%以上的消毒效果,化学消毒作为补充;空舍期的消毒,主要靠清洁卫生、冲洗鸭舍来完成,最后的熏蒸消毒作为一个补充。

4.科学免疫

科学的疫苗接种能使鸭产生主动获得性免疫力,有效抵御环境中病原体的侵袭,使易感鸭群成为非易感鸭群,保证鸭只健康和鸭场安全生产。一个好的免疫包含了合理的免疫程序、疫苗的选择、疫苗的保存和使用、免疫操作和免疫效果评估。

(1)免疫程序的制定:由于不同地区疫病流行情况不一样,鸭只的健康状况不同,所以没有任何一个免疫程序可以适合于所有养殖场。

在免疫程序制定前需要事先对本地区的疫病流行情况进行评估和调研，并在相关专家的指导下对疾病最新的发展状态进行预测。结合本厂的实际制定，制定免疫程序需要考虑以下几点：本场疾病的流行程度及主要危害疾病；母源抗体的情况；疫苗之间的相互干扰；疫苗可能对生产性能和健康造成的影响；合适的免疫方法和免疫途径；适当的免疫间隔。

（2）制定了合理的免疫程序还需要正确选择和使用疫苗：目前使用的疫苗主要包括油苗和冻干苗。在生产中选择哪种疫苗进行免疫，要根据鸭的种类、日龄、当地疾病流行情况、疫苗厂家的质量可信度等多方面的因素进行考虑。

①疫苗的质量：疫苗生产厂家众多，疫苗质量良莠不齐。质量好的疫苗吸收快，应激小，抗体高，从而能够提供坚强的保护。疫苗选择时需要注意：必须保证疫苗所用鸡胚为 SPF 胚，减少疫苗源性病原；油苗使用优质进口佐剂；抗原是否进行浓缩，抗原含量是否足够；是否使用保护性强、最近分离的毒株。

②不同种类的鸭群，其发病规律不同，即使同一种疾病，其病原的血清型又有不同，日龄不同选择不同的疫苗。

③当地疾病流行情况：当地有该病流行或者威胁时才进行该种疫苗的接种，对当地没有威胁的疾病可以不接种。尤其是毒力强的活疫苗或者是活菌苗时更不应该轻率地引入到未有该病发生的区域。

（3）疫苗必须根据其使用说明进行妥善保管：一般情况下油苗和冻干苗需要保存在 $2\sim6\,^{\circ}\mathrm{C}$。保存在干燥、阴暗的地方。防止冻结、高温和阳光直射。需要定时对保温器具进行校正，并进行记录，发现异常及时维修。防止由于冰箱等故障造成疫苗失效。疫苗到场后需要对疫苗的物理性状、是否冷链运输、疫苗的生产保质期、数量等进行核查。使用过程中活苗要现配先用。最好在 2 小时内使用完毕，防止时间过程出现效价下降，配制的疫苗要放置在装有冰块的保温箱内。开瓶的油苗也要及时使用完毕，防止细菌污染，影响免疫效果。

（4）免疫操作包括免疫前的准备工作、免疫操作及免疫后的善后工作：免疫前的准备主要包括员工培训和疫苗、器具的准备。要求每位员工分工明确,不慌乱,不漏免。每次注射前,检查一遍注射器。看弹簧、垫圈是否出现损坏,确保正确的免疫剂量。育雏、育成期前期,疫苗注射量小,主要使用 7 号针头,产蛋期、育成后期使用 9 号针头,针头在免疫前要进行挑选,对于那些出现倒刺的要淘汰。

免疫操作避免在高温、急剧降温等强应激条件下进行。

免疫方法主要包括:胸肌注射和颈部皮下注射。胸肌注射是最常用、最简单的注射方法。正确的注射方法:进针方向与胸骨平行,与胸肌呈 30°～45°角,注射胸肌最为丰厚的部位。油苗免疫前需要对疫苗进行预温,将疫苗温度升至 20℃左右。颈部皮下注射是育雏育成期最常用的免疫方法。注射方法:拇指、食指和中指捏起颈部下 1/3 的皮肤形成空囊,疫苗注射入空囊内。用完的疫苗瓶全部烧掉。最常见的错误:免疫部位靠上;免疫时针头从侧面注射,不是颈部正上方,导致出血;进针角度太小,导致扎伤肌肉。

注意事项:①工作人员要认真负责,操作时轻拿轻放,免疫过程中精力集中,确保免疫手法正确;②不能浪费疫苗;③免疫接种完后,连续观察免疫反应,有不良症状时,及时处理;④免疫前 1 天起连续 3 天给鸭群饮抗应激药物和电解质多维素;⑤调整好注射器剂量刻度,注射部位准确,经常检查核对刻度,注射一定要足量;⑥免疫过程中,不断地摇晃疫苗瓶;⑦注射接种时,每注射 50 只鸭换 1 个针头;⑧注意针头有无弯折,如有应及时更换;⑨用完的疫苗瓶全部烧掉。

(5)免疫后的效果评估:免疫操作结束后需要对免疫效果进行跟踪。除定期进行相应抗体检测外,还需要对免疫生产的影响进行统计分析。如免疫对采食量、饮水量、长势、产蛋率等的影响。根据抗体检测绘制抗体曲线,对比不同疫苗、不同批次的差异。

5.合理用药

对于细菌性疾病、寄生虫性疾病,除加强消毒、用疫苗预防外,还应注重平时的药物预防。在一定条件下采用药物预防是预防和控制疾病的有效措施之一。但是药物不是万能的,使用抗生素要有针对性,不能滥用抗生素。使用时需要根据现场症状和实验室药敏试验作出初步判断后再投药。不能重复使用同一种类的抗生素,要间隔使用。同时连续投药的时间不宜过长,不能超过 5 天。随着食品安全要求的不断提高,抗生素逐步开始淡出养殖市场。一些新兴的微生态制剂和中兽药越来越受到养殖户的青睐。

四、废弃物的无害化处理

规模化养殖场主要以全密闭式饲养方式为主体。对生产产生的污水和粪便等需要根据相关要求进行无害化处理。

1. 污水处理

舍内排放污水分二级沉淀。出鸭舍后设有沉淀井,进行一级沉淀;之后到蓄水池进行二级沉淀、发酵处理,整个排水过程完全采用密闭式管道,中间不能渗漏。蓄水池是采用全水泥、混凝土构建,中间夹有优质塑料防渗漏材料,存水后不会发生渗漏现象。蓄水池内污水采取封盖发酵处理,经过发酵后。可以将沉淀池内的水、沉淀物变成最有效的有机肥料,这部分经过发酵后的水及沉淀物用于农田灌溉和施肥,以利于农业发展。

2. 粪便处理

整个生产周期不清理鸭粪,生产周期结束统一清理。每天在地面上撒一层新鲜的垫料(稻壳),做到鸭舍内部干净舒适。垫料上泼洒微生态制剂绿源生进行舍内空气净化。绿源生的主要成分是:乳酸菌、酵母菌、芽孢菌等有益微生物,富含有机酸、氨基酸、小分子生物肽、消化酶、维生素、未知生长因子等活性成分,有效微生物含量≥20×10^8CUF/毫升。它可以调节动物胃肠微生态平衡,促进营养全面吸收,消除畜舍氨气等有害气体及粪便臭味,提高空气质量,增进动物健康。鸭淘汰后,鸭粪将在鸭舍内密闭发酵 1 个月,发酵后的粪便可以作为有机肥料的优质加工原料。运输过程要求车辆进行密封。

3. 病死鸭处理办法

鸭舍出现异常死亡应立即报告生产主管,由本场兽医进行剖检。

首先用料袋内膜将死鸭密封好拿出鸭舍送到死鸭窖。剖检死鸭必须在死鸭窖口的水泥地面上进行,剖检完毕后对剖检地面及周围 5 米用 5‰ 的火碱进行消毒,剖检后的死鸭用消毒液浸泡后放入死鸭窖、并密封窖口,或焚烧。送死鸭人员,在返回鸭舍时应彻底按消毒程序进行消毒。剖检死鸭的技术人员,在结束剖检后,从污道返回消毒室,更换工作服、消毒后方可再次进入净区。

五、鸭健康评估体系

为保证鸭的健康,需要鸭健康评估体系,及时发现异常、采取措施,将损失降到最低。需要有经验的管理人员定期对鸭群进行评估,主要评估事项包括精神状态、采食量、产蛋量、交配次数、粪便颜色及形状、呼吸道情况等。

1. 建立记录,综合分析

(1)建立"饲养员、栋长—生产主任—分管场长—场长"的逐级报告和负责制度,重大问题详细汇报。

(2)饲养人员对所管理鸭群的状况做全天候观察并按要求做好每日详细记录。

(3)生产主任每天 1～2 次巡视鸭群,听取饲养员的汇报,查看记录,核对情况,晚间注意听取鸭群呼吸状况。

(4)分管场长应同样每天 1～2 次巡视鸭舍,查看记录,听取了解、核对鸭群健康状况,并同生产主任一起做好死淘鸭的解剖工作,由生产主任做好解剖记录。

(5)分管场长同生产区主任每天对鸭群健康状况做出分析评估,对可认定的一般问题及时做出相应对策,对不可认定或重大紧急情况应及时报告上一级主管,并协助上级主管做好监测分析评估等工作,以及时采取相应对策。

(6)每日巡视鸭舍应按鸭舍由小日龄到大日龄,由健康鸭群到可疑鸭群,先正常鸭群后异常鸭群的顺序进行。

2.疫情应急处理办法

(1)实行封场、封栋,控制人员、车辆等的流动,减小疫情的传播范围。外来车辆及人员一律不准进入本场。进入时按照发生传染病时车辆消毒办法进行消毒。确需进行本场的外来人员,经场长批准后方可进入。进入时按照发生传染病时人员进出管理办法进行消毒。外出回场的本场员工,按照发生传染病时人员进出管理办法进行消毒。封场、封栋期间,生产区合理安排搭配好各栋人员,并安排好后备人员为各栋提供饲料、药品、水及员工的饭菜等。鸭舍人员与后备人员的物品交接仅限于各栋鸭舍门口。

(2)搞好场区消毒。生产区环境每天至少一次用5%火碱溶液喷雾消毒。由生产主任监督执行,做到全面、彻底、有效。生产场长和生产主任评估鸭群的健康状况,结合抗体监测结果,制定出综合性的防治措施。死亡鸭只的处理依据发生传染病时的办法执行。

(3)本场难以确诊的,及时请有关部门和专家帮助确诊,征求有关专家的处理意见。

(4)经过综合评估,确认疫情已过,鸭群恢复正常后,在强化消毒的前提下方可解除封场、封栋。

第三节　健康养殖鸭的病毒病

一、鸭流感

鸭流感是由正黏病毒科 A 型流感病毒引发的,以侵害呼吸系统、生殖系统和神经系统为主的高度接触性传染的禽类烈性传染病。我国农业部把禽流感定为一类传染病,OIE(国际兽疫局)将 H_5 和 H_7 高致病性禽流感病毒定为 A 类传染病。

1.病原

鸭流感的病原是具有致病率的 A 型鸭流感病毒,属正黏病毒科成员,病毒粒子直径为 80～120 纳米,有囊膜。流感病毒的致病力差异很大,在自然情况下,有的毒株能使鸭群发病率和死亡率都很高,高的可达 100%,有的毒株仅起轻度的产蛋下降,有的毒株则引起呼吸道症状,死亡率却很低。

2.流行病学

根据有关调查表明,各种日龄和各种品种的鸭群均可感染,但临床上以 1 月龄以上鸭发病多见。雏鸭的发病率可高达 100%,死亡率也可达 80% 以上,其他日龄的鸭群发病率一般为 20%～90%,死亡率一般为 10%～80%,成年鸭主要引起严重减蛋,死亡率 10%～60%。一年四季均可发生,但以冬、春季为主要流行季节。在应激因素、饲养环境条件差的鸭场均可引起高度发病和高度死亡率。

3.临床症状

鸭感染高致病性禽流感病毒有两个特点:一是种鸭感染后很快表现产蛋下降,在 3～5 天内产蛋率从 80% 以上下降至 10%～20%,严重者在 1 周内不产蛋。种鸭表现减少食欲,眼睛充血流泪,轻度咳嗽,病鸭畏寒不愿下水,拉黄绿色和白色稀粪,个别鸭软脚不愿行动。部分病鸭有歪头、转圈等神经症状。数天后,病鸭食欲逐渐恢复,拉稀现象减少,但产蛋率仍没有恢复。数周后鸭群产蛋率缓慢回升,蛋变小、畸形蛋增多。此外还能引起一部分种鸭死亡。二是小鸭感染后,主要表现为精神沉郁,腿软无力,不能站立,伏卧地上,缩颈,拉稀,拉黄白色稀粪,个别拉血便,减食或不食。部分患鸭出现呼吸道症状。有呼吸道症状出现的部分患鹅头颈部肿大,皮下水肿,眼睛潮红或出血,眼睛四周羽毛有褐色分泌物,严重者瞎眼,鼻孔流血。嘴巴不自主地张合如捉苍蝇状,羽毛易湿,死前喙呈紫色。部分患鸭死前有甩头、转圈、两腿划动等神经症状。病鸭迅速脱水、消瘦,病程短,鸭群感染发病后 2～3 天内出现大批死亡。对小番鸭和小肉鸭可引起 70%～80% 死亡。

4.剖检病变

剖检可见:种鸭喉头黏液偏多,肝脏肿大,心肌呈现索状坏死;卵巢上卵泡充血、出血、变性,有的变黑,有的变形萎缩,有的破裂流到腹腔导致腹膜炎,并造成肠道的相互粘连;输卵管炎,内有残留变性的蛋白质凝块;个别病鸭肠道黏膜出血,肠道淋巴环带肿胀。

剖检小鸭可见喉头黏液增多,气管分叉处有黄色干酪样物阻塞;心肌呈现索状坏死,肝肿大,表面有黄色坏死斑;胆囊肿大,胆汁黏稠;脾肿大;胰腺有白色坏死灶;肠道黏膜有不同程度出血,肠道淋巴环带肿胀;脑膜充血出血。

5.诊断要点

诊断要点:根据发病率高、传染快及典型症状,如精神委顿、食欲废绝,拉稀便,体温升高,呼吸困难,眼红流泪,头肿流涕,病鸭表现出神经症状,脚软无力,有的曲颈斜头、站立不稳和共济失调的神经症状可作出初步诊断。剖检可见心脏冠状脂肪有点状出血,心肌有灰白色条状坏死灶,这一点非常典型。部分病例肠道黏膜充血、出血。根据剖检病理变化,可作判断。确诊需由国家规定实验室作实验室诊断。

6.防控原则及措施

防控原则:控制传染源,切断传播途径,按照国家法律法规采取隔离、封锁、扑杀、销毁、消毒、紧急免疫接种及其他限制性措施。

措施:对发病及死亡率高,疑为强毒株引起的鸭流感,应早期诊断,划分疫区,严格封锁;应销毁鸭群,病死鸭要及时清理,隔离和做无害化处理,切不可随便乱丢,或出售。并对饲养场地彻底消毒,闲置一段时间,以防传播。

谨慎引种,不要到卫生防疫不合格的无证的鸭场购买鸭苗。鸭流感有种间传播的可能性,避免鸭、鸡混养和串栏。加强卫生、消毒和隔离工作,实行全进全出的饲养管理制度。一批出售后,应空栏15天以上,以防交叉感染。

做好卫生、消毒工作。鸭舍要每2～3天消毒一次,消毒要选择性质和作用机理不同的消毒药交替使用,同时,供鸭群嬉水的池塘、水质要保持清洁,并要定期消毒。

对受威胁的地区紧急接种疫苗,建立免疫隔离带。同时对症治疗,以抗病毒药加抗生素配合多种维生素,并配合清热消炎、利尿解毒的中草药进行治疗,可使症状减轻,死亡减少。

7.预防

疫苗接种对控制高致病性禽流感的传播是有效的。鸭预防接种高致病性禽流感疫苗后,因体内能产生抗体而获得免疫保护,不受鸭流感病毒的侵害,从而阻止家鸭发病。对受威胁区家鸭进行免疫接种,建立免疫隔离带是必需的。疫苗质量的好坏直接影响免疫接种的效果,因此,在进行免疫接种时应选用国家批准使用的疫苗,并且要制定合理的免疫程序,使家鸭体内产生持续的高水平抗体,保护家鸭不发病。

对于鸭来说,灭活疫苗具有良好的免疫保护性,是预防的主要手段。

环境较差的鸭场:7～10日龄:H_5N_1,灭活苗 0.5 毫升/只;21～24日龄:H_5N_1 灭活苗 0.5 毫升/只;90 日龄:H_5N_1 灭活苗 1.0 毫升/只;120 日龄:H_5N_1 灭活苗 1.0 毫升/只,以后每间隔 10 周免疫一次。

环境较好的鸭场:7～10日龄:H_5N_1,灭活苗 0.5 毫升/只;30～35日龄:H_5N_1 灭活苗 0.5 毫升/只;110 日龄:H_5N_1 灭活苗 1.0 毫升/只,以后每间隔 3 个月免疫一次。

二、鸭瘟

鸭瘟又名鸭病毒性肠炎,由于发病后期鸭头部肿大或下颌水肿,触之有波动感,俗称"大头瘟"或"肿头瘟"。是鸭、鹅、雁的一种急性、热性、败血性的接触性传染病。

1.病原

鸭瘟病毒属于疱疹病毒科,疱疹病毒属,鸭疱疹病毒Ⅰ型。病毒核酸类型为双股 DNA,病毒粒子呈球状,直径 156～384 纳米。容易在鸭胚上生长,鸭瘟病毒不耐热,对酸碱敏感,对有机溶剂敏感;该病毒不存在红细胞凝集素,不能凝集各种动物的红细胞。目前在世界上所分离到的病毒株,只有一个血清型,但不同毒株的毒力有所不同。在病鸭的血液和内脏中含有大量病毒,通常存在于感染细胞的胞核和胞浆中。

2. 流行特点

本病一年四季均可发生,但以春夏之交和秋季流行最为严重。自然易感宿主仅限于雁形目的鸭科,其他禽类未见报道。该病传染迅速,发病率和死亡率较高,潜伏期为2~4天,一旦出现明显症状,通常在3~5天死亡。给世界上一些养鸭国家或地区造成了巨大的经济损失。

鸭瘟病毒存在于病鸭内脏、血液和排泄物中,可通过呼吸道和消化道等多种途径感染,健康鸭能隐性带毒。麻羽蛋鸭及番鸭易感性高于白羽肉鸭,母鸭易感性高于公鸭。在自然感染条件下,发病的大多数是成年鸭,其次是大龄青年鸭,1月龄以下的雏鸭较少发病。

3. 临床症状

病鸭除精神、食欲减退及缩颈呆立外,特征性症状是腿软,走动困难,强行驱赶则两翅扑地勉强移步;不愿下水,强行驱入水中不能游泳,迅速挣扎回岸;眼肿,严重时上下眼皮合缝,眼鼻分泌物均增多,呼吸不畅,肿头,头颈交界处肿大尤为明显,故称"大头瘟",排绿色或灰白色稀粪,污染肛门周围羽毛,有的脱肛,公鸭临死时阴茎脱出,以上症状不一定全部出现,尤其是肿头,虽然最具有特征性,但出现率不高。病鸭大多死亡,少数耐过的明显瘦弱,常有一只眼角膜(黑眼珠前透明膜)浑浊,呈白色云雾状,半盲。

4. 剖检病变

剖检切开可见肿胀的头和颈部皮肤流出淡黄色的透明液体,口腔、食道、泄殖腔黏膜坏死,形成黄绿色假膜。食道膨大部分与腺胃交界处有一条灰黄色坏死带或出血带,肌胃角质膜下层充血、出血。肠黏膜充血、出血,以直肠和十二指肠最为严重。位于小肠上的4个淋巴环出现病变,呈深红色,散在针尖大小的黄色病灶,后期转为深棕色,与黏膜分界明显。肝表面和切面上有大小不等的灰黄色或灰白色的坏死点,少数坏死点中间有小出血点,这种病变具有诊断意义。产蛋母鸭有时因卵泡破裂而引起卵黄性腹膜炎。

5.诊断要点

病鸭头肿大,眼结膜充血、出血、水肿、流泪。两脚发软,拉黄绿色稀粪,呼吸困难。剖检可见皮下组织水肿,呈胶冻样浸润,口腔、食道、泄殖腔黏膜坏死,形成黄绿色假膜。肝脏表面有坏死及出血,坏死灶灰白色,大小、形状不一。肠道黏膜充血、出血、坏死或溃疡,有时可能形成"纽扣状"坏死灶。根据以上特征即可对该病做出初步诊断,如需确诊,须做实验室诊断。实验室可通过病毒分离鉴定和中和试验加以确诊;可用 Dot-ELISA 快速诊断。

6.防控原则及措施

(1)控制传染源,切断传染传播途径,群体消毒,紧急免疫。

(2)严格检疫,杜绝引入传染源,防止从疫区引进种鸭。禁止健康鸭群到疫区放牧。定期进行预防性消毒,应定期对鸭注射鸭瘟弱毒疫苗。

(3)发病鸭立即停止放养,以防疫情扩大,并严禁调出或出售。淘汰的鸭应集中加工,经高温处理制成烧鸭或卤鸭。病鸭和死鸭应予以焚烧或深埋等无害化处理。

(4)隔离病鸭,污染的场地、鸭舍进行紧急消毒,鸭舍内可用百毒杀或过氧乙酸带鸭进行消毒,杀灭空气、鸭体表、网具、地面、墙壁等处的病原体,严禁无关人员串圈,以免扩散传染。

(5)对疫区健康鸭群和尚未发病的假定健康鸭群进行紧急接种。注射疫苗时,尽量要做到一个针头注射一只鸭,用过的针头须煮沸消毒后方可继续使用,严防针头扩散。接种后第二天就获得特异抗病力。接种 7 天后减少死亡或停止死亡。紧急接种的同时加入一些抗生素,如青霉素、链霉素或庆大霉素。青、链霉素用量为每千克体重各加入5 万单位,庆大霉素每千克体重加入 1 万单位。可预防鸭群的应激反应,又可以控制某些细菌性并发症。

每只鸭肌肉注射 0.5～1 毫升抗鸭瘟高免血清,有一定疗效。

用聚肌胞(一种内源性干扰素)治疗。成鸭每只肌肉注射 1 毫升,

3 天一次,连用 2~3 次。

7. 预防

用鸭瘟弱毒疫苗免疫接种是预防本病最有效的方法。雏鸭 20 日龄首免,1~2 羽份/羽,4 月龄二免,2~3 羽份/羽,接种后 4~5 天产生免疫力,以后每半年免疫接种 1 次。

三、鸭病毒性肝炎

鸭病毒性肝炎(DVH)是由鸭肝炎病毒引起的一种急性、高度致死性传染病。患鸭主要表现死前发生痉挛,头向背部后仰,角弓反张,俗称"背脖病"。临床上以具有明显的神经症状和肝脏肿大、表面呈斑点状出血为特征。本病传播迅速,常给养鸭业带来重大的经济损失。

1. 病原

鸭肝炎病毒(duck hepatitis virus,DHV)分为 Ⅰ 型、Ⅱ 型和Ⅲ 型 3 个血清型,三型 DHV 无交叉中和或交叉保护作用。Ⅰ 型 DHV 又称古典型,常发生急性病例,死亡率高达 80%~100%,临床症状及病理变化比较典型。该病毒无囊膜,单股 RNA,病毒颗粒直径为 20~40 纳米,呈二十面体对称,其病毒 RNA 具感染性。耐乙醚、氯仿、30% 甲醇、硫酸铵等处理,抗胰酶,无血凝性。据报道,我国流行的鸭病毒性肝炎病原为 Ⅰ 型 DHV,而且可能存在 Ⅰ 型 DHV 变异株。Ⅱ 型 DHV 仅英国报道发生过该型疾病。Ⅲ 型 DHV 引起的死亡率一般不超过 30%,仅见美国报道。

2. 流行特点

目前认为 Ⅱ 型 DHV 只感染鸭,未发现野生宿主或媒介。Ⅲ 型 DHV 可能只感染雏鸭,病死率不超过 30%。Ⅰ 型 DHV 主要感染 4~6 周龄以下的雏鸭,传播迅速,最急性者可于 24 小时内死亡,成年鸭呈隐性感染,不影响产蛋率,但能长期排毒。DHV 主要通过与病鸭的直接接触传染,也可通过病鸭的粪便、饮食等间接传播,没有证据表明能通过蛋垂直传播。鸭是本病的唯一天然宿主。

3.临床症状

鸭病毒性肝炎是由鸭肝炎病毒引起的致雏鸭高度致死性的急性传染病,其主要特点是危害 3 周龄以内的雏鸭,发病突然,病程短促。鸭肝炎病毒的潜伏期一般为 1～4 天,一般雏鸭发病初期表现为精神萎靡,眼半闭呈昏睡状,羽毛松乱,翅下垂,不能随群走动,缩颈呆立,食欲不振至厌食、绝食;发病 12～24 小时即出现神经症状,病鸭全身性抽搐、运动失调、两脚痉挛反复踢蹬,身体倒向一侧或就地旋转,头向后仰呈角弓反张状,故俗称"背脖病",喙端和爪尖淤血呈暗紫色,少数病鸭死亡前排黄白色和绿色稀粪,数小时后死亡。也有的雏鸭不见任何症状便突然死亡。

4.剖检病变

主要在肝脏,表现为肿大、质地脆弱,色泽暗淡或发黄,表面散布有大小不等的出血点或斑状出血灶。1 周龄以内的病鸭肝脏多为土黄色或暗红色,表面可见条纹状大小不一的出血斑块和出血点。此外,胆囊肿大,充满褐色、淡茶色或淡绿色的胆汁;脾脏有时肿大,呈斑驳状花纹样。肾脏常见肿大和树枝状充血,心肌质软,呈熟肉样。此外,常见部分病例的喉、气管、支气管有轻度卡他性炎症,气管环间轻度出血。脑颅有不同程度的出血,脑实质轻度出血、充血。发病率和死亡率都很高,是目前养鸭业中常见的病毒性疫病之一,对养鸭业的危害极大。

5.诊断要点

临床可见病鸭死亡迅速,食欲减退、废绝,表现扭头,转圈、抽搐,死后常保持角弓反张。剖检可见肝脏变性以及典型的出血性炎症。但是日龄较大的或已进行免疫接种的鸭发生本病的典型症状可能不明显,应进行病毒分离和鉴定。实验室可通过病毒分离鉴定和中和试验、琼脂扩散试验、对流免疫电泳试验及酶联免疫吸附试验进行确诊。

6.防控原则

隔离病鸭,群体消毒,鸭群抗毒消炎,提高免疫力和抗应激力。

具体措施:雏鸭一旦发生病毒性肝炎,应立即进行隔离治疗,群体严格消毒,在饲料中添加矿物质和维生素。此外还应采取以下措施:

（1）紧急接种：采用当地康复鸭的特异性高免血清进行治疗，每只雏鸭肌肉注射 0.5 毫升，保护率可达 90%～100%。

（2）注射鸭病康，每只 1 毫升，连用 3～5 天，首次量加倍。

（3）注射高免蛋黄。取免疫母鸭新产的蛋，无菌操作取出蛋黄，加生理盐水 10 倍稀释搅拌，每毫升加入青、链霉素各 1 000 单位，拌匀即可应用。发病 1～2 天内治疗效果最佳，发病 7 天后治疗效果不好。高免蛋黄的治疗量可根据雏鸭的日龄大小、病程长短而定，方法是每羽在背部皮下注射 1～2 毫升，防治效果较好。

（4）注射灭活疫苗。对病鸭紧急注射灭活疫苗每只 1.1～1.2 毫升，分点肌肉注射。

7. 预防措施

由于本病毒抵抗力较强，在疫区仅靠消毒措施难以保证不发病，对鸭病毒性肝炎病还没有特效药物予以治疗，因此重在预防。

疫苗免疫接种的方法是：①有母源抗体的雏鸭，在 7～10 日龄时肌肉注射鸭病毒性肝炎弱毒疫苗 1 羽份/只；②无母源抗体的雏鸭，在出壳后 1 日龄即肌肉注射鸭病毒性肝炎弱毒疫苗 1 羽份/只或鸭血清及高免卵黄抗体 0.5 毫升/只，10 日龄再注射鸭病毒性肝炎弱毒疫苗 1 羽份/只；③种鸭在开产前 12 周、8 周、4 周分别用鸭病毒性肝炎弱毒疫苗免疫 2～3 次，其母鸭的抗体至少可以保持 7 个月；若在用弱毒疫苗基础免疫后再肌肉注射鸭病毒肝炎灭活疫苗，则能在整个产蛋期内孵出雏鸭母源抗体可维持 2 周左右，并能有效抵抗强毒攻击。

四、雏番鸭细小病毒病

雏番鸭细小病毒病是由番鸭细小病毒引起的雏番鸭一种急性或亚急性败血性传染病。本病主要侵害 35 日龄内的雏鸭，7～20 日龄最易感，故又称雏番鸭"三周"病，病变的主要特征是肠道严重发炎，肠黏膜坏死，脱落，肠管肿胀、出血形成"腊肠粪"，胰腺有针尖大小、灰白色坏死灶。具有传播快和死亡率高的特点。该病可造成雏番鸭大批死亡，即使耐过也成僵鸭。

1.病原

番鸭细小病毒是细小病毒科、细小病毒属,番鸭细小病毒对乙醚、胰蛋白酶、酸和热具有很强的抵抗力,对紫外线辐射敏感。完整病毒粒子无囊膜,呈二十面体对称,直径为 20~25 纳米。本病毒是一种单链 DNA 病毒。本病毒对乙醚、氯仿、胰酶和 pH 3.0 的酸处理有抵抗力,耐热,在 37℃ 的孵化器内,经 1 个月后病毒仍存活。本病毒只能在鹅胚、番鸭胚、莫斯科鸭胚或其制备的原代细胞培养物中增殖,而不能在其他鸭胚或细胞培养物中增殖。国内外分离到的毒株抗原性基本相同,仅有 1 个血清型。

2.流行病学

本病一年四季均有发生。经肌肉、皮下、腹腔、滴鼻和口服接种均可引起发病。随着雏番鸭日龄增长发病率和致死率下降。在自然情况下只在雏番鸭中发病流行,流行期间同地饲养或放牧的雏鸭、雏半番鸭和雏鹅等禽类临诊症状不明显。并且通过人工感染试验也证明,该病毒仅能引起雏番鸭发病死亡,而其他禽类不显临诊症状。病毒经排泄物传播疾病。本病自然感染的死亡率为 30%~80%,最高可达 100%。

3.临床症状

本病的潜伏期一般为 4~9 天,最短 2 天,长者达 16 天,根据病程长短,可分为最急性、急性和亚急性型,与日龄关系极为密切。

最急性型:6 日龄内的病雏多为最急性型。病势凶猛,病程很短,仅数小时,多数病例不表现前驱症状即倒地死亡,临死时两脚呈游泳状,头颈向一侧扭曲,该型占病鸭数的 4%~6%。

急性型:7~21 日龄的病鸭一般为急性型,病鸭主要表明为精神委顿、羽毛蓬松直立,两翅下垂,尾端向下弯曲,两脚无力,懒于走动,不合群,对食物啄而不食,不同程度地拉稀,粪便多为灰白色或淡绿色,喙端发绀,蹼间及脚趾也不同程度地发绀,呼吸困难,后期常蹲伏于地,张口呼吸病程一般 2~4 天,临死前两脚麻痹,倒地抽搐,最后衰竭死亡。

亚急性型:亚急性型往往是由急性型随日龄增大转化而来,主要为精神委顿,喜蹲伏排黄绿色稀便或灰白色稀粪并黏附于肛门周围,亚急性型死亡率随日龄增加而渐减,幸存者多成为僵鸭。

4.病理变化

番鸭细小病毒病病理变化表现:本病的特征性病变在肠道,尤其是空肠和回肠有纤维素性肠炎的特征性病变,外观变得极度膨大,呈淡灰白色,体积比正常增大 2~3 倍,形如香肠状,手触肠段质地坚实,可明显看到肠道被阻塞现象。膨大部分的肠腔内充塞着淡灰色或淡黄的柱子状物,将肠腔全阻塞。胰脏苍白,局部充血,表面有数量不等的针头大灰白色坏死点。脑膜充血,脑组织充血。

5.防治

加强饲养管理,注意保温。

免疫接种:雏番鸭出孵后 1 天内皮下注射雏番鸭细小病毒-小鹅瘟二联弱毒苗,1~2 头份/只。种鸭开产前 1 个月皮下或肌肉注射雏番鸭细小病毒弱毒疫苗 1 毫升,开产前 15 天灭活苗二免。

发生本病后,抗生素治疗无效,可紧急注射效价在 1∶8 以上的高免血清或卵黄抗体 0.5 毫升/只,同时注意控制并发感染,可获得良好效果。

五、雏番鸭的鹅细小病毒感染(小鹅瘟)

雏番鸭的鹅细小病毒病,又称雏番鸭小鹅瘟。鹅细小病毒可以引起雏番鸭发生急性、亚急性、高度接触性传染病。常常与"三周病"混合感染。患病雏番鸭临诊症状是精神沉郁,食欲减少或废绝,严重下痢,排出灰白或黄绿色水样稀粪。有时发生神经症状。病变的主要特征是肠管黏膜发生急性卡他、纤维素性坏死性肠炎。在小肠中段和后段肠腔常形成"腊肠状"的栓子,堵塞肠腔。本病主要侵害 4~20 日龄雏鹅,传染快而死亡率高。

1.病原

小鹅瘟病毒是细小病毒科、细小病毒属,是鸭的二类疫病。1956年由我国学者方定一教授首先发现了该病并分离到病毒。本病毒是一种单链 DNA 病毒,病毒粒子呈圆形或六角形,无囊膜。与一些哺乳动物细小病毒不同,本病毒无血凝活性,与其他细小病毒亦无抗原关系。国内外分离到的毒株抗原性基本相同,仅有一种血清型。初次分离可用鹅胚或番鸭胚,也可用从它们制得的原代细胞培养。本病毒对环境的抵抗力强,65℃加热 30 分钟对滴度无影响,能抵抗 56℃ 3 小时。在 pH 为 3.0 的 37℃溶液中经 1 小时的作用,仍保持感染性。对乙醚等有机溶剂不敏感,在 −8℃冰箱内能存活 10 年以上。

2. 流行病学

本病的自然临诊疾病仅发生于鹅和番鸭的幼雏。雏鹅的易感性随年龄的增长而减弱。1 周龄以内的雏鹅死亡率可达 100%,10 日龄以上者死亡率一般不超过 60%,20 日龄以上的发病率低,而 1 月龄以上则极少发病,成年鸭可带毒排毒而不发病。本病的流行不表现明显的周期性,每年均有发病,但死亡率较低,在 20%～50%。目前世界许多饲养鹅及番鸭的地区都有本病的发生。小鹅瘟主要侵害 5～25 日龄的雏鹅与雏番鸭。它流行广,传播快,危害严重。

3. 临床症状

根据发病情况可分为:最急性型、急性型和亚急性型。

最急性型多见于 1 周龄内的雏番鸭,发病突然,死亡和传播迅速,常见雏鸭出现精神沉郁后数小时内即表现衰弱,倒地两腿划动并迅速死亡,或在昏睡中衰竭死亡。有些病例可见鼻孔有少量浆液性分泌物,死亡雏喙端、爪尖发绀。

急性型多见于 15 日龄左右的雏番鸭,症状典型。表现为精神委顿,食欲减退或废绝,但渴欲增强,不愿活动,出现严重下痢,排灰白色或青绿色稀粪,粪中带有纤维碎片或未消化的饲料等。患病雏番鸭鼻浆液性分泌物增多,时时摇头,口角及鼻孔有分泌物甩出,鼻孔上沾有污秽。呼吸急促,张口呼吸。喙端发绀和脚蹼色泽变暗。1 周内的患病雏番鸭在临死前出现头颈扭转或抽搐等神经症状。病程 2～4 天。

亚急性型多见于 2 周龄以上的患病雏番鸭,症状较轻。以精神沉郁、拉稀,粪中夹有多量气泡和未消化的饲料及纤维素性灰白色絮片、消瘦为主要症状。病程一般为 5～7 天或更长。部分病雏番鸭可以自然康复。

4.病理变化

最急性型：最急性型病例由于死亡很快,除肠道发生急性卡他性炎症外,其他器官一般无明显病变。

急性型：显示全身败血症变化;肝脏积血肿大,质脆易碎,肝细胞颗粒变性;肾略肿大,呈暗红色,肾小球充血肿胀,内皮增生;胰腺肿胀呈淡红色,偶见灰白色小结节;心脏发生急性心力衰竭变化,心肌暗无光泽,呈现特征性苍白;尸体肛门周围黏附稀粪,泄殖腔扩张,口鼻流出稀薄液体,黏膜呈棕褐色;结膜干燥,全身脱水,皮下组织显著充血;脑膜血管充血出血,神经胶质细胞增生。

本病的特征性病变是小肠(空肠和回肠部分)呈急性卡他、纤维素性坏死性肠炎。典型的变化是在小肠中下端整片肠黏膜坏死脱落,与凝固的纤维素性渗出物形成栓塞;肠内容物表面包裹被膜,堵塞肠腔。剖检时见回盲部肠段膨大,质地坚实,2～5 厘米,状如香肠,淡灰或淡黄色的栓塞将肠管全部塞满。肠壁变薄,不形成溃疡。部分肠黏膜表面附着散在的纤维素性凝块而不形成条带或栓塞。此种特征性的栓塞已被认为是小鹅瘟具有的特征性的病变。

5.诊断要点

本病具有仅引起雏番鸭发病的流行特点,严重下痢,排出灰白或黄绿色水样稀粪,有时发生神经症状。出现肠炎症状,小肠出现特征性的急性卡他性－纤维素性坏死性肠炎的病变可作出初步诊断。

本病主要注意与下列疾病相区别:

鸭瘟特征性病变是在食道和泄殖腔出血和形成伪膜或溃疡,必要时以血清学试验相区别。鸭流感、鸭伤寒可通过细菌学检查和敏感药物治疗实证来区别。鸭球虫病通过镜检肠内容物和粪便是否发现球虫卵囊相区别。同时本病应与鸭霍乱、雏鸭副伤寒相区别。鸭霍乱亦能使雏鸭发生大批死亡,但不受日龄限制,死鸭主要为败血变化,肝脏有白色小坏死灶;副伤寒死亡率比本病小,肠道不形成栓塞,作细菌分离即可区别。

6.预防

小鹅瘟主要是通过种蛋和孵化传播的。所以种蛋在入孵前一定要对种蛋和孵化室进行彻底消毒。

种蛋的消毒:种蛋的消毒方法很多,将高锰酸钾配成0.03%的水溶液,置入大盆内,水温39℃左右,将种蛋放入水中浸泡3分钟,洗去表面污渍,取出晾干。

孵化室、孵化器消毒:在上蛋前对孵化室、孵化器进行彻底消毒,也可用药物进行熏蒸。

在养殖场除了要采取常规的卫生防疫措施外,还要利用疫苗、高免血清和卵黄液进行防治。适时对种番鸭免疫,免疫番鸭产蛋所孵出的雏番鸭可预防小鹅瘟。

初生雏番鸭的免疫:种番鸭经过免疫的1日龄雏番鸭每只注射0.5毫升小鹅瘟油乳剂灭活疫苗。种番鸭未经过免疫的2日龄雏鸭皮下注射高免血清。18日龄皮下注射小鹅瘟油乳剂灭活疫苗0.3毫升。

7.防控措施

雏番鸭群一旦确诊发生了小鹅瘟,首先立即要将未出现症状的雏鸭隔离出饲养场地。放在清洁无污染场地饲养,并每只雏鸭皮下注射0.5~0.8毫升高效价抗血清,在血清中应适当加入广谱抗菌素。每只病雏鸭皮下注射1.0毫升高效价抗血清保护率可达80%~90%,治愈率可达50%。

在用血清或卵黄抗体治疗的同时,可在饮水中加入电解多维和抗生素,混匀后让病鸭自由饮用,可提高治愈率,减少应激与继发感染。

六、雏番鸭呼肠孤病毒性坏死性肝炎(花肝病)

雏番鸭呼肠孤病毒性坏死性肝炎,是由番鸭呼肠孤病毒引起的雏番鸭发生的一种烈性、高发病率和高死亡率的传染病。主要临诊症状是食欲废绝、怕冷、脚软和腹泻。病变是肝脏表面和实质有弥漫性、大小不一、灰白色坏死灶,因此也称"花肝病",该病被陈伯伦命名为"雏番鸭呼肠孤病毒性坏死性肝炎",以区别于鸭疱疹病毒坏死性肝炎引起的"花肝病"。

1. 病原

本病的病原为呼肠孤病毒科,正呼肠孤病毒属,鸭呼肠孤病毒。病毒粒子呈球形,无囊膜,为双层衣壳结构,直径为 55～70 纳米,病毒核酸为 RNA;感染细胞出现胞浆内近核包涵体及细胞融合现象;对氯仿处理敏感或轻度敏感,对乙醚处理不敏感;不凝集鸡、鸭、家兔和绵羊红细胞;可在番鸭胚中复制并使其致死。

2. 流行病学

本病发生于 7～45 日龄的雏番鸭,2 周龄内的雏番鸭多发,发病率和死亡率与日龄有密切的关系,差异很大,发病率为 10%～70%。日龄越小,发病率越高,死亡率为 2%～60%,如有细菌性并发感染,死亡率更高。一般多表现为运动失调、跛行等症状。病毒可水平传播和垂直传播。本病的发生无明显的季节性。病程一般为 2～6 天。

3. 临床病变

生长受阻是本病特征。患鸭精神委顿,食欲大减或废绝,羽毛杂乱无光泽,体弱,消瘦,行动缓慢或跛行,喜欢扎堆,腹泻,排出白色或淡绿色带有黏液的稀粪,出现脱水现象。一侧或两侧跗关节或跖关节肿胀。耐过鸭生长发育受阻。

4. 病理变化

患鸭肝脏有散在性或弥漫性大小不一的紫红色或鲜红色出血斑和散在性或弥漫性大小不一的淡黄色或灰黄色坏死斑,小如针头大,大如绿豆大。脾脏稍肿大,质地较硬,并有大小不一的坏死灶。胰腺肿大,出血,并有散在性坏死灶。肾脏肿大,充血,出血,有弥漫性针头大的灰白色坏死灶。心内膜有出血点。肠道黏膜和肌胃肌层有鲜红出血斑。胆囊肿大,充满胆汁。脑壳严重充血,脑组织充血。肺充血。肿胀的关节腔内有纤维蛋白渗出液。有的病例腓肠肌腱区有出血。显微病理变化:弥漫性、出血性、坏死性肝炎;脾脏广泛出血、坏死;胰腺实质多发性灶状坏死;肾脏实质严重浊肿;肠道黏膜卡他性炎症;心肌浊肿及心内膜炎;肺充血、局灶性出血、坏死;轻微脑炎,脑神经细胞变性、坏死。

5. 诊断要点

鸭呼肠孤病毒是引起鸭特征性运动失调、跛行和体重下降的唯一病原,有此病的鸭群可引起继发感染,增加死亡率。

6. 防治

因此,种鸭防疫应在产蛋前 10 天左右应用油乳剂灭活苗进行免疫,免疫后 10 天已产生较高抗体,一方面可消除垂直传播的危险,另一方面使其子代具有较高滴度的母源抗体,可免受早期感染。雏鸭防疫:通过种番鸭免疫的雏鸭,在 10 日龄左右用油乳剂灭活苗或灭活苗进行免疫。未免疫种番鸭的雏鸭,在 7 日龄以内用油乳剂灭活苗或灭活苗进行免疫。

本病流行地区的雏番鸭,在出壳之后 1～2 天,先用本病的高免蛋黄液皮下注射 0.5～1 毫升/只,隔 1 周再注射灭活苗或弱毒苗,对出现临床症状的患病雏鸭可用高免血清进行治疗。

紧急防疫:应用高免疫抗血清进行紧急注射,同时也可注射灭活苗或数天后注射灭活苗。

七、鸭疱疹病毒性坏死性肝炎（白点病）

1. 病原

鸭疱疹病毒性坏死性肝炎是鸭疱疹病毒Ⅲ型引起的该病毒粒子呈球形或卵圆形,有囊膜,大小为 80～230 纳米。可使鸭胚和 SPF 鸡胚致死。该病毒不凝集鸡、鸭和绵羊的红细胞。该病毒的核酸为双股 DNA。

2. 流行病学

番鸭、半番鸭和麻鸭均易感染发病和死亡。番鸭最易感。多发生于 8～90 日龄鸭,番鸭 10～32 日龄多发;半番鸭多发生于 50～75 日龄,麻鸭多在产蛋前后发病。本病引起鸭只的发病率和死亡率的高低,与鸭的品种和鸭只的日龄有关,日龄愈小,其发病率和死亡率愈高。8~25日龄雏番鸭的发病率可高达100%,死亡率达95%以上;50日龄以上番鸭,发病率80%~100%,死亡率60%~90%;麻鸭发病率低,死亡率也较低,主要表现为产蛋下降。本病的发生无明显的季节性,一年四季均可发生。

3.临床病变

患病鸭精神委顿,绒毛无光泽,全身乏力,不愿活动。脚软,常蹲伏。患鸭食欲减少以至废食。腹泻严重,排出白色或绿色稀粪,肛门周围的羽毛被大量稀粪玷污。患鸭常出现神经症状,无规则地摇摆头部,有的病例扭颈或转圈。

4.病理变化

肝肿大、质脆,表面及切面可见大量大小不等、灰白色坏灶。脾脏肿大,表面和切面均可见灰白色坏死灶。胰腺肿大,在其表面可见数量不等的白色坏死灶。膜表面可见白色坏死灶,肠腔内充满大量黏液。肠管可见有出血点或有出血环。

5.诊断要点

鸭疱疹病毒性坏死性肝炎是鸭疱疹病毒Ⅲ型引起鸭发生烈性、高度发病率和高死亡率的传染病。其临诊症状表现为软脚、摇头、精神沉郁或出现扭颈或转圈等神经症状。特征性的病变是患病鸭的肝脏出现数量不等的灰白色坏死病灶,故称为"白点病"。

6.防治

种鸭的免疫:在产蛋前2周用油乳剂灭活苗进行免疫,在免疫后2~4个月再加强免疫。雏鸭的免疫:若是母鸭的免疫后代,可在2周时用组织灭活苗或弱毒疫苗进行免疫;若是未经免疫的种鸭后代,可在4日龄前用组织灭活苗或弱毒疫苗免疫一次。若是留种的后备鸭,应按种鸭的免疫程序进行免疫。

在疫病广泛流行、发病严重的地区,1日龄的雏鸭可先注射本病的高免蛋黄液,于7~10日龄再注射油乳剂灭活苗。

八、鸭疱疹病毒性出血症（鸭出血症）

鸭疱疹病毒性出血症是由鸭疱疹病毒Ⅱ型引起鸭的一种传染病。其主要的临诊特征是患鸭双翅毛管、上喙端及爪尖足蹼出血呈紫黑色，俗称"黑羽病"、鸭"乌管病"或鸭"紫喙黑足病"。病理变化以双翅羽毛管内出血及组织脏器出血或淤血为特征，故又称"鸭出血症"。

1. 病原

该病是由鸭疱疹病毒Ⅱ型引起的，本病毒不耐酸、不耐碱、不耐热，对氯仿处理敏感，核酸类型为双股DNA的有囊膜病毒，直径为80～150纳米。不凝集鸭、鸡、鹅、家兔、小鼠、豚鼠、猪、绵羊的红细胞。

2. 流行病学

本病毒可感染番鸭、半番鸭等，均可发病，并出现死亡。但以番鸭易感性最高。本病多发于10～55日龄的鸭群。其他日龄段的鸭只也有发病。发病率和死亡率与发病鸭的日龄有着密切的关系。在35日龄以内的患鸭，日龄越小，发病率与死亡率越高，可达80%。本病的发生无明显的季节性，多发散发。

3. 临床病变

患鸭双翅羽毛管内出血或淤血。外观呈紫黑色，出血变黑的羽毛易脱落、断裂，紫黑色的羽毛管剪断后有血液流出。患鸭的上喙端、爪尖、足蹼末梢周边发绀，呈紫黑色。并从口腔鼻孔中流出黄色液体。患鸭食欲减退或正常，精神沉郁，低头或扭颈，排白色、绿色稀粪，死亡鸭只呈"角弓反张"。

4. 病理变化

特征病变是组织脏器出血或淤血。患鸭死后肝脏稍肿大、淤血或在被膜表面出现网状、树枝样出血。有些病例在肝脏表面可见到少量的白色坏死点。肠管充血、出血。有些病例在小肠段的黏膜可呈现环形状出血带。胰腺出现出血点或出血斑，有的可见到整个胰腺呈现红色。脾脏表面有出血斑点或细条状出血,多数呈花斑样。

5.防治

对种鸭的免疫,在7～10日龄注射弱毒疫苗,每只肌肉注射0.2～0.5毫升。在产蛋前10～12天,于颈部下1/3处背部中皮下或在腿内侧下再用本病毒的灭活疫苗进行二免,每只0.5～1毫升。

当鸭群发生本病时,应及时注射鸭疱疹病毒出血症高免蛋黄抗体,每只1.5～3.0毫升。在饲料中加入多种维生素,特别是维生素K_3,每千克饲料用5毫克,连用7天。饲料中添加益生素。

九、鸭病毒性肿头出血症

鸭病毒性肿头出血症是由呼肠孤病毒引起鸭发生急性、败血性的传染病。临诊症状是以鸭头部肿胀、流泪、眼结膜充血出血、体温升高、排草绿色稀粪等为特征,病变特征是全身皮肤、消化器官和气管黏膜出血。

1.病原

该病毒呈球形或椭圆形,无囊膜,核酸类型为RNA,直径约80纳米。不凝集鸡、鸭、鹅、鸽及猪的红细胞。在pH 4.0～8.0时稳定,对氯仿有抵抗力。能在鸭胚原代成纤维细胞上复制。

2.流行病学

这种鸭病主要流行于秋冬季节,春季也发生,夏天发生较少,冬季为发病高峰时期。不分鸭品种、年龄、性别均可感染发病。初次发病的鸭场和地区,呈急性暴发,发病率和死亡率常常达100%。鸭群中突然出现少数病鸭,两三天后出现大量病鸭和死亡,四五天死亡达到高峰,病程一般为4～6天,再次或反复发生的地区和鸭场,发病率为50%～90%,死亡率为40%～80%。发病日龄最早的为3日龄小鸭,500日龄的成鸭仍然有发病的。自然感染鸭病毒性肿头出血症的鸭潜伏期为4～6天。

3.临床病变

病鸭初期精神委顿,不愿活动,随着病程发展,患鸭卧地不起,被毛凌乱无光并沾满污物,不食却大量饮水,腹泻,排出草绿色稀便,呼吸困难,眼睑充血出血并严重肿胀,眼鼻流出浆液性或血性分泌物,所有病鸭头明显肿胀,体温升高至43℃以上,后期体温下降,迅速死亡。

4.病理变化

头肿大,眼睑肿胀充血出血,头部皮下充满淡黄色透明浆液性渗出液,全身皮肤广泛出血,眼睑肿胀、充血、出血,流泪,眼周羽毛被分泌物污染,眼睑早期充血,后期坏死呈乌红色。消化道和呼吸道出血,食管与腺胃交界处黏膜有深红色的出血环。肝脏肿大质脆呈土黄色并伴有出血斑点,脾脏肿大,心脏外膜和心冠脂肪有少量出血斑点,肺出血、肾肿大出血,肠浆膜面和其他浆膜有出血点,产蛋鸭卵巢严重充血出血。心脏内膜及心肌层中有出血灶,坏死。肝脏后期局灶性坏死,脾出血,肺毛细血管充血,十二指肠黏膜上皮脱落。

5.防治

坚持自繁自养,不到鸭病疫区去引进种鸭、苗鸭、商品鸭和种蛋。实行舍养或圈养结合,严格控制鸭与外界野鸭接触,减少疫源传播机会;谢绝外人对鸭场参观访问,饲养员进入鸭舍必须彻底消毒,更换衣服,才能进入鸭舍;定期对鸭舍、场地、用具进行消毒,对鸭场出现的病死鸭及时作焚烧或深埋处理,消灭蚊蝇老鼠,做好清洁卫生,减少病原微生物孳生繁殖。做好鸭的保健和常规疫苗的免疫,养鸭常规需要免疫的疫苗如小鸭病毒性肝炎、鸭瘟、鸭流感等疫苗必须按程序免疫到位。一旦鸭场出现肿头、流泪、死亡的现象,要引起高度重视,尽快确诊,同时,要对患病鸭群进行隔离、封存,严禁继续放牧和人员往来,以防疫病扩散;对受疫点威胁的健康鸭群,可采集典型病死鸭的肝、脾等脏器,做成灭活疫苗,进行免疫,有较好的预防效果。

十、鸭副黏病毒病

副黏病毒病又名类新城疫,由禽副黏病毒Ⅰ型引起的鸭具有较高发病率和死亡率的高度接触性传染病,是一种以急性水样腹泻、两脚无力或瘫痪呼吸困难、母鸭产蛋下降为特征的急性传染病。部分病鸭有扭颈、仰头或转圈等神经症状。主要病变是患鸭、肝及消化管和呼吸系统器官黏膜充血、出血、坏死、溃疡或呈现弥漫性点状出血。

1. 病原

该病毒宿主谱广,对不同宿主的致病性差异较大。禽副黏病毒有9个血清型。其中禽副黏病毒Ⅰ型是禽类重要的病原体。副黏病毒在分类上同鸡新城疫病毒,都属于副黏病毒科。

2. 流行病学

鸭副黏病毒病的发生、流行无明显的季节性,四季都能发生。不同品种的鸭均有易感性,鸭只发病的日龄为8~70日龄。发病率20%~60%。死亡率为25%,个别鸭群可高达90%。鸭副黏病毒也可通过鸭蛋传播。

3. 临床病变

该病发病急、病程短、死亡率高。病鸭精神沉郁,闭目缩颈,体温高达42℃,弓背,怕冷扎堆。食欲减少或废绝,但饮水量增加。病情加重后粪便呈水样,粪便绿色、灰白色或黄绿色稀薄粪便。病鸭迅速消瘦,体重明显减轻。多数病鸭脚软无力。后期病鸭极度衰弱,浑身打颤,眼睛流泪,眼眶及周围羽毛被泪水湿润,有时鼻孔流出清水样液体,部分幸存的病鸭有扭颈、仰头或转圈等神经症状。病程2~6天。最后以极度衰竭而告终。

4. 病理变化

主要病变是消化器官和呼吸器官的黏膜充血、出血、坏死溃疡或弥漫性点状出血,其中以胰腺的被膜和气管环、十二指肠及泄殖腔黏膜的出血为明显。腺胃乳头偶见有出血斑点。胰腺表面出血或少量白色或灰白色的坏死点。盲肠扁桃体出血,严重的可见黏膜溃疡、坏死。脾脏肿大,心肌出血,肝脏肿大呈土黄色。

5.防治

防控原则:控制传染源,切断传播途径,正确进行饲养管理,定期预防接种,发现本病要采取紧急防控措施。

患病鸭的分泌物,咳嗽及打喷嚏的飞沫和排泄物及羽毛,被病鸭唾液、鼻涕、眼泪、粪便污染的饲料、垫料、饮水、用具和孵化器等都是本病重要传染来源。本病主要通过消化道和呼吸道感染。当易感鸭吸入空气中的病毒或吃到饲料、饮水中的病毒之后就能发生感染。因此,康复鸭应隔离2周后才能入舍,否则也将成为传染源。

鸡副黏病毒(新城疫病毒)对鸭也有高致病性。因此,鸡流行发生的新城疫对鸭群有极大的威胁。因此,鸡、鸭不能混养。此外由于鸭饲养习惯,鸭饲养一般都在河边、塘边等有水地方。鸭群饲养的水环境容易被污染,水源是本病重要传染来源。鸭群到有本病流行发生的草地水塘放牧,也极易感染,引起流行。

紧急防控措施:当饲养鸭群的周围已出现鸭副黏病毒病的流行发生时,健康鸭群除采取消毒、封锁等措施外,对鸭群应立即注射灭活苗。

十一、鸭传染性法氏囊

鸭传染性法氏囊病是由病毒引起的一种急性高度接触性传染性疾病。由于发生本病造成免疫抑制,因此常诱发其他疫病。该病发病率高,死亡快。病变主要以法氏囊肿大、出血、腿肌出血及肾脏受损害为特征。

1.病原

本病病原为传染性法氏囊病毒。该病毒粒子呈六边形、无囊膜,病毒粒子呈晶格排列,直径60纳米。该病毒耐酸、耐热,对胰蛋白酶、氯仿、乙醚脂溶剂均有抵抗力。一般的消毒剂对其效果较差,较好消毒剂为甲醛、碘制剂和氯制剂。

2. 流行病学

传染性法氏囊病原发生于鸡、鹅、鸭。其主要发生于 7~35 日龄的雏鸭,通常是与鸡群频繁接触的鸭群。本病发病急剧,传播迅速,发病率可高达 80%~100%,死亡率可达 20%~60%。

3. 临床病变

雏鸭发病急、潜伏期短,多在症状出现后 1 天内死亡。鸭群一有病鸭出现,2~3 天内为死亡高峰。病鸭表现为精神、食欲减少,怕冷聚堆,不愿活动,全身不时震颤,强迫行走摇晃不稳,排白色水样稀便,便中混有多量的白色尿酸盐,肛门红肿,周围被粪便污染。后期病雏严重脱水、消瘦、排绿色黏性含有泡沫的稀便,体温下降,最后衰竭死亡。

4. 病理变化

可见尸体严重脱水、胸肌、腿肌呈多处点状或条纹状出血;腹腔积有大量半透明淡黄色液体;腺胃与肌胃交界处有出血带,腺胃乳头肿胀,法氏囊肿大 2~3 倍,浆膜水肿,呈灰白色胶冻样,有大量小出血点或大的出血斑,并附有黏性黄色分泌物或黄色干酪样栓塞物,严重的病例,法氏囊浆、黏膜大面积出血,呈紫黑色或紫红色;肝肿大呈紫红色;脾略肿;肾肿大,表面可见出血点,有尿酸盐沉积;盲肠扁桃体有出血灶。

5. 防治

预防:由于发病的鸭群通常是与鸡群频繁接触的鸭群。因此平时应避免鸭与鸡接触。传染性法氏囊病的防治主要靠执行综合防疫措施。一方面要注意搞好鸭舍的卫生和饲养管理,提供全价饲料;另一方面要针对现在流行的传染性法氏囊病的情况另行作出决定。其中选择疫苗适时接种尤为重要。目前还没有鸭的传染性法氏囊病弱毒疫苗,可使用鸡的疫苗。

治疗:发病后应采取隔离消毒等综合防治措施,同时用鸡传染性法氏囊病卵黄抗体或高免血清对鸭群紧急注射,无论发病与未发病,每只鸭肌肉均注射 2 毫升。但须注意,本病有多个血清型,还有变异株和毒力超强株,有可能使血清或卵黄抗体治疗作用下降,因此,配合使用药物治疗效果更佳。

第四节 健康养殖鸭的细菌病

一、鸭大肠杆菌病

鸭大肠杆菌病也称鸭大肠杆菌败血症,是由某些致病大肠杆菌或条件致病性菌株引起的鸭不同疾病的总称,该病的特征性病型主要包括大肠杆菌性肉芽肿、腹膜炎、输卵管炎、脐炎、滑膜炎、气囊炎、眼炎、卵黄性腹膜炎等。该病对养鸭业危害严重,是鸭细菌病中首要的疫病。

1. 病原学

大肠杆菌是肠杆菌科中的一个典型菌属,为革兰氏阴性菌,非抗酸性,染色均匀,不形成芽孢,有鞭毛,有的菌株可形成荚膜。大肠杆菌抗原结构复杂,由菌体抗原、鞭毛抗原和荚膜抗原3部分组成。

2. 流行病学

鸭大肠杆菌性败血症可发生于整个生长季节,但以深秋和冬季最为常见,任何年龄的鸭都易感。以2~6周龄雏鸭多发,成年鸭和种鸭主要为零星发病死亡,商品肉鸭病死率可达50%左右。病鸭和带菌鸭是本病的主要传染源,感染途径主要是呼吸道和消化道,还可通过伤口、生殖道、种蛋表面污染途径传播。

3. 临床症状

(1)大肠杆菌性胚胎病与脐炎:感染胚胎在出壳前后死亡。出壳后1周龄左右死亡者,卵黄吸收不良。新出壳的雏鸭发病后,体质较弱,闭眼缩颈,腹围较大,常有下痢,因败血症死亡。

(2)大肠杆菌性败血症:多发生于中小鸭,病鸭症状为沉郁,厌食,严重下痢,粪便稀薄呈黄绿色,机体迅速脱水,双脚干瘪,消瘦,衰竭,死亡。较大的雏鸭发病后,精神委靡,食欲减退,缩颈嗜眠,两眼和鼻孔处常附黏性分泌物,有的病鸭排出灰绿色稀便,呼吸困难,常因败血症或体质衰竭、脱水死亡。

(3)大肠杆菌性生殖器官病:发生于产蛋期母鸭,主要症状是病鸭精神委顿,废食,下痢,肛门周围羽毛上沾着混有卵清或卵黄的恶臭稀粪。发病后期病鸭的腹部膨大、下垂,逐步衰竭。鸭群中病鸭的死亡一般呈零星发生,病群产蛋率和种蛋孵化率明显下降。

(4)其他病型:包括眼炎型、脑型(神经型)、关节型、肉芽肿病型、气囊病等病型。眼炎型主要表现为病鸭眼前房积液、混浊,结膜炎,失明等;脑型主要表现为病鸭嗜睡,歪头、扭颈、共济失调等神经症状(多见于成鸭)额骨内骨板骨质炎、脑膜脑炎等;关节型病鸭表现为运动障碍,关节肿胀,跛行等;肉芽肿型多见于成鸭,病鸭消瘦,衰弱,经过较长的病程后死亡。

4. 病理变化

本病主要以败血症剖检变化为特征。患鸭肝脏肿大,呈青铜色或胆汁状的铜绿色。脾脏肿大,呈紫黑色斑纹状。卵巢出血,肺有淤血或水肿。全身浆膜呈急性渗出性炎症,心包膜、肝被膜和气囊壁表面附有黄白色纤维素性渗出物。腹膜有渗出性炎症,腹水为淡黄色。有些病例卵黄破裂,腹腔内混有卵黄物质。肠道黏膜呈卡他性或坏死性炎症。有些雏鸭卵黄吸收不全,有脐炎等病理变化。

5. 鉴别诊断

本病应与多种疫病进行鉴别诊断。大肠杆菌病、鸭霍乱、支原体病和副伤寒均能引起的心包炎和肝周炎变化;大肠杆菌与滑液囊支原体、葡萄球菌、沙门氏菌和关节炎病毒都能引起关节炎的发生;大肠杆菌、变形杆菌、沙门氏菌、葡萄球菌、肠链球菌和梭状芽孢杆菌都可引起雏鸭的卵黄囊感染。同时,大肠杆菌在多数情况下与其他疾病并发或继发,使症状和病变更加趋于多样化和复杂化,因此,必须对大肠杆菌病进行鉴别诊断。用实验室病原检验方法,排除其他病原感染(病毒、细菌、支原体等),经鉴定为致病性血清型大肠杆菌,方可认为是原发性大肠杆菌病。

6.预防与治疗

(1)改善饲养管理:主要是搞好环境卫生,加强鸭群饲养管理。特别要注意下列方面:检查水源是否被大肠杆菌污染,如有则应彻底更换;注意育雏期保温及饲养密度,改善通风,降低灰尘,勤于除粪;鸭舍、孵化器及用具经常清洁和消毒;种鸭场应及时集蛋。平时可使用抗生素类药物进行预防,尽力防止寄生虫等病的发生。

(2)药物预防:本病可以选择敏感药物,在发病日龄前1~2天进行预防性投用抗菌药物,具有一定的预防效果,但是由于大肠杆菌容易产生耐药性,所以对于抗菌药物的选择是值得注意的环节。大肠杆菌一般对常用药物,如抗生素类、喹诺酮类药物均较敏感,但近年来这些药物的广泛使用,特别是抗菌药物的滥用,产生了大量的耐药性菌株。因此在治疗该病时,最好先分离大肠杆菌进行药敏试验,然后确定治疗用药,或者选用过去很少或不曾使用过的药物进行全群治疗,且要注意选择多种敏感药物交替用药,以保证不易产生耐药菌株。早期投药可有效控制早期感染的病鸭,促进痊愈,同时可防止新发病例的出现。

(3)免疫接种:近年来国内外采用大肠杆菌多价氢氧化铝苗、蜂胶苗和油佐剂苗预防该病,取得了较好的效果。由于大肠杆菌的血清型较多,最好是用自发病鸭分离的大肠杆菌株制备多价疫苗进行免疫,可有效地控制本地该病的发生。

二、鸭疫里默氏杆菌

鸭疫里默氏杆菌又称新鸭病和传染性浆膜炎,是感染家鸭、鹅及其他家禽的一种接触传染性疾病,鸭的鸭疫里默氏杆菌感染曾被称为鸭渗出性败血症。该病主要侵害2~8周龄的小鸭,呈急性或慢性败血症,其特征是纤维素性心包炎、肝周炎、气囊炎、干酪性输卵管炎和脑膜炎。

1.病原学

鸭疫里默氏杆菌是革兰氏阴性菌,为无鞭毛、不运动、不形成芽孢的小杆菌。瑞氏染色可见大多数菌体呈两极着染,姬姆萨染色,可见有菌体荚膜。本菌对常用抗生素都较敏感,对庆大霉素有一定抗性。

2.流行病学

本病最易感的是鸭,不同品种的雏鸭均有自然感染发病的报道;其次是鹅和火鸡,也可引起鹌鹑、野鸭、雉、天鹅、鹧鸪和鸡感染发病。2～7周龄的鸭高度易感,10周龄时仍能出现感染发病,种鸭及成年蛋鸭不易感染。日龄较小的鸭群发病率及死亡率明显高于日龄较大的鸭群,1日龄雏鸭感染死亡率可达90%以上。低温、阴雨、潮湿冬季和春季为该病的多发季节。

3.临床症状

临床症状:病程可分为最急性型、急性型、亚急性型和慢性型。大部分鸭场以急性型病例为主。

最急性型病例通常看不到任何明显症状即突然死亡。急性型多见于2～3周龄的幼鸭,病程一般为1～3天。患鸭主要表现为精神沉郁、厌食、离群、不愿走动或行动迟缓,甚至伏卧不起、垂翅、衰弱、昏睡、咳嗽、打喷嚏,眼鼻分泌物增多,眼有浆液性、黏液性或脓性分泌物,常使眼眶周围的羽毛粘连,甚至脱落。鼻内流出浆液性或黏液性分泌物,分泌物凝结后堵塞鼻孔,使患鸭表现呼吸困难,少数病例可见鼻窦明显扩张,部分患鸭缩颈或以口抵地,濒死期神经症状明显,如头颈震颤、摇头或点头,呈角弓反张,尾部摇摆,抽搐而死。也有部分患鸭临死前表现阵发性痉挛。呈亚急性型或慢性型发生在日龄稍大的幼鸭(4～7周龄),病程可达1周以上。主要表现为精神沉郁、厌食、腿软弱无力、不愿走动、伏卧或呈犬坐姿势,共济失调、痉挛性点头或头左右摇摆,难以维持躯体平衡,部分病例头颈歪斜,当遇到惊扰时呈转圈运动或倒退,有些患鸭跛行。发病后未死的鸭往往发育不良,生长迟缓,损失严重。

4.病理变化

本病主要特征是浆膜出现广泛性的纤维素性渗出,故称之为传染性浆膜炎。最常见的渗出部位为心包膜、气囊、肝脏表面、脑膜,甚者发生于全身的浆膜面。急性病例的心包液明显增多,其中可见数量不等的白色絮状的纤维素性渗出物,心包膜增厚,心包膜常可见一层灰白色或灰黄色的纤维素渗出物。病程稍长的病例,心包液相对减少,而纤维素性渗出物凝结增多,使心外膜与心包膜粘连,难以剥离。气囊混浊增厚,有纤维素性渗出物附着,呈絮状或斑块状,颈、胸气囊最为明显。肝脏表面覆盖着一层灰白色或灰黄色的纤维素性膜,厚薄不均,易剥离。肝肿大,质脆,呈土黄色或棕红色或鲜红色。胆囊往往肿大,充盈着浓厚的胆汁。有神经症状的病例,可见脑膜充血、水肿、增厚,也可见有纤维素性渗出物附着。有些慢性病例常出现单侧或两侧跗关节肿大,关节液增多。少数患鸭可见有干酪性输卵管炎,输卵管明显膨大增粗,其中充满大量的干酪样物质。脾脏肿大,表面可见有纤维素性渗出物附着。肠黏膜出血,主要见于十二指肠、空肠或直肠。鼻窦肿大的病例,将鼻窦刺破并挤压,可见有大量恶臭的干酪样物质蓄积。病程稍长的患病雏鸭皮下充血、出血、胶样浸润。胸壁和腹部气囊含有黄白色的干酪样渗出物,有些病例肝脏表面有散在性的针头大小的灰白色坏死点。

5. 鉴别诊断

本病极易与大肠杆菌和鸭霍乱混合感染,要注意鉴别:鸭疫里默氏杆菌不能分解葡萄糖和甘露醇,产酸产气而大肠杆菌和巴氏杆菌能;大肠杆菌临诊症状不出现头颈震颤、歪颈等神经症状,而且肝脏表面形成的纤维性渗出物比较厚,这是二者主要区别;鸭霍乱病程短,死亡快,病理变化见心冠沟脂肪有出血点,肝脏表面可见到灰白色、针尖大、边缘整齐的坏死点。本病的确诊需要借助实验室诊断。取脑、肝、脾组织触片或心血、心包液涂片,进行革兰氏或瑞氏染色,观察细菌形态。同时取病料进行病原的厌氧分离培养,观察其培养特性。脑和心血中最易分离出病原菌,疾病急性期的鼻腔分泌物中亦可分离到病原菌。经过分离培养并结合生化反应特性,基本可以确诊。为了确定分离菌致病性可将分离菌进行回归试验,接种健康雏鸭从发病死亡的雏鸭体内分离到本菌即可确诊。

6. 预防与治疗

一旦鸭群发生本病,及时采取药物防治,可以有效地控制疫病的发生和发展,多种抗生素对本菌敏感,但临床用药需结合药敏试验结果筛选高敏药物,并且要注意交替用药,防治产生耐药性。有效地控制该病的流行关键在于预防,包括一般性预防措施和疫苗预防。

(1)一般性预防措施:减少各种应激因素,由于该病的发生和流行与应激因素有密切相关,因此在将雏鸭转舍、舍内迁至舍外以及下塘饲养时,应特别注意气候和温度的变化,减少运输和驱赶等应激因素对鸭群的影响。注意环境卫生,及时清除粪便,鸭群的饲养密度不能过高,注意鸭舍的通风及温湿度。

(2)疫苗的预防接种:鸭疫里默氏杆菌疫苗有油乳剂灭活苗、铝胶灭活苗以及弱毒活菌苗。由于本菌不同血清型菌株的免疫原性不同,因此,在应用疫苗时,要经常分离鉴定本场流行菌株的血清型,选用同型菌株的疫苗,或多价抗原组成的多价灭活苗,以确保免疫效果。一般免疫程序:10日龄左右首次免疫,在首免后2～3周进行第二次免疫。首免用蜂胶佐剂苗,二免用蜂胶佐剂苗或油乳剂灭活苗免疫。

由于不同血清型以及同型的不同菌株对抗菌药物的敏感性差异较大,故对该病有效的治疗必须建立在药敏试验基础上。根据不同地区分离株作药敏试验的结果,选用相应的药物治疗才可取得较理想的效果。对于发病的鸭场,待该批鸭群出栏上市后,对鸭舍、场地及各种用具进行彻底、严格的清洗和消毒。至少空舍2～4周后再接新雏。

三、巴氏杆菌病

巴氏杆菌病是由多杀性巴氏杆菌引起,鸭感染该病常表现为败血症,本病呈世界性分布,发病率和死亡率都很高,给养鸭业造成严重的经济损失。

1.病原学

本病病原为鸭多杀性巴氏杆菌,革兰氏染色阴性,卵圆形短杆菌,单个或成对存在。无鞭毛,不形成芽孢。对各种消毒药的抵抗力不强,5%～10%生石灰、1%漂白粉溶液、1%～2%烧碱、3%～5%石炭酸、

3％来苏儿、0.1％过氧乙醇、70％酒精、1～5 毫克/千克的二氯异氰尿酸钠等,均可在数分钟将其杀死。多杀性巴氏杆菌通常经过禽类的眼部和上呼吸道黏膜侵入宿主组织,也可通过眼结膜或者皮肤伤口侵入。

2.流行病学

各种鸭对多杀性巴氏杆菌具有较高的易感性,鸭最易感,鹅的感受性次之。鸭群常大批流行发病,有些地区却以散发性为主,也有呈地方性流行。各种日龄的鸭只均可感染发病,肥胖和产蛋多的母鸭发病后死亡率较高。总体成年鸭发病较幼鸭多。主要由污染的羽毛、饲料、笼具、饮水和环境通过消化道而传染,还可通过呼吸道、皮肤黏膜及其伤口等传染。吸血昆虫、苍蝇、猫等也可能成为传播媒介。本病的发生没有明显的季节性,但以冷热交替、闷热、潮湿、多雨的时期较为多见。

3.临床症状

发病依病程一般可分为最急性、急性和慢性 3 种类型。

最急性型:常发生于该病的流行初期,特别是成年产蛋鸭(肥胖鸭和高产鸭)易发生。最大特点是不见任何临床症状突然死亡。

急性型:此型在流行过程中占较大比例。病鸭表现精神沉郁、呆立、缩颈闭眼或头藏翅下,羽毛松乱,口中流浆液性或黏性液体,病鸭常摇头,想把积蓄在喉部的黏液排出来,所以又称"摇头瘟"。有的病鸭两脚发生瘫痪,不能行走,一般于发病后 1～3 天死亡。病程稍长者可见局部关节肿胀,跛行或完全不能行走,雏鸭可呈现多发性关节炎,主要表现为一侧或两侧的跗、腕以及肩关节发生肿胀发热和疼痛。脚麻痹,起立和行动困难。食欲和体温正常,但雏鸭瘦弱发育迟缓。

慢性型:在流行后期或本病常发地区可以见到。多由急性病例转为慢性。病鸭精神、食欲时好时坏,有时见有下痢。病变常局限于某一部位,有的有结膜炎或鼻窦肿胀、鼻流黏液且有特殊臭味,如病菌侵入关节引起腿部关节或趾关节肿胀和化脓、跛行。慢性病鸭、鹅可拖延几个星期才死亡,或成为带菌者,因此必须严格处理。

4.病理变化

最急性死亡病例剖检看不到明显的病变,或仅在个别脏器有病变,但不典型,有时可见肝脏有少量针尖大、灰白色、边缘整齐的坏死病灶。

急性病例可见腹膜、皮下组织和腹部脂肪常见小点出血;胸腔、腹腔、气囊和肠浆膜上常见纤维素性或干酪样灰白色的渗出物;肠道呈典型的卡他性出血性肠炎病变。小肠前段尤以十二指肠呈急性卡他性炎症或急性出血性卡他性炎症,肠内容物中含有血液,后段肠道变化不十分明显。肝脏的变化具有特征性,肿大,色泽变淡,质地稍变硬,被膜下和肝实质中弥漫性散布有许多灰白色、针尖大小的坏死点。心外膜上有程度不等的出血点或血斑,心冠状沟脂肪上出血点尤为明显。心包炎,心包内积有多量淡黄色液体,偶尔有纤维素凝块。肺充血,表面有出血点。

慢性型病例因病原菌侵袭器官不同而有所差异。少数病例可见鼻窦肿大,鼻腔分泌物增多,分泌物有特殊臭味。有的病鸭出现长期拉稀。慢性病例的产蛋鸭可见卵巢出血,卵黄破裂,腹腔内脏表面附着卵黄样物质。呈多发性关节炎的雏鸭,主要可见关节面粗糙,附着黄色的干酪样物质或红色肉芽组织。关节囊增厚,内含有红色浆液或灰黄色、混浊的黏稠液体。

5.鉴别诊断

该病的临床诊断,应注意与鸭瘟、鸭浆膜炎、副伤寒和大肠杆菌病等相区别。鸭瘟的特征病变为肝脏的坏死灶大小不一,边缘不整齐,中间有红色出血点或出血环,而巴氏杆菌没有。鸭浆膜炎和大肠杆菌病都有肝周炎、心包炎和气囊炎,而巴氏杆菌没有。鸭副伤寒肝脏多呈古铜色盲肠肿大,盲肠腔有土黄色干酪样柱状物。我们可以根据该病流行病学、临床症状、剖检病变和高敏药物治疗有效等可做出初步诊断,确诊有赖于实验室诊断。

6.预防与治疗

预防本病最关键的措施是加强饲养管理,使鸭保持较强的抵抗力。如保持饲料的营养全价。减少应激,尤其在转群、运输或接种疫苗前后,在饲料或饮水中加入多维。注意饲养密度和保持圈舍的清洁与干燥。对笼舍、用具、地面、环境、饮水等严格消毒,有效减少环境中病原微生物。自繁自养,以栋舍为单位采取全进全出的饲养制度。鹅和鸭混养容易通过鹅将病传染给鸭,因为鹅对本病的抵抗力比鸭强。目前还没有简便可靠的方法检出带菌鸭。

在鸭霍乱流行地区,可以接种疫苗预防。但鸭霍乱疫苗免疫效果都不太好,免疫力不太强,免疫期不长,反应性较大。鸭多杀性巴氏杆菌的血清型较多,某血清型的菌苗对其他血清型的巴氏杆菌无效。最好采用本场分离菌株制造的自家苗或多价苗,效果确实。

治疗:鸭群发病应立即采取治疗措施,有条件的应通过药敏试验,选择有效药物全群给药。红霉素、庆大霉素、氟哌酸均有较好的疗效。在治疗过程中,剂量要足,疗程合理,当鸭只死亡明显减少后,再继续投药2～3天以巩固疗效,防止复发。同时妥善处理病尸,做到无害化处理,避免人为传播本病。加强鸭场兽医防疫措施,搞好舍内外消毒工作,对及早控制本病有重要作用。

对常发地区或鸭场,药物治疗效果日渐降低,本病很难得到有效的控制,可考虑用疫苗进行预防,有条件的场可制作自家苗,定期免疫,可有效控制。

四、鸭沙门氏菌病

鸭沙门氏菌病又称鸭副伤寒,是由沙门氏菌属的多种细菌引起鸭的急性或慢性传染病。其特点是污染面大,雏鸭特别易感,多呈急性经过可引起雏鸭大批死亡,而成年鸭多呈慢性或隐性感染,成为带菌者。本病原主要经消化道和呼吸道感染,一般能致使鸭发病的沙门氏菌主要是鼠伤寒沙门氏菌、肠炎沙门氏菌、鸭沙门氏菌和其他沙门氏菌。

1.病原学

沙门氏菌为革兰氏阴性菌,不形成芽孢、兼性厌氧。呈细长杆菌。

2. 流行病学

自然条件下,各品种鸭均可感染发病,1~2周龄感染雏鸭常呈流行性,该病对种鸭也有一定的危害,能够引起种鸭淘汰率提高,死亡率增加。常在孵化后两周之内感染发病,6~10天为感染高峰。呈地方流行性,病死率从很低到10%~20%不等,严重者高达80%以上。1月龄以上的鸭有较强的抵抗力,一般不引起死亡。成年鸭往往不表现临诊症状,病鸭和带菌鸭是主要的传染源。感染鸭的粪便是最常见的病菌来源。本病主要通过种蛋垂直传播,也可水平传播。

3. 临床症状

鸭伤寒引起的雏鸭和成年鸭病变与鸡相似,雏鸭感染鸭副伤寒可见颤抖、喘息及眼睑浮肿等症状,常猝然倒地而死,固有"猝倒病"之称。雏鸭患病后,主要呈急性败血症经过。若孵出后不久即感染或是鸭胚染本病,常在数天内不出现任何症状而大批死亡;或出现弱雏;或生长受阻,降低饲料报酬。病鸭精神沉郁,不愿走动,腿软,常独一处。食欲减退,口渴增加,下痢,粪便呈白色,开始时呈稀粥状,以后发展为水样。病程稍长,病鸭身体瘦弱,头部颤抖,眼结膜炎、流泪,眼周围的羽毛湿润,鼻内流出分泌物。病鸭常出现神经症状,如共济失调、头颤抖和扭脖,几分钟后即死亡。病程一般1~5天,耐过病鸭生长不良。经垂直传播或孵化器感染的雏鸭常呈败血症经过,不表现症状即迅速死亡。雏鸭水平感染后常呈亚急性经过,病鸭呆立,精神不振、昏睡扎堆,两翼下垂、羽毛松乱,排绿色或黄色水样粪便,常突然倒地死亡,病程长的病鸭消瘦、衰竭而死。成年鸭感染后一般不表现症状,偶见下痢死亡。

4. 病理变化

刚出壳不久就死亡的雏鸭大都是卵黄吸收不良,脐部发炎,卵黄黏稠、色深。肠黏膜充血出血。急性死亡的雏鸭可见肝脏肿大、充血并有条纹状和点状出血或坏死灶,卵黄吸收不良并凝固,肠道有出血性炎症。病程稍长者,肝脏肿大呈青铜色,肝表面及内部有大量针尖大的灰色坏死点;胆囊肿大,充盈胆汁;肠道外壁有密密麻麻的灰白色、针尖大的坏死点,肠黏膜充血或出血并呈糠麸样坏死;盲肠肿大,内有干酪样质地较硬的栓子;有心包炎和心肌炎。肾脏肿大,因有白色尿酸盐沉积而呈花斑样。气囊膜浑浊不透明,常附着黄色纤维素性渗出物。慢性病例常见有肠黏膜坏死,在带菌的母鸭可见卵巢及输卵管发生变形和发炎。

本病应注意与雏鸭病毒性肝炎和传染性浆膜炎相鉴别。死于鸭伤寒的雏鸭病变与鸡白痢时所见相似,特征病变是肝肿大呈青铜色,肝和心肌有灰白色粟粒大坏死灶,卵子及腹腔病变与鸡白痢相同。雏鸭感染莫斯科沙门氏菌时,肝脏呈青铜色,并有灰色坏死灶。北京鸭感染鼠伤寒沙门氏菌时,肝脏显著肿大,有时有坏死灶,盲肠内形成干酪样物。

5.鉴别诊断

对于该病的临床诊断,应注意与鸭霍乱、雏番鸭"花肝病"、鸭"白点病"等相区别。根据该病流行病学、临床症状、剖检病变和高敏药物治疗有效等可做出初步诊断,血清检测阳性反应对诊断具有重要价值,但血清学检测阴性结果却不能作为确诊的依据,因为感染后凝集抗体的出现要延迟 3～10 天,甚至更长,确诊有赖于实验室诊断。

6.预防与治疗

(1)防止雏鸭感染:幼鸭必须与成年鸭分开饲养,防止间接接触,接雏鸭用的木箱或雏盘应于使用前、后进行消毒,防止感染。出雏后应尽早地供给饮水和饲料,并可在饲料中加入适当的药物。可用土霉素按每千克饲料加入 0.2～0.4 克,连续喂服 5 天。

(2)防止蛋壳被污染:及时收集种蛋,保持种蛋的清洁干净。鸭舍应在靠近墙边处设产蛋槽,一般每 3～5 只鸭设一产蛋箱,箱内勤换垫草,以保证蛋的清洁,防止粪便污染;对那些产在院落、运动场、河岸或河内的蛋严禁用于孵化。洗蛋可以消灭蛋壳表面的细菌,应有专门的洗蛋设备,洗时先用消毒水洗涤后,再用 45℃的温水淋浴冲洗。蛋库应定期消毒。蛋托、孵化室、孵化器的消毒是防蛋壳被污染的重要措施。

(3)药物预防:在沙门氏菌流行的地区,种鸭收种蛋前 10 天喂抗生素,雏鸭出壳后的第一至第三天用 0.01% 高锰酸钾溶液作饮水,或在发病日龄期间在饮水或饲料加入上述治疗药物的 1/2 剂量,有利于防止本病的发生。

（4）免疫接种：在严重发病的地区，应急的办法是采取当地常见的沙门氏菌制成灭活菌苗或高免血清，紧急预防。

（5）治疗：抗生素对本病有疗效，用药物治疗急性病例，可以减少雏鸭的死亡，但痊愈后仍可能带菌。而且注意药物在使用时要注意交替用药，以免沙门氏菌形成耐药性。

五、鸭支原体病

鸭支原体病又称鸭慢性呼吸道病，是由支原体引起的主要危害雏鸭的一种呼吸道传染病，成年鸭亦可发生。发病特征是眶下窦显著肿大，充满浆液-黏液性渗出物或干酪样物。本病发病率高，死亡率低，对生长发育有明显影响。

1.病原学

支原体是很小的原核生物，无细胞壁。革兰氏染色呈弱阴性，用吉姆萨染色，菌体呈纤细的杆状、球状或环状的多形性。对消毒药的抵抗力较弱，一般消毒药物均能将它迅速杀死，但对青霉素和低浓度的醋酸铊（1∶4 000）有抵抗力，所以可以在培养支原体时加入这两种物质作为细菌和真菌污染的抑制剂。

2.流行特点

鸭支原体主要发生于2~3周龄的雏鸭，7~15日龄雏鸭易感性最高，30日龄以上鸭发病较少，成年鸭常为隐性感染。本病的传染来源是病鸭，可以通过水平传播和垂直传播两种方式进行，水平传播表现为病鸭通过咳嗽、喷嚏或排泄物污染空气，经呼吸道传染或通过饲料或水源由消化道传染，还能通过交配传播。垂直传播主要是通过感染本病的种鸭所产的污染本病原的蛋传给后代。本病一年四季都可发生，但在寒冷季节较为多发，鸭舍潮湿、通风不良、存在其他疾病以及存在应激因素如长途运输、免疫接种等均可促使或加剧本病的发生和流行。

3.临床症状

初期病雏打喷嚏，从鼻孔流出浆液性渗出物，以后变成黏性，在鼻孔周围形成结痂。病久则成干酪样变化。部分病鸭呼吸困难,频频摇头,患病后期,眶下窦积液,一侧或两侧肿胀,按压无痛感,一般保持10～20天不散。严重的病例眼结膜潮红,流泪,并排出脓性分泌物,有的甚至眼睛失明。

4.病理变化

本病的病理变化随病情轻重和病程的长短而异。上呼吸道或整个呼吸道黏膜出血,眶下窦内积有大量浆液－黏液性渗出液或大量干酪样凝块,喉头、气管黏膜充血、水肿,并有浆液性或黏液性分泌物附着;严重病例,气管出血,肺水肿、出血。其他脏器不见异常。

5.鉴别诊断

本病与传染性支气管炎、传染性喉气管炎、温和型新城疫、大肠杆菌病、传染性鼻炎、霉菌性肺炎、维生素 A 缺乏症等病容易混淆,需要进行鉴别诊断。实验室的确诊用 PCR 技术,而且有商品化的 PCR 试剂盒。

6.预防控制与治疗

(1)综合措施:健康鸭场要杜绝本病的传入,引进鸭苗和种蛋,都必须选择确实无本病的鸭场,并做好引种检验工作。实行全进全出的饲养制度,空舍后要严格消毒;要加强饲养管理,保证日粮营养均衡;鸭群饲养密度适当,防止过度拥挤;保持鸭舍卫生清洁,通风良好,空气清新;保持鸭舍适度干燥,防止阴湿受冷;同时定期驱除寄生虫。这些措施对于防止感染鸭支原体病都很有帮助。或在留种蛋前全部进行血清学检查,必须是无阳性反应者才能用作种鸭。定期用对支原体敏感的抗生素处理种鸭,降低种鸭支原体带菌率。种蛋入孵之前在 0.04％～0.1％的红霉素溶液中浸泡 15～20 分钟,或用 45℃经 14 小时处理种蛋,减少或消灭蛋中的支原体,降低种蛋的污染率。

(2)疫苗接种:疫苗有弱毒活疫苗和灭活疫苗两种。弱毒活疫苗:目前国际上和国内使用的活疫苗是 F 株疫苗。灭活疫苗:基本都是油佐剂灭活疫苗,效果较好,能防止本病的发生并减少诱发其他疾病。

(3)治疗:链霉素、土霉素、强力霉素、四环素、红霉素、泰乐菌素、壮观霉素、林可霉素、氟哌酸、环丙沙星、恩诺沙星治疗本病都有一定疗效。

六、鸭葡萄球菌病

鸭葡萄球菌病是由金黄色葡萄球菌引起的一种急性或慢性传染病。雏鸭感染发病后，常呈急性败血症经过，发病率高，死亡严重。种鸭感染发病后，经常引起关节炎。病程较长。临床上有多种病型：腱鞘炎、创伤感染、败血症、脐炎、心内膜炎等。

1.病原学

本病病原主要为金黄色葡萄球菌，属革兰氏阳性球菌，不能运动，不形成芽孢，个别菌株可形成荚膜。金黄色葡萄球菌通常呈圆形或卵圆形，单个或不规则的葡萄串状排列。本菌兼性厌氧，对培养基的营养要求较低，易在普通培养基上生长，在含血液、血清或葡萄糖的培养基上生长更佳。

2.流行病学

金黄色葡萄球菌在自然界中分布广泛，经常存在于禽类体表皮肤羽绒上。本病一年四季均可发生，以雨季、潮湿时节发病较多。鸭一般是因蹼或趾被划破而感染，病菌从鸭皮肤的外伤和损伤的黏膜侵入鸭体，也可以通过直接接触和空气传播，雏鸭脐带感染也是常见的途径。

3.临床症状与病理变化

本病可分脐炎型、皮肤型、关节炎型和内脏型4种。

(1)脐炎型：经常发生于7日龄以内的雏鸭。临床特征是体质瘦弱，缩颈合眼，饮食减少，卵黄吸收不良，腹围膨大，脐部发炎膨胀，常因败血症死亡。病死雏鸭脐部常有坏死性病变，卵黄稀薄如水。

(2)皮肤型：经常发生于3～10周龄雏鸭，多因皮肤外伤感染，引起局灶坏死性炎症或腹部皮下炎性肿胀，皮肤呈蓝紫色，触诊皮下有液体波动感。病程稍长，皮下化脓坏死，引起全身性感染，食欲废绝，最后因体质衰竭而死。病死鸭皮下有出血性胶样浸润，液体呈黄棕色或棕褐色,也有坏死性病变。

(3)关节炎型:经常发生于中鸭和成鸭,趾关节和跗关节肿胀,跛行。在病鸭关节囊内或滑液囊内,有浆液性或纤维素性渗出物,病程稍长者关节囊内有炎性分泌物或干酪样坏死性物质。

(4)内脏型:经常发生于成鸭,表现食欲减退,精神不振,有的腹部下垂。病死鸭,肝脏肿胀,质地较硬,淡黄绿色,有黄白色点状坏死灶;脾脏有的稍肿;心外膜有小出血点;泄殖腔黏膜有时有坏死性溃疡灶;腹膜发炎,腹腔内有腹水和纤维素性渗出物。

4.诊断

依据本病的流行病学、临床症状和病理变化,可做出初步诊断。确诊应进行实验室细菌学检查。只有当分离的葡萄球菌被证明具有致病性时才能确诊为鸭葡萄球菌病。

诊断要点:病鸭存在皮肤外伤,或黏膜损伤。可表现为败血症、浮肿性皮炎、脐炎、翼尖坏疽、趾瘤(脚趾脓肿)、眼炎(多为化脓性)、关节炎等。有的胸腹部、腿部、翅尖皮肤局部出现出血、水肿、坏死、溃烂。切开水肿灶,流出紫红色胶冻样液体。局部羽毛极易脱落。有的表现跛行,跗关节、跖关节、翅关节肿大。关节周围结缔组织增生,关节畸形,关节囊内有淡黄色胶冻状液体或干酪样坏死物。有的脚垫坏死,有的股骨头坏死、胸骨坏死(多见于种鸭),个别鸭肝脏有白色坏死点。

5.预防与治疗

预防该病主要是加强鸭群饲养管理,防止异物性外伤。鸭葡萄球菌病是一种环境性疾病,减少环境中含菌量,降低感染机会,对防止本病的发生有重要意义。尽量避免和消除使鸭发病创伤的诸多因素。种鸭运动场平整,排水好,防止雨水浸泡鸭体,降低饲养密度,加强饲养管理,喂必要的营养物质,特别是供给足够的维生素制剂和矿物质,可以增强鸭的体质,提高抵抗力。

药物治疗是防治本病的主要措施,由于葡萄球菌的耐药性较严重,治疗前最好首先采集病料分离出病原菌,经药敏试验以后,选择最敏感药物进行治疗。在常发地区或药物治疗效果较差的地区,可考虑使用疫苗接种。由于葡萄球菌的血清型较多,免疫接种宜采用当地分离的强致病力菌株制成的葡萄球菌多价灭活苗,可有效地预防该病的发生。

七、鸭链球菌病

鸭链球菌病是由链球菌引起的急性传染病,又叫做鸭链球菌感染,主要引起雏鸭的急性死亡,但成年鸭也患病。引起鸭发病的主要为兽疫链球菌和粪链球菌,本病在世界各地均有发生,多呈地方性流行或散发。一般认为鸭链球菌感染是继发性的。

1.病原学

感染鸭的链球菌主要是血清群 C 群的兽疫链球菌以及 D 群的粪链球菌、类粪链球菌、坚忍链球菌和鸟链球菌等。该菌为革兰氏阳性菌,菌体直径为 0.1~0.8 微米,一般呈球状或卵圆状,有荚膜、无鞭毛、无芽孢。该菌对 75% 的酒精以及一般的消毒剂敏感。

2.流行病学

本病主要通过消化道和呼吸道途径传播,间或经损伤的皮肤和黏膜接触感染。被致病链球菌污染的饲料及饮水常成为传染源。本病的发生无明显的季节性,各种年龄、品种的鸭均可发生。本病的传染来源主要是发病和带菌鸭,雏鸭通过脐带感染,种蛋被粪便污染,使鸭胚受到感染。研究表明,雏鸭和雏鹅则以感染 D 群的粪链球菌和变异链球菌为主。本病的发生常与一定的应激因素有关,如气候的变化、温度偏低、湿度偏大、鸭的饲养条件太差、管理不善等。

3.临床症状

急性型:多发生于雏鸭和中鸭,幼雏表现体弱,缩颈合眼,精神委靡,羽毛松乱,呆立一旁,不愿走动,腹围膨胀,卵黄吸收不全,脐发炎、肿胀,有时化脓。常因严重脱水或败血症死亡。中雏多发生于 10~30 日龄的雏鸭,常呈急性败血症经过。临床表现为两肢软弱,步态蹒跚,驱赶时容易跌倒,食欲废绝,最后因全身痉挛而死。

慢性型:多见成鸭,病程较慢,患鸭精神沉郁,食欲减少甚至废绝,发病初期排绿色稀粪,常见跗关节或趾关节肿胀,腹部肿胀下垂,不愿走动。

4.病理变化

肝脏浊肿,质地较软,呈淡绿色,被膜下有局限性密集的小出血点。脾脏肿胀,呈紫黑色,偶有坏死灶。肺淤血紫绀,有时水肿。心包发炎,有淡黄色炎性渗出液,心外膜有小点状出血。胰腺有出血点。肾淤血稍肿。肠黏膜有卡他性炎症,偶有出血点。

鸭链球菌病的病理变化因病程的不同而异,急性病例表现为内脏器官坏死、出血及渗出性素质过程。慢性感染的病变主要是坏死性心肌炎、心瓣膜炎、纤维素性心包炎和肝周炎、输卵管炎、腱鞘炎、纤维素性关节炎等。

5.诊断

本病仅根据临床症状和剖检变化,鸭链球菌病很容易与鸭的其他传染病相混淆,如鸭霍乱、小鸭病毒性肝炎、小鸭传染性浆膜炎等。鸭霍乱主要侵害种鸭和成年鸭,引起急性死亡。小鸭病毒性肝炎病鸭发病急,有"背脖"的神经症状,且抗生素治疗无效。小鸭传染性浆膜炎主要以纤维素膜的形成为特点,且有"扭脖"和"转圈"的神经症状。但要确诊,须进行病原的分离及鉴定。采取病死鸭的心血、肝、脾、皮下渗出物等病变组织于血液琼脂平板上进行细菌分离,对分离到的细菌进行形态学、生物特性及血清学反应性的鉴定。链球菌的血清学检查常采用 SPA(金黄色葡萄球菌 A 蛋白)凝集法,将链球菌阳性血清标记的 SPA 溶液一滴与链球菌单菌落在玻片上混匀,3 分钟之内出现凝集颗粒者为阳性。此外,免疫荧光试验、ELISA(酶联免疫吸附试验)也可用于该病的诊断。

6.预防与治疗

链球菌通常情况下呈隐性感染而无临床症状,当有不利因素存在导致鸭体的抗病能力下降时,该病即乘机发作。因此,抓好鸭舍的饲养管理和环境卫生,减少应激,使鸭体免疫力功能保持良好状态,可以在很大程度上避免这种病的发生。一旦发生本病,切勿盲目用药,应尽快进行实验室诊断,在细菌分离的基础上找出敏感药物,及时进行治疗,可以减少损失。临床试验表明,对病鸭群进行及时治疗,青霉素是该病的首选药物,其次是庆大霉素和新霉素,也可选用土霉素、强力霉素等药物。

八、波氏杆菌病

鸭波氏杆菌病是由鸭波氏杆菌引起的一种高度接触性的传染病,主要引起胚胎的死亡、孵化率的降低及雏鸭的急性死亡。

1. 病原学

鸭波氏杆菌与支气管败血波氏杆菌、百日咳波氏杆菌、副百日咳波氏杆菌同为波氏杆菌属的成员。该菌为革兰氏阴性两端钝圆的细小杆菌,大小(0.2～0.3)微米×(0.5～1.0)微米,多散在,有荚膜、鞭毛及菌毛,能运动。

2. 流行病学

鸭波氏杆菌病主要危害雏鸭,常造成急性死亡。该病既可水平传播,又可垂直传播。雏鸭可因接触了健康带菌鸭和发病鸭及其污染的垫料、饮水而被感染。波氏杆菌可通过种蛋途径的传播,不仅影响了孵化率,而且孵出的带菌雏鸭又可成为水平传染源,造成该病的蔓延。该病一般不通过空气传播。

3. 临床症状

病雏表现呼吸困难,喘气,食欲不振甚至废绝,精神沉郁,呆立,离群独处。有些病例濒死前出现神经症状,如扭头、角弓反张。

4. 病理变化

腹部及两大腿内侧皮下有黄色胶冻状渗出物,肺淤血,肝脏呈黄红斑驳状,边缘有出血点或出血斑;胆囊充盈;脑膜弥漫性淤血,肾脏有点状出血,腺胃黏膜脱落,肌胃内膜不易剥离,内容物呈棕褐色,肠内容物为黑褐色,肠黏膜弥漫性点状出血,有些病例肠黏膜脱落。

5.诊断

种鸭场若出现死胎率增加、孵化率降低及弱雏增加等情况时,可怀疑有鸭波氏杆菌感染。种鸭的检疫常采用平板凝集试验。若条件许可,也可通过微量凝集试验、琼脂扩散试验、免疫荧光试验及酶联免疫吸附试验等方法进行诊断。

6.预防控制与治疗

因本病可经卵垂直传播,因此做好种鸭场的净化是防制本病的关键环节。对于诊断为波氏杆菌感染阳性的种鸭要及时淘汰,其所产的蛋也不可留作种蛋使用。孵化前对孵化器具及种蛋外壳进行切实有效的消毒也可阻断该病的传播。同时要加强鸭群的饲养管理,提高机体的抗病能力,尽可能避免应激因素的刺激,贯彻养鸭场的综合性防疫措施。

商品鸭场发生本病时,应及时地用分离到的波氏杆菌病原进行药敏试验,选取敏感药物进行治疗。临床资料表明,氟哌酸、丁胺卡那霉素的疗效均不错。在药物治疗的同时,加强鸭舍的卫生消毒工作、注意鸭群营养的合理补给有助于整个鸭群的及早康复。

第五节　健康养殖鸭的寄生虫病

一、鸭球虫

鸭球虫病是危害鸭的小肠而引起出血性肠炎的疾病。也是鸭常见的寄生虫病,发病率和死亡率均很高。尤其对雏鸭危害严重,常引起急性死亡。耐过的病鸭生长发育受阻、增重缓慢,对养鸭业造成巨大的经济损失。

1. 病原

鸭球虫,属孢子虫纲,有丹氏艾美耳球虫、毁灭泰泽球虫、菲莱氏温扬球虫等。球虫的卵囊形态大同小异,多为椭圆形,或者圆形,内部的子孢子形态各异。

2. 流行特点

球虫感染在鸭群中广泛发生,各种年龄的鸭均可发生感染。轻度感染通常不表现临床症状,成年鸭感染多呈良性经过,成为球虫的携带者。因此,成年鸭是引起雏鸭球虫病暴发的重要传染源。鸭球虫的发生往往是通过病鸭或带虫鸭的粪便污染饲料、饮水、土壤或用具引起传播的。鸭球虫只感染鸭不感染其他禽类。2~3周龄的雏鸭对球虫易感性最高,发生感染后通常引起急性暴发,死亡率一般为20%～70%,最高可达80%以上。随着日龄的增大,发病率和死亡率逐渐降低。6月龄以上的鸭感染后通常不表现明显的症状,但成为带虫者,为球虫病的重要传染源。发病季节与气温和湿度有着密切的关系,以7~9月份发病率最高。

3. 临床症状

急性鸭球虫病多发生于2~3周龄的雏鸭,于感染后第4天出现精神委顿,缩颈,不食,喜卧,渴欲增加等症状;病初拉稀,随后排暗红色或深紫色血便,发病当天或第二、三天发生急性死亡,耐过的病鸭逐渐恢复食欲,死亡停止,但生长受阻,增重缓慢。慢性型一般不显症状,偶见有拉稀,常成为球虫携带者和传染源。

4. 病理变化

肉眼病变为整个小肠呈泛发性出血性肠炎,尤以卵黄蒂前后范围的病变严重。肠壁肿胀、出血;黏膜上有出血斑或密布针尖大小的出血点,有的见有红白相间的小点,有的黏膜上覆盖一层糠麸状或奶酪状黏液,或有淡红色或深红色胶冻状出血性黏液,但不形成肠心。组织学病变为肠绒毛上皮细胞广泛崩解脱落,几乎为裂殖体和配子体所取代。宿主细胞核被压挤到一端或消失。肠绒毛固有层充血、出血,组织细胞大量增生,嗜酸性白细胞浸润。感染后第7天肠道变化已不明显,趋于恢复。

菲莱氏温扬球虫致病性不强,肉眼病变不明显,仅可见回肠后部和直肠轻度充血,偶尔在回肠后部黏膜上见有散在的出血点,直肠黏膜弥漫性充血。

5.诊断

鸭的带虫现象极为普遍,所以不能仅根据粪便中有无卵囊作出诊断,应根据临床症状、流行特点资料和病理变化,结合病原检查综合判断。急性死亡病例可从病变部位刮取少量黏膜置载玻片上,加1～2滴生理盐水混匀,加盖玻片用高倍镜检查,或取少量黏膜作成涂片,用姬氏或瑞氏液染色,在高倍镜下检查,见到有大量裂殖体和裂殖子即可确诊。耐过病鸭可取其粪便,用常规沉淀法沉淀后,弃上清液,沉渣加$64.4\%(W/V)$硫酸镁溶液漂浮,取表层液镜检见有大量卵囊即可确诊。

6.预防与治疗

预防:当雏鸭由网上转为地面饲养,或已在地面饲养达12日龄的雏鸭,可用下列药物中任何一种,按比例混于饲料中饲喂。杀球灵(氯嗪苯乙腈),按1×10^{-6}混合于饲料中,连喂1周。除用药预防外,还要加强饲养管理,鸭舍应保持清洁干燥,定期清除粪便,防止饲料和饮水被鸭粪污染。饲槽及饮水用具等要经常消毒。

二、鸭绦虫病

寄生于鸭肠道的绦虫多达40余种。鸭养殖中最常见的是膜壳科剑带属的多种绦虫,均寄生于禽类的小肠,主要是十二指肠。

1.病原

矛形剑带绦虫($D.\ lanceolata$):成虫寄生于鸭的小肠内,体长3～13厘米,呈矛形,顶突上有8个小钩。颈短,节片20～40个。数个椭圆形睾丸,横列于卵巢内方生殖孔一侧;生殖孔开口于同侧节片侧缘前角。中间宿主为剑水蚤。成虫寄生于家鸭的小肠内,成熟的孕卵节片自动脱落,随粪便排到外界,被适宜的中间宿主吞食后,在其体内经2～3周时间发育为具感染能力的似囊尾蚴,鸭吃了这种带有似囊尾蚴的中间宿主而受感染,在鸭小肠内经2～3周即发育为成虫。成熟孕节经常不断地自动脱落并随粪便排到外界。

2. 流行特点

患鸭病情的轻重,在很大程度上取决于机体抵抗力的高低、饲养管理条件的好坏、虫体数量的多少以及日龄等因素。

3. 临床症状

轻度感染一般不呈现临诊症状。20日龄至2月龄的幼鸭严重受感染后,其症状较重。患病幼雏呈现精神沉郁,出现消化机能障碍,渴感增强,消化障碍,食欲不振。排出灰白色或淡绿色稀薄粪便,有恶臭,并混有黏液和长短不一的虫体孕卵节片,使肛门四周羽毛污染。随着病情的发展,病鸭生长发育进一步严重受阻,明显消瘦,精神委顿,羽毛松乱不洁,离群独处,不喜欢活动,翅膀下垂。放牧时,常呆立在岸边打瞌睡或下水后停浮在水面上。有些病例显现神经症状,运动失调,走路摇晃,两脚无力,突然倒地,花很大力气想站起来,结果又倒下去,反复多次发作后即死亡。若患鸭由于受冷、受热、突然更换饲料等不良因素影响,常在短期内出现大批死亡。

4. 病理变化

身体消瘦,贫血,肠黏膜潮红、脱落,有弥漫性小出血点。剖检7只病死鸭,在小肠内均有长10厘米左右的绦虫,每只鸭绦虫检出数为3～8条。

5. 预防与治疗

预防:改善环境卫生,加强粪便管理,随时注意感染情况,及时进行药物驱虫。

治疗:首选药物,吡喹酮按10毫克/千克体重,一次口服。硫双二氯酚按150～200毫克/千克体重拌料。丙硫苯咪唑按20毫克/千克体重拌料。

三、鸭吸虫病

1. 前殖吸虫病

鸭前殖吸虫病是由前殖科前殖属的多种吸虫寄生于鸭的直肠、泄殖腔、腔上囊和输卵管内引起的,常引起输卵管炎,母鸭产蛋异常,甚至有的因继发腹膜炎而死亡。

(1)病原:虫体呈棕红色,扁平梨形或卵圆形。口吸盘位于虫体前端,腹吸盘在肠管分叉之后。两个椭圆或卵圆形睾丸,左右并列于虫体中部两侧。卵巢分叶,子宫有下行支和上行支。生殖孔开口于虫体前端口吸盘左侧。虫卵呈棕褐色,椭圆形。

(2)流行病学:前殖吸虫的发育均需要两个中间宿主,第一中间宿主为淡水螺类,第二中间宿主为各种蜻蜓及其幼虫。鸭啄食带有囊蚴的蜻蜓幼虫或成虫即被感染,经1～2周发育为成虫。前殖吸虫病多呈地方性流行,其流行季节与蜻蜓的出现季节相一致,多发生在春季和夏季。家鸭感染多因于水池岸边放牧时,捕食蜻蜓而引起。同时,含虫卵的粪便落入水中,造成病原散播。

(3)临床症状:感染初期,患鸭症状不明显,外观正常,食欲、产蛋和活动均正常,但开始出现蛋壳粗糙或产薄壳蛋、软壳蛋、无壳蛋,或仅排蛋黄或少量蛋清,继而患鸭食欲下降,消瘦,精神萎靡,蹲卧墙角,滞留空巢,或排乳白色石灰水样液体,有的腹部膨大,步态不稳,两腿叉开,肛门潮红、突出,泄殖腔周围沾满污物,严重者因输卵管破坏,导致泛发性腹膜炎而死亡。

(4)病理变化:输卵管发炎,黏膜充血、出血,极度增厚,后期输卵管壁变薄甚至破裂。腹腔内有大量浑浊的黄色渗出液或脓样物,脏器被干酪样凝集物粘在一起,肠间可见到浓缩的卵黄,浆膜呈现明显的充血和出血,有时出现干性腹膜炎。

(5)诊断:根据症状和剖检所见病变,结合查到粪便中虫卵,或剖检有输卵管病变并查到虫体可确诊。

(6)防治措施:①定期驱虫,在流行区,根据病的季节动态进行有计划的驱虫,消灭第一中间宿主,有条件地区可用药物杀灭。勤清除粪便,堆积发酵,杀灭虫卵,避免活虫卵进入水中;圈养家鸭,防止啄食蜻蜒及其幼虫;及时治疗病鸭,每年春、秋两季有计划地进行预防性驱虫。②驱虫可用下列药物:六氯乙烷以每千克体重0.2~0.3克,混入饲料中喂给,每天1次,连用3天。丙硫苯咪唑(抗蠕敏)每千克体重80~100毫克,一次内服吡喹酮每千克体重30~50毫克,1次内服。

2.棘口吸虫病

家鸭的棘口吸虫病是由棘口科棘口属的吸虫寄生于鸭的直肠和盲肠内引起的。

(1)病原:卷棘口吸虫虫体呈淡红色,长叶状,体表有小刺。卷棘口吸虫寄生于家鸭、鸡、鹅及其他野生禽类的直肠、盲肠中,偶见于小肠,分布于世界各地,在我国流行广泛,除青海、西藏外,其他省、市及自治区均有报道。宫川棘口吸虫,两个睾丸呈椭圆形,分叶。除鸭、鸟类外,亦可寄生于哺乳动物和人。其他形态结构与卷棘口吸虫相似。

(2)流行特点:棘口吸虫的发育需要两个中间宿主,第一中间宿主为折叠萝卜螺、小土蜗和凸旋螺等淡水螺类,第二中间宿主除淡水螺类外,尚有蛙类和淡水鱼类。棘口吸虫病在我国各地普遍流行,对雏鸭的危害较为严重。家鸭感染主要是采食浮萍或水草饲料时,将带有囊蚴的螺与蝌蚪一起食入而致。

(3)临床症状:少量寄生时危害并不严重,轻度感染仅引起轻度肠炎和腹泻。严重感染时引起食欲不振,消化不良,下痢,贫血,消瘦,生长发育受阻,甚至最后因衰竭而发生死亡。

(4)病理变化:剖检可见出血性肠炎,点状出血,肠内容物充满黏液,肠黏膜上附着有大量虫体,黏膜损伤和出血。

(5)诊断:生前检查粪便发现虫卵并结合症状可确诊;死后剖检在肠道内发现虫体可确诊。

(6)防治措施:①预防:在流行区,对患鸭应有计划地进行驱虫,驱出的虫体和排出的粪便应严加处理,从鸭舍清扫的粪便应堆积发酵,杀灭虫卵;改良土壤,用化学药物消灭中间宿主;勿以生鱼或蝌蚪及贝类等饲喂鸭只,以防感染。②治疗:驱虫可用下列药物。氯硝柳胺每千克体重100～200毫克,拌料饲喂。硫双二氯酚每千克体重150～200毫克,拌料饲喂。槟榔粉50克,加水1 000毫升,煮沸至750毫升槟榔液,鸭每千克体重7～12毫升,用细胶管插入食道内灌服或嗉囊内注射。

3.背孔吸虫病

鸭背孔吸虫病是由背孔科背孔属的吸虫寄生于鸭的盲肠和直肠内引起的。虫体种类很多,常见为细背孔吸虫,在我国各地普遍存在,另外还广泛分布于欧洲、俄罗斯、日本等地。

(1)病原:细背孔吸虫呈长椭圆形,前端稍尖,后端钝圆,体细长,淡红色。成虫在宿主肠腔内产卵,卵随粪便排到外界,在适宜的条件下经3～4天孵出毛蚴。遇到中间宿主淡水螺类后毛蚴钻入其体内,后发育为胞蚴、雷蚴和尾蚴。成熟尾蚴在同一螺体内或离开螺体,附着于水生植物上形成囊蚴。鸭因啄食含囊蚴的螺蛳或水生植物而遭感染,幼虫附着在盲肠或直肠壁上,约经3周发育为成虫。

(2)临床症状及病理变化:由于虫体的机械性刺激和毒素作用,导致肠黏膜损伤、发炎,大量感染时可引起雏鸭盲肠黏膜糜烂,卡他性肠炎,患鸭精神沉郁,贫血,消瘦,下痢,生长发育受阻,严重者可引起死亡。

(3)诊断:根据症状,结合粪便检查发现虫卵及剖检死鸭发现虫体可确诊。

(4)防治措施:①预防。可参考棘口吸虫病。②治疗。硫双二氯酚200～300毫克/千克体重;五氯柳酰苯胺:15～30毫克/千克体重。

4.后睾吸虫病

鸭后睾吸虫病是由后睾科对体属、次睾属和后睾属的吸虫寄生于鸭的胆管和胆囊内引起的。1月龄以上的雏鸭感染率最高。该病主要分布于东亚各国,在我国的流行也极为广泛。

(1)病原:鸭对体吸虫,多寄生于鸭胆管内。虫体窄长,后端尖细,背腹扁平,口吸盘大于腹吸盘;台湾次睾吸虫,寄生于鸭胆管和胆囊内。虫体细小狭长,前端有小刺;东方次睾吸虫,寄生于鸭胆管和胆囊内。虫体呈叶状,体表有小刺;鸭后睾吸虫,寄生于鸭肝胆管内。虫体较长,两端较细。

(2)生活史:成虫寄生在鸭的肝脏胆管和胆囊内产卵,卵随胆汁进入肠腔随粪便排出,落入水中,被第一中间宿主淡水螺类吞食后,在螺体内约经1小时孵出毛蚴;毛蚴进入螺的淋巴系统及肝脏,发育为胞蚴、雷蚴和尾蚴;成熟尾蚴离开螺体,进入第二中间宿主麦穗鱼及爬虎鱼体内,在其肌肉或皮层内形成囊蚴;鸭吃入含囊蚴的鱼而感染。适宜的条件下,完成全部生活史约需要3个月。

(3)临床症状:多数鸭感染为隐性感染,临床症状不明显。病程多为慢性经过,成虫在胆管内寄生可引起机械性损伤,虫体分泌和排泄代谢产物的刺激作用可使胆管发生病变,进而累及肝实质,使肝功能受损,影响消化机能并引起全身症状。因虫体的机械性刺激和毒素作用,患鸭表现贫血、消瘦等全身症状,严重者常引起死亡。

(4)病理变化:剖检可见胆囊肿大,囊壁增厚,周围有结缔组织增生,胆汁变质或停止分泌,大量寄生时,虫体阻塞胆管并出现阻塞性黄疸现象。病变一般以左叶较为明显。继发感染时,可引起化脓性胆管炎,甚至肝脓肿。偶尔有少数虫体侵入胰管内,引起急性胰腺炎。

(5)诊断:生前检查粪便发现虫卵,或死后剖检在胆管、胆囊内查到虫体即可确诊。

(6)防治措施:①预防。在流行区禁止以生的或半生的鱼、虾饲喂动物;鸭粪堆积发酵,杀灭虫卵,以免环境污染;第一中间宿主淡水螺类。②治疗。硫双二氯酚,150~200毫克/千克体重,一次内服;吡喹酮,50~75毫克/千克体重,一次口服,剂量120毫克/千克体重,2日疗法;丙硫咪唑,30毫克/千克体重,口服,每日一次,连用数日。

四、鸭线虫病

1.鸭蛔虫病

(1)病原:鸭的蛔虫病是鸡蛔虫引起的,为肠道寄生虫,其生活史简单,属直接发育型,不需要中间宿主。成虫主要寄生在小肠,数量多时,胃和大肠中也可发现虫体。雌虫产生的卵随粪排出,刚排出的卵没有感染能力,若外界温度、湿度适宜,虫卵经10~16天发育,变成感染期虫卵。

(2)流行特点:雏鸭易感染蛔虫,随着年龄的增长,对鸡蛔虫的易感性逐渐降低。蛔虫的寄生部位主要在小肠内。雌虫产的卵,随粪便一起排出外界环境,在湿度和温度适宜的情况下,虫卵就能继续发育,经10~16天后就变成感染力的感染期虫卵,从吞食感染性幼虫至性成熟需35~60天,才能完全成熟,这时粪中就有蛔虫排出。

(3)临床症状:病鸭的症状与其感染虫体的数量及病鸭本身营养状况有关。感染轻的或成年鸭感染,一般不表现症状。病雏鸭通常生长不良,精神不佳,行动迟缓,羽毛松乱,黏膜贫血,食欲减退或异常,下痢、逐渐消瘦。查粪可找到虫卵。

(4)诊断:仅凭据临诊症状不易确诊。只有鸭只排出虫体时,才能确诊,另外剖检瘦弱的鸭只也可确诊。常见肠黏膜有充血或点状出血,黏液增长。若虫体太多,则引起肠管壅闭,影响鸭只生长发育。剖检可见其肝脏或肾脏体积变小。

(5)预防与治疗:平时应保持鸭舍内外的清洁卫生,保持舍内和运动场地的干燥,及时清除鸭粪并进行发酵处理,定期更换垫草,并定期对地面、用具进行清洗和消毒。饲养区内,杜绝其他禽类的进入。禁止将不同日龄的鸭混群饲养。加强营养,饲料中应保证有足够的维生素A、维生素B和动物性蛋白。对鸭群应定期驱虫,每2~3个月驱虫一次,每次驱虫应间隔10天左右连用两次药。

发现鸭群已经患上蛔虫病时,可用驱蛔灵、甲苯咪唑、驱虫净、丙硫苯咪唑、越霉素 A 等药物。

2. 鸭毛细线虫病

(1)病原:虫体细小,呈毛发状。前部细,为食道部;后部粗,内含肠管和生殖器官。雄虫有一根交合刺,雌虫阴门位于粗细交界处。虫卵呈棕黄色,腰鼓形,卵壳厚,两端有卵塞,卵内含一椭圆形胚细胞。

(2)流行病学:成熟雌虫在寄生部位产卵,虫卵随鸭粪便排到外界,直接型发育史的毛细线虫卵在外界环境中发育成感染性虫卵,其被禽类宿主吃入后,幼虫逸出,进入寄生部位黏膜内,经 1 个月发育为成虫。间接型发育史的毛细线虫卵被中间宿主蚯蚓吃入后,在其体内发育为感染性幼虫,鸭啄食了带有感染性幼虫的蚯蚓后,蚯蚓被消化,幼虫释出并移行到寄生部位黏膜内,经 19～26 天发育为成虫。

(3)临床症状:患鸭精神萎靡,头下垂;食欲不振,常作吞咽动作,消瘦,下痢,发病严重鸭,在各种年龄均可发生死亡。

(4)病理变化:虫体在寄生部位掘穴,造成机械性和化学性刺激,轻度感染时造成轻微炎症和增厚;严重感染时黏膜发炎,增厚,黏膜表面覆盖有絮状渗出物或黏液脓性分泌物,黏膜溶解、脱落甚至坏死。病变程度的轻重因虫体寄生的多少而不同。

(5)预防与治疗:①预防。搞好环境卫生;勤清除粪便并作发酵处理;消灭鸭舍中的蚯蚓;对鸭群定期进行预防性驱虫。②治疗。左旋咪唑、甲苯咪唑、甲氧啶均有良好疗效。

3. 异刺线虫病

(1)病原:异刺线虫,虫体小,白色。头端略向背面弯曲,食道末端有一膨大的食道球。

(2)临床症状:患鸭消化机能障碍,食欲不振或废绝,下痢,贫血,雏鸭发育停滞,消瘦严重时甚至死亡。成鸭产蛋量下降或停止。病鸭尸体消瘦,盲肠肿大,肠壁发炎,增厚,间或有溃疡。

(3)病理变化:尸体消瘦,盲肠肿大,肠壁发炎和增厚,有时出现溃疡灶。盲肠内可查见虫体,尤以盲肠尖部虫体最多。

(4)诊断:检查粪便发现虫卵,或剖检在盲肠内查到虫体均可确诊,但应注意与蛔虫卵相区别。

(5)预防与治疗:①预防。搞好环境卫生;勤清除粪便并作发酵处理;消灭鸭舍中的蚯蚓;对鸭群定期进行预防性驱虫。②治疗。左旋咪唑、甲苯咪唑、甲氧啶均有良好疗效。

4.鸭胃线虫病

鸭胃线虫病是由华首科华首属和四棱科四棱属的线虫寄生于鸭的食道、腺胃、肌胃和小肠内引起的。在我国各地均有分布。

(1)病原:成熟雌虫在寄生部位产卵,卵随粪便排到外界,被中间宿主吃入后,在其体内经20～40天发育成感染性幼虫,鸭因吃入带有感染性幼虫的中间宿主而感染。在鸭胃内,中间宿主被消化而释放出幼虫,并移行到寄生部位,经27～35天发育为成虫。但大量虫体寄生时,患鸭消化不良,食欲不振,下痢。雏鸭生长发育缓慢,成年鸭产蛋量下降。

(2)临床症状:虫体寄生量小时症状不明显,精神沉郁,翅膀下垂,羽毛蓬乱,消瘦,贫血。严重者可因胃溃疡或胃穿孔导致死亡。

(3)诊断:必须根据临床症状,并检查粪便查到虫卵,或剖检发现胃壁发炎、增厚,有溃疡灶,并在腺胃腔内或肌胃角质层下查到虫体可确诊。

(4)预防与治疗:①预防。做好鸭舍的清洁卫生;加强饲料和饮水卫生;勤清除粪便,堆积发酵;消灭中间宿主,并对鸡进行预防性驱虫;另外可用0.005%敌杀死或0.006 7%杀灭菊酯水悬液喷洒鸭舍四周墙角、地面和运动场;满1月龄的雏鸭可作预防性驱虫1次。②治疗。左旋咪唑,按每千克体重20～30毫克,混入饲料中喂给,或配成5%水溶液嗉囊内注射;噻苯唑,按每千克体重300～500毫克,1次内服。

第六节　健康养殖鸭的营养代谢病

一、维生素 A 缺乏症

维生素 A 的主要生物学作用是维持上皮细胞健康,当其缺乏时,导致眼、消化道、呼吸道、泌尿生殖道的上皮组织干燥并角质化,易发生眼病和呼吸道病,维生素 A 缺乏症主要表现为干眼症和夜盲症。

1. 病因

摄入不足、维生素 A 性质不稳定、极易失活、饲料贮存时间过长、饲料发霉、高温受潮等皆可造成维生素 A 和类胡萝卜素损坏,脂肪酸败变质也可加速其氧化分解。饲料中维生素 E 和蛋白质的缺乏会妨碍机体对维生素 A 的吸收。当鸭患有球虫病、蛔虫病等肠道疾病时,会影响肠道对维生素 A 的吸收,导致缺乏症。

2. 临床症状

6 周龄以内的雏鸭发病时症状十分明显,起初表现为食欲不振,生长停滞,羽毛松乱,尾部羽毛下垂,而后出现蹲伏不愿走动,驱赶时步态不稳。眼结膜发炎、流泪,有黄白色黏状分泌物,眼睑粘连,眼结膜混浊不清。病情严重时,病鸭眼内出现白色干酪状物质,眼角膜穿孔,导致失明。产蛋鸭还会出现产蛋下降、蛋壳薄而易碎。种鸭患病多为慢性经过,表现为食欲不振,羽毛松乱,呼吸道症状,产蛋下降,受精率和孵化率降低,死胚、弱胚增多。

3. 病理变化

呼吸道、消化道黏膜变性、坏死、脱落。眼、口、鼻腔、食管上皮角化,有白色微小结节,而后结节变大、坏死,融合成片,最后脱落形成假膜。随着病情加重,在气管、小肠、大肠、盲肠等处形成栓子。肾脏受损呈灰白色,部分出现尿酸盐沉积,严重者出现尿酸血症和内脏痛风。

4.防治措施

平时要注意饲料保管,不宜储存太久,防止发生酸败、霉变、发酵,以免维生素 A 被破坏。一旦发现饲料出现质量问题,不要继续使用,及时更换新鲜饲料。平时多喂富含维生素 A 的饲料,如鱼肝油、肝粉、鱼粉、小虾、胡萝卜等。要特别注重给种鸭补充充足的维生素 A 或维生素 A 原,以防止雏鸭的先天性维生素 A 缺乏症。

当鸭群出现维生素 A 缺乏症时,应及时补充维生素 A 或维生素 A 原。发病初期,每千克饲料中维生素 A 添加量为正常量的 2～4 倍,发病严重时,补充量应提高到 4 倍以上,但最高不能超过 50 倍,否则会引起中毒,连喂 10～15 天,直至鸭群恢复正常。也可添加鱼肝油,成年鸭每日 1～2 毫升,饲喂 5～10 天。

当病鸭眼部出现黏液或干酪样物质时,应先处理眼部炎症,可以用眼药水冲洗,同时补充维生素 A。

二、维生素 D_3 缺乏症

维生素 D_3 缺乏时,会导致机体对钙、磷的吸收下降,影响骨骼发育,雏鸭表现为佝偻病,成年鸭出现软骨病。

1.病因

饲料中维生素 D_3 的含量不足或者饲料酸败、发霉导致维生素 D_3 分解破坏。当鸭患有肠道、肝肾等疾病时,会影响机体对维生素 D_3 的合成与吸收,从而出现维生素 D_3 缺乏症。维生素 D_3 在体内的合成需要紫外线照射,当光照不足时容易造成缺乏症。饲料中钙、磷比例不当会消耗大量的维生素 D_3,从而出现缺乏症。

2.症状与病变

鸭发生维生素 D_3 缺乏症时,最早可在 7 天左右出现症状,这多与先天性缺乏有关。患病初期表现为生长不良、精神萎靡、羽毛蓬乱,而后出现两腿无力,走路摇摆不稳,呈"企鹅状",喜蹲伏,不愿走动,喙和爪变软而弯曲。严重时,骨骼变形,胸骨变软,跗关节肿大,出现佝偻病或软骨病。产蛋鸭还会出现软壳蛋、畸形蛋增多,产蛋量明显下降等症状,产蛋量和蛋壳质量可能有周期性变化。若不及时治疗,发病率和死亡率会不断升高。

特征性病变是胸骨和肋骨变软、弯曲,肋骨和肋软骨交接处的内侧有明显的结节突起,形成"串珠状",此处易发生骨折。严重者可见腿骨骨质疏松、变脆、易断,龙骨出现不同程度的"S"形。

3. 防治措施

不同日龄段的鸭群对维生素 D₃ 的需求量有所不同,一般来说,30日龄内的雏鸭每日需 20~60 国际单位,青年鸭每日需 60~300 国际单位,成年鸭每日需 300~500 国际单位。遇到下列情况时需在上面基础上增加用量:患有肠道、肝肾等疾病;阴雨时间较长;较长时间使用磺胺类药物。

保证饲料质量和钙、磷配比,维持充足的光照。

当鸭群发病时应及时补充维生素 D₃,一般要求每千克日粮中不低于 10 000 国际单位,也可用鱼肝油滴服,连用 3~5 天。有报道称,一次性口服 15 000 国际单位维生素 D₃ 比在饲料中添加作用更快、效果更好。

三、维生素 E 缺乏症

维生素 E 又称生育酚,维生素 E 缺乏主要发生脑软化症;如果伴有硒缺乏,则会出现渗出性素质;如果同时伴有硒和含硫氨基酸缺乏,很容易发生营养性肌肉萎缩,又称白肌病。

1. 病因

饲料中不添加多维素或添加量不足,同时又不喂青绿饲料。饲料保存不当,其中的不饱和脂肪酸发生酸败,会破坏维生素 E。特别是饲料添加较多的鱼肝油,但未做到现配现用,更容易导致酸败。鸭群患有肠道、肝、胆等疾病会影响机体对维生素 E 的吸收。维生素 E 与硒有协同作用。饲料中硒的缺乏会导致维生素 E 需要量增加,此时若不及时补充,容易引发维生素 E 缺乏症。

2.症状与病变

相对于成年鸭,8 周龄内的小鸭更容易出现维生素 E 缺乏,根据缺乏程度及与硒、含硫氨基酸的协同作用,主要表现为脑软化病、渗出性素质和白肌病。

(1)脑软化病:主要发生于雏鸭,表现为运动障碍、共济失调,头侧转或下垂,两腿麻痹、抽搐,站立不稳,而后神经症状更加明显,头后仰呈观星状,最后痉挛而死。剖检病变主要表现在脑部,小脑软化,脑膜水肿,有的表面有出血点,大脑出现坏死点或坏死灶。

(2)渗出性素质:维生素 E 缺乏伴有硒缺乏引起,以皮下水肿为主要特征。初期腿部、翅下、胸部皮下出现水肿,随着病情加重,全身出现水肿,有的部位出现蓝紫色积液。

(3)白肌病:维生素 E 缺乏伴有硒和含硫氨基酸缺乏引起,以肌肉贫血、苍白为特征。初期表现为精神萎靡,食欲减退,不愿走动,羽毛松乱,而后肌肉发白,以腿肌、胸肌为甚。剖检可见肌纤维有坏死,心肌色淡变白,肝大。

另外,当维生素 E 缺乏时,种鸭产蛋率和孵化率下降,种公鸭还会出现生殖障碍。

3.防治措施

保证饲料质量,补充足够的多维素,同时要注意补充硒和蛋氨酸,多喂新鲜的青绿饲料和谷物。做好饲料保存工作,添加鱼肝油后,要尽快用完,防止发生酸败。一旦发生酸败,坚决不能喂鸭。

鸭群出现脑软化病时,应及时补充维生素 E,一般每只鸭每天喂服 100～200 国际单位,连用 5～7 天;若出现渗出性素质和白肌病,还需每天补充亚硒酸钠 0.2～0.5 毫克、蛋氨酸 2～5 克。

四、维生素 K 缺乏症

维生素 K 缺乏时,机体的凝血系统就会出现问题,导致凝血时间明显延长、流血不止。因此即使患鸭出现轻微的创伤,也可能因为流血不止而死亡。

1. 病因

饲料中缺乏维生素 K 或存在维生素 K 的拮抗物质。鸭只患有球虫等肠道疾病及肝胆疾病时,影响了机体对维生素 K 的吸收。长期使用抗生素药物,抑制了肠道微生物的生长,导致维生素 K 的合成减少。

2. 症状与病变

发病初期,病鸭表现为生长缓慢,怕冷、扎堆,特征性症状是容易出血,腿、胸、翅部皮下有出血点或出血斑,轻微的皮肤损伤就可能导致大量出血。有的病例突然发生肝、脾、肾、肠道等器官大出血,患鸭很快死亡。剖检可见肌肉苍白,心肌、心冠脂肪、心内膜、脑膜及肠黏膜有出血点。

3. 防治措施

设计合理的饲料配方,补充足够的维生素 K,饲料保存得当,防止发生酸败、霉变,以免破坏维生素 K。当鸭群发生球虫病、沙门氏菌病或其他肠道疾病时,或者长期使用磺胺类药物时,要适当补充一定量的维生素 K。一旦发病,应及时治疗,在每千克饲料中补加 4～10 克维生素 K,连喂 5～7 天。

五、维生素 B₁ 缺乏症

维生素 B_1 又称硫胺素,维生素 B_1 的缺乏可引起神经系统和心肌代谢障碍及胃肠蠕动减弱,发生以多发性神经炎和极度厌食为主要症状的营养缺乏性疾病。

1. 病因

饲料配方设计不合理,导致饲料中维生素 B_1 含量不足,或饲料保存不当,发生霉变导致维生素 B_1 失效。鸭群患有球虫等肠道疾病,导致机体对维生素 B_1 的吸收下降。饲料高温处理,导致维生素 B_1 失效。因为豆类含有硫胺素拮抗物质,长期饲喂豆类饲料容易发生该病。母鸭长期饲喂蚬、螺等富含硫胺素酶的物质,这种酶能破坏硫胺素,不仅引起自身体内维生素 B_1 缺乏,还会导致孵化雏鸭的缺乏症。

2. 症状与病变

患病初期精神萎靡,食欲不振,体重减轻,随着病情发展,进食量下降得愈发明显,有的甚至不食,体重明显下降,脚软、乏力,不愿走动,驱赶时,走路不稳,翅膀撑地,或摔倒在地,挣扎不起,后期神经症状明显,头伸向一侧或后转,原地转圈或到处乱跑,常阵发性发作,最后出现角弓反张,倒地抽搐而死。急性发病的雏鸭突然出现间歇性神经症状,死亡较快。剖检可见雏鸭皮肤广泛性水肿,皮下脂肪有胶冻样物质,肾上腺肥大,生殖器官萎缩。

3. 防治措施

设计合理的饲料配方,补充足够的维生素 B_1,最好常喂一些新鲜青绿饲料、麦糠等富含维生素 B_1 的饲料。妥善保管饲料,防止发生霉变,一旦出现霉变,切勿喂鸭。避免长期大量饲喂蚬、螺等富含硫胺素酶的物质。由于该病一旦发生,神经症状严重,死亡率较高,等到鸭群出现神经症状后再治疗,疗效很低。因此,早预防、早发现、早治疗是防控该病的关键,一旦鸭群出现食欲下降等症状时,应及时考虑是否是维生素 B_1 缺乏症,若怀疑,应适当在饲料中添加一些维生素 B_1,以防万一。一旦确定,应尽早治疗,可在每千克饲料中添加 $10\sim20$ 毫克维生素 B_1 粉剂,病情严重的可增加用量,连用 $7\sim10$ 天。

六、维生素 B_2 缺乏症

维生素 B_2 又称核黄素,鸭维生素 B_2 缺乏症主要表现为趾爪麻痹、内翻,两腿瘫痪。

1. 病因

饲料中核黄素含量不足,或饲料存放时间太长导致核黄素失效。饲料中核黄素在紫外线、碱、重金属的作用下易受到破坏。长期饲喂高脂肪、低蛋白饲料时,机体对维生素 B_2 的需求量加大,此时若不加以补充,容易造成维生素 B_2 缺乏症。突然的降温应激或肠道疾病会影响鸭对维生素 B_2 的吸收,此时若不及时补充,也易造成缺乏症。

2. 症状与病变

雏鸭发病症状明显,成年鸭症状不明显。患病雏鸭表现为生长发育迟缓,羽毛松乱无光泽,有的出现脱毛,部分出现下痢。行动缓慢,不愿走动,驱赶时,步态不稳,伸展翅膀平衡。严重病例出现蹼爪麻痹、内翻,腿部肌肉萎缩或松弛,两腿瘫痪,以关节着地,运动失调,常展翅以维持身体平衡,最后两腿伸直,卧地不起,衰竭而死。蛋鸭发病时,会出现产蛋下降。典型的病理变化为坐骨神经肿大,内脏器官无明显病变。

3. 防治措施

设计合理饲料配方,核黄素的添加量要足够,避免饲料在阳光下暴晒,不要与碱、重金属等物质接触。注意控制鸭舍温度,尽量避免突然的降温应激。当鸭群患有肠道疾病时,在治疗的同时,注意补充核黄素。当鸭群出现维生素 B_2 缺乏症时,应及时治疗。一般每千克饲料中添加维生素 B_2 的量为 10～30 毫克,连用 1～2 周。对于症状严重、蹼爪已出现麻痹内翻的病鸭,治疗价值不高,应及时淘汰。

七、泛酸缺乏症

泛酸,又称维生素 B_3 ,当泛酸缺乏时,机体的脂肪、糖类、蛋白质代谢出现障碍,出现以皮炎、羽毛发育不良、粗糙、脱落为特征的营养代谢疾病。

1. 病因

泛酸不稳定,易受潮分解,易被酸、碱和热所破坏,因此要做好饲料的保存工作。玉米、豆粕中泛酸含量较少,长期饲喂这类饲料要注意补充泛酸。泛酸与维生素 B_{12} 之间有密切关系,维生素 B_{12} 不足常能导致泛酸缺乏症。鸭群患有肠道疾病时,应注意补充泛酸。

2. 症状与病变

患鸭表现为食欲不振,生长缓慢,羽毛发育不全,羽毛松乱、粗糙、脱落、易断。头部、蹼爪皮肤发炎,有的脚底皮肤增厚并角质化,形成赘生物或炎性肿块,影响行走。眼睑常被黏性渗出物粘连在一起而变小,周围形成小痂。以上这些症状与生物素缺乏症相似,不易区分。剖检可见口腔内有脓样物,腺胃有灰白色黏液。肝脏肿大,呈深黄色或暗红色。

3. 防治措施

饲料中泛酸量要足够,目前饲料中泛酸通常以泛酸钙的形式存在。长期饲喂玉米、豆粕中泛酸含量较少的饲料时,要注意补充泛酸。维生素 B_{12} 的不足常常会导致泛酸缺失,因此要注意补充维生素 B_{12}。发病时应及时治疗,一般每千克饲料中添加 20~30 毫克泛酸钙,或按每千克体重每天饲喂 4~6 毫克泛酸钙,连用 7 天。

八、胆碱缺乏症

鸭缺乏胆碱时,体内脂肪代谢障碍,大量脂肪沉积于肝,出现以脂肪肝为特征性病变的疾病。

1. 病因

鸭对胆碱的需要量比其他维生素都大,因此饲料中必须保证足够的胆碱,否则容易出现缺乏症。叶酸、维生素 B_{12}、维生素 C、蛋氨酸与胆碱的合成有关,它们的不足容易导致胆碱的需要量增加。肠道、肝胆疾病会影响胆碱的吸收与合成。饲料中长期添加抗生素与磺胺类药物,能够抑制胆碱的合成。

2. 症状与病变

雏鸭患病时食欲减退,生长缓慢,腿骨短粗,关节肿大,常伏地不起。蛋鸭出现产蛋率、孵化率下降。剖检可见特征性的脂肪肝,肝脏肿大、变脆,有脂肪沉积,呈土黄色,部分有出血点,甚至发生肝破裂。胫骨粗短、变形,关节发炎、积液。

3. 防治措施

鸭对胆碱的需要量很大,并且雏鸭的需要量比成年鸭大,通常雏鸭每千克饲料中胆碱的添加量要达到 1 400 毫克,成年鸭为 800 毫克,种鸭为 1 200 毫克,因此饲料中必须添加足够的胆碱。多喂玉米、豆粕等富含胆碱的饲料。日粮中注意叶酸、维生素 B_{12}、维生素 C、蛋氨酸同胆碱的合理搭配。日粮含高脂肪时,应注意补加胆碱;日粮中缺乏叶酸、维生素 B_{12}、维生素 C、蛋氨酸时也要添加适量的胆碱。长期患有肠道、肝胆疾病或使用抗生素时,要注意补充胆碱。一旦发病立即治疗,雏鸭每千克日粮中加入 600 毫克,成年鸭每千克日粮中加入 400 毫克,种鸭每千克日粮中加入 500 毫克,连用 3～4 天,然后添加量减半,再用 3～4 天。

九、烟酸缺乏症

烟酸在体内极易转化为烟酰胺,两者统称为维生素 B_3 或维生素 PP。烟酸缺乏表现为皮炎、口炎、跗关节肿大。

1. 病因

大多原料中烟酸含量较低,并且其中有相当一部分以不能被机体利用的化合物形式存在,因此在设计饲料配方时必须去掉这部分,否则会造成饲料中烟酸的缺乏。鸭对烟酸的需要量比鸡要多,一般雏鸭与成年鸭饲料中烟酸的需要量为 50～60 毫克/千克饲料。长期饲喂玉米等色氨酸含量低的饲料且不补充足够烟酸时,容易导致烟酸缺乏症。维生素 B_6 的缺乏也可能造成烟酸的缺乏。长期患有肠道疾病会影响烟酸的合成与吸收,此时不注意补充烟酸容易造成缺乏症。

2. 症状与病变

通常烟酸缺乏症多发生于雏鸭,表现为生长停滞,羽毛稀少,口炎、皮炎,皮肤粗糙。严重病例关节肿大,胫骨变形弯曲,骨粗短,滑腱炎,蹼爪弯曲,化脓性皮炎。剖检可见口腔、食道黏膜有炎性渗出物,十二指肠、胰腺溃疡、盲肠黏膜坏死脱落。

3.防治措施

根据鸭的需求量,在饲料中添加足够的烟酸,适量喂一些含蛋氨酸丰富的饲料,如鱼粉、骨粉。当鸭群患有肠道疾病时,应适当补充益生素,维持肠道微环境平衡,以促进烟酸的合成与吸收。当出现缺乏症时,应及时治疗,一般每千克饲料中添加 70～80 毫克烟酸,连喂 7 天,同时补充适量的鱼粉。

十、钙、磷缺乏症

钙、磷缺乏症造成雏鸭佝偻病、成鸭软骨病症状。

1.病因

饲料中钙、磷含量不足。鸭的生长发育对钙、磷的需求量较大,特别是在生长快速期和产蛋高峰期。饲料中钙、磷比例失调。这是导致钙、磷缺乏症的一个重要原因。一般来说,育成鸭钙与有效磷的比例约为 2：1,而产蛋鸭钙与有效磷的比例约为 8：1。维生素 D_3 的缺乏会影响钙、磷的吸收和代谢。饲料中高蛋白、高脂肪、高镁、高锌、高植酸均会影响钙、磷的吸收与代谢。环境应激、日照不足等也会影响钙、磷的吸收与代谢。

2.症状与病变

雏鸭的典型症状是佝偻病。发病初期,食欲不振,发育缓慢,羽毛生长不良,常卧地,不愿走动,然后腿骨、胸骨变软变形,易骨折,关节肿大,腿软,走路不稳,肋骨末端呈念珠状小结节。

成年鸭的典型症状是软骨病。主要出现在产蛋高峰期。表现为骨质疏松,骨骼变形,爪、喙、龙骨弯曲,常卧地不起。产蛋量下降,薄壳蛋、软壳蛋、沙皮蛋增多,同时动用骨骼中的钙,首先是髓质骨的钙完全丢失,继而逐渐将皮质骨的钙动员出来。最后骨骼因钙的耗尽而变得更加脆而易断,以致可能发生自发性骨折,尤其是趾骨、胫骨和股骨。孵化率下降。

剖检变化主要集中于骨骼,骨质疏松,弯曲变形,脆而易断,部分可见与脊柱相连处的肋骨局部有念珠状突起。

3. 防治措施

日粮中钙、磷添加量要足且比例适当,维生素 D_3 要满足鸭的需要量。日粮中注意搭配一定比例的无机盐饲料,如骨粉、贝壳粉、石粉、磷酸盐等。当出现钙、磷缺乏症时,不能简单地补充钙、磷,而应该先确定饲料中钙、磷的含量,而后根据两者的比例来调整钙、磷的含量。

十一、微量元素缺乏症

鸭常见的微量元素缺乏主要有铁、锌、硒、锰、碘的缺乏。铁的缺乏会引起鸭出现贫血。另外,缺铁还会导致羽毛发育不良,缺乏光泽。锌的缺乏会引起鸭生长不良、皮炎等症状。硒的缺乏与维生素 E 的缺乏有协同作用,会引起鸭神经系统障碍、白肌病等。锰的缺乏会造成鸭生长缓慢、骨髓生成障碍、关节肿大、运动障碍等症状。缺碘会造成鸭生长缓慢、羽毛脱落、性功能障碍等症状。

1. 病因

(1)饲料中微量元素含量设计不合理,对于各种微量元素的吸收利用率不清楚。B 族维生素的缺乏会降低各种微量元素的吸收利用;维生素 E 的缺乏会降低硒的吸收;维生素 C 可促进铁的吸收;钙、镁、植酸盐过量会降低锰、锌的吸收利用率;铜与不饱和脂肪酸的缺乏会影响锌的吸收;硫对硒有拮抗作用等。

(2)微量元素原料使用不当。对于铁、锰、锌一般采用硫酸盐较好,吸收率比较高。微量元素的粒度要有一定细度,一般要在 40 目以上,否则容易在料中分布不均匀,导致鸭采食不均导致缺乏症的发生。长期患有肠道疾病或使用药物影响微量元素的吸收。不同地区土壤中微量元素的含量不一样,缺乏某一微量元素的地区生长的作物也缺乏相应的元素,因此在各种原料中微量元素难以统一确定的情况下,对于微量元素需要量的确定一般都额外添加,而常规原料中的微量元素含量予以忽略不计。

2.症状与病变

(1)铁缺乏症:铁是构成血红蛋白和肌红蛋白的成分,而血红蛋白是机体内运输氧气的载体,因此鸭缺铁时主要症状是贫血。患鸭精神不振,食欲降低,不愿活动,生长缓慢,贫血消瘦。羽毛变淡、无光泽。喙、爪色淡。蛋鸭产蛋下降。红细胞数量减少,血红蛋白降低,肌肉苍白。

(2)锌缺乏症:患鸭食欲下降,生长缓慢,体轻消瘦,羽毛缺损,出现皮炎,特别是趾间蹼的表皮病变较为常见。雏鸭还会出现关节粗大、胫骨粗短等症状。蛋鸭产蛋率和孵化率下降,畸形蛋和畸形胚增多。

(3)硒缺乏症:本病在硒贫乏的地区多呈地方性流行。本病主要发生于雏鸭,发病快,病程短,死亡率较高。患鸭精神沉郁,反应迟钝,食欲下降,生长停滞,体重迅速下降,排绿色或白色稀粪,运动障碍,腿向两边分开,驱赶时,常以翅、喙撑地行走。严重病例瘫痪,卧地不起,有的水肿严重,腹部膨大,最后死亡。患鸭腿、胸和心脏肌肉坏死、松弛,颜色苍白,有的出现黄白色条纹,故称为白肌病。胸、腹、翅、腿皮下有黄色胶冻样浸润。鸭不出现且无明显的渗出性素质,这是与鸡硒缺乏症不同的特征。维生素 E 与硒有协同作用,维生素 E 的缺乏会加重硒缺乏症的症状。

(4)锰缺乏症:患鸭生长发育受阻,体重下降,出现骨粗短症,关节肿大,胫骨与跗骨处异常肿胀,腓肠肌腱滑出,发生脱腱症,脚外翻,行走困难,严重者难以觅食、饮水,常因饥渴而死。产蛋鸭产蛋率下降,孵化率下降明显,弱雏明显增多,常出现腿、翅、下颌短小,球形头,鹦鹉嘴,腹部突出,腹水严重,生长发育停滞。患鸭肌肉萎缩,跗、趾关节肿大,多见跗骨与趾骨弯曲,胫骨远端与跗骨近端翻转,膝关节扁平,节面光滑。骨质疏松,特别是骨骺端。

(5)碘缺乏症:鸭缺碘的主要症状是甲状腺肿大。患鸭生长缓慢,体重下降,羽毛脱落。产蛋下降甚至停产。种鸭缺碘时,孵化时间延长,死胚增多,孵化的雏鸭可能出现先天性甲状腺肿。种公鸭性功能减退。

3.防治措施

饲料中微量元素含量的设计要合理,要充分考虑到原料、维生素等对微量元素吸收利用率的影响,避免出现微量元素添加不足的现象。尽量饲喂一些微量元素含量较高的饲料原料,如含锰较高的麸皮、米糠,含铁较高的豆类、肝粉等。当怀疑鸭群发生微量元素缺乏症时,应首先对饲料进行检验,以确定是哪种微量元素缺乏,然后进行相应的补充。

第七节　健康养殖鸭的其他常见病

一、喹乙醇中毒

喹乙醇是一种合成抗菌药和促生长剂,由于具有促进鸭生长、增重加快和改善饲料转化率等作用,常被作为饲料添加剂广泛应用。

1.病因

药物用量过大或作为饲料添加剂拌料不匀是目前造成该药中毒的主要原因。

2.临床症状

病鸭精神沉郁,羽毛蓬乱,缩颈,食欲不振甚至废绝,渴欲增加,口中流涎,排血色或白绿色稀粪。有些病例伴有不同程度的神经症状,表现为共济失调,步态不稳,或翅腿僵硬,角弓反张等,最后倒地不起,肌肉震颤,痉挛性抽搐而衰竭死亡。产蛋鸭产蛋量明显下降,畸形蛋或软壳蛋增多,种蛋受精率、孵化率降低。慢性中毒病例生长发育受阻,消瘦,行走困难。经强烈阳光连续照射,可出现光过敏症。

3.病理变化

剖检可见血液凝固不良、呈暗红色;肝脏质脆、淤血;脾脏肿大、充血;心包积液增多、心肌出血;腺胃和肌胃浆膜有出血斑、乳头出血;小肠前段常见大面积出血,盲肠扁桃体肿大、出血;肾脏肿大、出血;卵泡出血、呈紫葡萄状。

4.诊断

根据病鸭用药情况、临诊症状以及全身广泛性出血等病变,一般可以作出初步诊断。如怀疑饲料中含有过量的喹乙醇,可送实验室进行检测。

5.预防

在应用中准确计算用药量,了解饲料中是否已添加喹乙醇,避免重复添加。拌药时先用少量饲料混合均匀,然后逐步扩大饲料量并搅拌均匀。

6.治疗

目前对喹乙醇中毒机理不明确,所以尚无有效治疗方法。除立即停止使用药物外,对症治疗至关重要,主要是促进肾脏排泄和保护肝脏。可饮用5%葡萄糖溶液、0.03%维生素C溶液、水溶性电解质、多维素或交替饮用肾肿灵、肾肿解毒药、0.15%碳酸氢钠溶液等,均有助于保护肝脏,增强机体的抵抗力,促进药物排出,减少死亡。

二、马杜拉霉素中毒

马杜拉霉素是新一代高效、广谱的离子载体抗生素,以其用量少,抗球虫效果显著,耐药性小而得到广泛使用,但其安全范围极窄,常因使用不当造成鸭中毒。

1.病因

药物用量过大是造成该药中毒的主要原因。

2.临床症状

病鸭精神沉郁,食欲不振,羽毛松乱,共济失调,排黄白色、黄绿色或蛋黄样稀便。个别病例表现乱飞乱跑,口流黏液,扭脖等神经症状。严重者以跗关节着地,做空叼食样动作,继而瘫痪倒地,食欲废绝,最后衰竭死亡。

3.病理变化

口、咽、鼻内有黏液,嗉囊充水充气,腺胃黏膜脱落,十二指肠充满黄白色、黄绿色或带血色的粥样内容物,黏膜弥漫性出血、脱落,盲肠黏膜出血、坏死,盲肠扁桃体、直肠后段均有出血变化。脑膜可见树枝状充血,心外膜充血、出血,肝脏呈条状出血,胆囊充盈。肾肿淤血,部分病例可见输尿管中尿酸盐沉积。

4.诊断

根据病鸭用药史、特征性临床症状如厌食、腹泻、乏力等以及剖检病理变化,可作出初步诊断。但要注意与维生素 K 和硒缺乏的营养性肌病以及肉毒梭菌毒素、食盐等中毒病进行鉴别。

5.预防

马杜拉霉素对鸭球虫病虽有很好的防治作用,但安全范围小,使用时一定要严格按规定应用。纯品应以 5 毫克/千克拌料且必须混匀,如果超过 6 毫克/千克即有发生中毒的危险。

6.治疗

立即停止喂药,及时清除食槽与地面的饲料残渣。饮用补液盐(NaCl 3.5 克,KCl 1.5 克,NaHCO$_3$ 2.5 克,葡萄糖 20 克,加水至 1 000 毫升),配合 0.1%的肾解毒药,0.02%的维生素 C 以缓解症状。饮水少或不饮者采取灌服。不能站立或食欲废绝的严重病例,肌肉注射 5%葡萄糖生理盐水 5～10 毫升/只,维生素 C 50 毫克/只,每天 1～2 次。

三、棉酚中毒

棉籽饼（粕）是重要的蛋白质饲料来源，由于棉籽饼中含有游离棉酚和环丙烯脂肪酸等有害物质，使用不当时会导致鸭中毒。

1. 临床症状

中毒鸭表现食欲减退，消瘦，缩颈，羽毛松乱，两腿无力，步态不稳。粪便稀薄，呈黑色，有一定恶臭味。产蛋鸭产蛋量急剧下降，软壳蛋、小蛋增多，种蛋孵化率降低。

2. 病理变化

胃内空虚少食，整个肠道发炎，十二指肠有弥漫性出血，肠管内充满泡沫性黏液。胆囊增大，胆囊中充满胆汁，肝脏质地较脆，表面有少量出血点，肾脏稍微肿大。部分卵巢萎缩，胸腔和腹腔有少量积液，肺脏充血、水肿。

3. 诊断

结合流行特点和病史调查，了解病鸭是否长时间大量应用棉籽饼作为动物饲料，再根据临床症状和病理变化，作出初步诊断。实验室可进行血液学检查，棉酚中毒的鸭表现为红细胞和血红蛋白减少，白细胞总数增加，中性粒细胞显著增多，单核细胞和淋巴细胞显著减少。有些病例呈现血红蛋白尿，尿中蛋白质达 4% 以上，甚至高达 7%～8%，尿沉渣中可见肾上皮细胞及各种管型。

4. 预防

用棉籽饼做饲料时，应严格控制用量，使用前需去毒处理。可将棉籽饼加温到 80～85℃，保持 3～4 小时；或加热煮沸 1 小时以上；或加大麦煮沸，冷却后除去漂浮物；也可用 2% 熟石灰水或 3% 碳酸氢钠溶液将棉籽饼浸泡一昼夜，水洗后再喂；用硫酸亚铁、生石灰各 0.5 千克，加水 100 千克配成溶液，把棉籽饼放入溶液中，浸泡 1 小时左右可去毒70% 以上。

治疗：一旦中毒，应立即停喂当前使用的饲料，更换合格的饲料。

在新购买的饲料中增加 2‰的进口鱼粉,以提高蛋白质含量。饲喂时,每千克饲料中加入 200 毫克硫酸亚铁,250 毫克多维素。对病情较重的个体灌喂 5～10 毫升 10％葡萄糖液进行补液。

四、食盐中毒症

1.病因

饲料中食盐含量过高,而饮水量又不足。成年蛋鸭由于可以自由饮水,因此较少发生食盐中毒,而雏鸭和旱养肉鸭若饲料中食盐含量超标,同时饮水得不到保障,就容易发生食盐中毒。饮水中盐浓度过高。

2.症状与病变

患鸭表现为食欲减退,饮欲增加,腹泻,排出水样粪便,部分病例皮下水肿严重,后期出现两腿瘫痪,行走困难,卧地不起,驱赶时,翅膀拍地,呼吸困难全身抽搐,最后虚脱而死。雏鸭中毒后症状尤为明显,兴奋异常,无目的地乱跑,头不断转动或后仰,有时突然翻身倒地,两脚呈划水状,很快死亡。

3.防治措施

严格控制饲料中食盐的添加量,特别是雏鸭饲料,不能超过0.5％。保持足够的饮水,特别是在夏季。一旦发现中毒,立即停喂饲料和饮水,用 5％葡萄糖饮水,并注射 5％氯化钾,4 毫升/千克体重。同时查找原因,若是饲料或饮水出现问题,应立即更换。

五、氟中毒

氟中毒主要指无机氟中毒,又分为急性氟中毒和慢性氟中毒,是由于鸭摄食了含氟量超标的饲料或饮水而引起的中毒病。

1.病因

氟中毒的原因主要包括自然因素、工业污染、矿物饲料配合不当等。造成氟中毒的自然因素主要包括土壤和饮水。大多数氟中毒是因为矿物饲料选配不当而引起的,饲料中往往需要补充磷酸盐,主要是磷酸氢钙,按规定磷矿石中氟含量要小于0.2%,饲料用磷酸氢钙中氟含量不得超过0.18%,雏鸭对氟较为敏感,在摄入高含量氟之后,可导致中毒。

2.毒理

急性中毒:首先,氟化物在胃酸作用下,形成氢氟酸,直接刺激胃肠黏膜,引起胃肠炎;其次,氟化物或氢氟酸被吸收后,与血清钙结合,造成低血钙症,鸭表现肌肉震颤、抽搐等症状。

慢性中毒:饲料中的氟,在肠道与钙结合,形成不溶性氟化钙,影响钙的吸收利用。氟化物被吸收后与血钙结合,使血钙降低,导致甲状旁腺机能亢进,骨骼渐进性脱钙,使骨质疏松。氟化物还可使成骨细胞代谢紊乱,合成胶原纤维数量减少或质量缺陷,造成骨骼的骨盐沉积不良,最终引起腿软、骨骼变形及瘫痪。

3.临床症状

急性氟中毒在临床上较少见。多在食入过量氟化物半小时后出现食欲废绝、腹胀、呼吸困难,肌肉无力、震颤、严重的抽搐、痉挛,并伴有神经症状,虚脱、出血等症状,数小时内可能死亡。慢性氟中毒表现为食欲减退,生长迟缓,羽毛无光泽,体瘦;腿软无力,站立不稳,跛行,关节肿大。严重者以跗关节着地趴伏或两脚呈八字形外翻,跛行,瘫痪;吃料困难,粪便稀薄,最后昏迷衰竭死亡。产蛋鸭还表现整群产蛋率急剧下降,受精率和孵化率下降。氟中毒的鸭多因在水中不能用脚划动,长期浸在水中而被溺死;病鸭若遇大雨天,则死亡增加。

4.病理变化

急性氟中毒病例主要表现为胃肠黏膜潮红、肿胀,并有斑点状出血。慢性氟中毒病例表现尸体消瘦,贫血,血液稀薄,全身脂肪组织胶冻样浸润,皮下组织出现不同程度的水肿。上喙柔软似橡皮样。

5.预防

加强配合饲料中氟含量的检测,以防日粮中氟超标。一旦购入含氟量偏高的磷酸钙盐等原料,又无法退货,可掺配一定比例的含氟量低的优质磷酸钙盐等原料使用,以降低饲料中氟的总含量,保证不超标。

避免饲料和饮水被氟污染,不应在含氟量高的地方放牧,不要以含氟量很高的水源作为鸭的饮水。植酸酶可提高植酸磷的利用率,可在饲料中添加植酸酶,从而减少磷酸钙盐的使用量,降低饲料中的氟含量。

6.治疗

急性氟中毒:立即停喂高氟饲料和饮水;在饮水中加入 0.5%～1%氯化钙或在饲料中加入 1%～2%乳酸钙;静脉注射氯化钙和葡萄糖酸钙。

慢性氟中毒:立即换用符合标准的全价配合饲料。在换用的饲料中适当提高钙的含量,或者添加 800 毫克/千克 $Al_2(SO_4)_3$,也可添加硼砂、硒制剂、铜制剂等,均可减轻氟中毒的症状。在饮水中添加多种维生素,如维生素 C、维生素 B 等。在饲料中添加复合维生素或饮水中添加速溶多种维生素,也可单独添加维生素 D、维生素 C 和维生素 K 等。

六、肉毒梭菌毒素中毒

鸭肉毒梭菌毒素中毒又称为软颈病或肉毒中毒,是由于鸭摄食了肉毒梭菌的毒素而引起的一种急性中毒症。

1.病因

肉毒梭菌中毒多因鸭食入大量含有肉毒梭菌毒素的变质饲料、河塘死亡鱼虾或动物腐尸及腐尸上的蛆虫等引起的一种毒素中毒,按病程可分急性和慢性两种。放牧鸭群多发。

2.毒理

肉毒梭菌在厌氧条件下能产生毒性极强的肉毒毒素,随污染的饲料经消化道吸收,经血液或淋巴液作用于中枢神经核及外周神经-肌肉接头处,阻碍乙酰胆碱释放,影响神经冲动的传递,导致肌肉迟缓性麻痹。

3.临床症状

病鸭初期表现不愿下水,精神不振,打瞌睡,两脚软弱无力,行动困难。颈部柔软无力或头颈扭曲,口流黏液,眼内含有大量分泌物,两翅下垂,两腿麻痹无力,不能饮食,羽毛松乱,易脱落。相继出现下痢,排绿色稀粪,泄殖腔黏膜外翻。中毒严重者闭目瞌睡,头颈伏地处于昏睡状态,直至死亡。严重病鸭羽毛松乱,容易拨落,也是本病的特征性症状之一。

4. 病理变化

本病缺乏特征性剖检变化,剖检可见嗉囊和胃内有消化不良的食物或腐败物,肠黏膜充血、出血及坏死,肝脏肿胀呈紫黑色,心脏外膜有小出血点,肺轻度水肿。直肠充血较严重,内有淡红色的粪便。其余未见明显变化。

5. 诊断

根据病鸭步态不稳、翅膀垂地、两腿瘫痪、肌肉麻痹、头颈软弱无力和羽毛易脱落等特征性症状,结合无明显的病理变化,以及是否与腐败的植物、死亡的动物及被污染的水源接触等情况而作出诊断。

6. 预防

本病的发生常常与夏、秋季节的气候闷热和干旱以及在厌氧条件下产生毒素有关,应避免在不洁地方放牧。搞好环境卫生,做好消毒工作,重点清除环境中肉毒梭菌及其毒素的来源。避免饲喂腐败的水生植物及有可能被腐败尸体接触过的饲料(包括草料及蔬菜)。

7. 治疗

本病无特效解毒药(肉毒梭菌 C 型抗毒素,价格昂贵,无实际意义),应采取综合措施对症治疗。发现鸭中毒后,马上用青、链霉素及维生素 C 肌肉注射,每天 2 次,连用 3 天。

立即用大剂量硫酸镁逐只灌服,以排出消化道内的毒素。以后用口服补液盐逐只灌服,每日 2 次,以增加病鸭的抗病能力。

及时清除场地内一切污秽的东西,特别是动物尸体。每天消毒一次,防止肉毒梭菌繁殖和污染。

七、高锰酸钾中毒

高锰酸钾中毒是由于鸭饮用了高浓度的高锰酸钾溶液而引起的中

毒症。

1. 病因

高锰酸钾又称过锰酸钾或灰锰氧或 PP 粉,浓度在 0.01% ～ 0.03%是安全的,当饮水中高锰酸钾浓度达到 0.03%以上,对消化道黏膜有一定的刺激和腐蚀作用,0.1%的高锰酸钾溶液可引起中毒。高锰酸钾引起中毒,多数是由于用高锰酸钾作为饮水消毒时,使用浓度过高。

2. 毒理

高锰酸钾除可使消化道黏膜受到刺激和腐蚀作用外,被吸收入血后,还能损害肾脏和大脑,钾离子对心脏有毒害作用,可使心脏受到高度抑制,导致死亡。

3. 临床症状

病鸭表现精神沉郁,卧地昏睡,部分鸭呼吸急促、流涎、伴有水样下痢、不爱活动、驱赶时走路不稳、共济失调,严重的倒地死亡。有些病鸭下颌部皮肤由于在饮高锰酸钾溶液时受到腐蚀,该处的皮肤充血、水肿。产蛋鸭所产蛋壳颜色由白色变成灰色,但其受精率、孵化率不受影响。

4. 病理变化

可见整个消化道黏膜都有腐蚀性病变,特别是食道膨大部黏膜受损严重,出现大部分黏膜充血、出血、溃疡和糜烂。严重时食道膨大部黏膜变黑,且大部分脱落。肝脏、肾脏等实质器官出现不同程度的变性。

5. 预防

高锰酸钾溶液作为饮水消毒,应将浓度控制在 0.01% ～ 0.03%安全范围内,眼观溶液呈淡粉红色。当饮水中高锰酸钾浓度达到 0.03%以上,对消化道黏膜就有一定的刺激和腐蚀作用,0.1%的高锰酸钾溶液可引起中毒。高锰酸钾是固体颗粒,配制成溶液时应该使颗粒充分溶解后再饮水,防止颗粒溶解不均造成中毒。

6.治疗

一旦中毒,可喂给大量清水,也可应用3‰双氧水10毫升,加100毫升清水稀释后冲洗食道膨大部。饮水中加入维生素C和电解多维,适当添加鸡蛋清以对消化道起保护作用。病情严重者灌服牛奶、蛋清或植物油,以保护消化道黏膜。

八、氨气中毒

氨气中毒是由于鸭吸入氨气而引起的中毒症。

1.病因

饲养密度大,管理不善,环境卫生太差,再加上通风不良,温度和湿度过高,粪便未能及时清除,就可使垫料、粪便以及混入其中的饲料等有机物在微生物的作用下发酵而产生大量氨气和其他气体。当氨气溶解在黏膜和眼内的液体中,可使角膜溃疡而失明。

2.毒理

氨在鸭组织内遇水生成氨水,可以溶解组织蛋白质,与脂肪起皂化作用。氨水能破坏体内多种酶的活性,影响组织代谢。氨对中枢神经系统具有强烈刺激作用。

3.临床症状

鸭骚动不安,眼结膜红肿、流泪,严重者可引起眼睛肿胀,角膜混浊,两眼闭合,并有黏性分泌物,视力逐渐消失。呼吸困难,张口呼吸,频频咳嗽,鼻流黏液。食欲减少甚至废绝,直至中枢神经麻痹,窒息死亡。

4.病理变化

眼结膜混浊,常与周围组织粘连,不易剥离;喉头和气管黏膜水肿、充血,并有泡沫状黏性分泌物;肺脏淤血、充血、水肿,呈暗红色;气囊膜增厚,混浊;肝脏淤血、肿大;肾脏、脾脏肿大;肠道黏膜水肿,充血或出血;皮肤、肌肉色泽暗淡;血液稀薄,尸僵不全。

5. 预防

鸭舍内要有通风换气装置,使舍内空气流通,在保证温度的前提下,尽量通风。加强鸭舍的卫生管理,密度要适当,粪便及时清理,垫料要经常更换,保持干燥。鸭舍内的空气相对湿度保持在50%~70%。定期进行消毒,特别是带喷雾消毒,可杀死或减少体表或舍内空气中的细菌和病毒,阻止粪便的分解,抑制氨气的产生,利于净化空气和环境。管好鸭群的饮水,避免饮水器溢水或漏水,防止排水样粪便,以减慢粪便发酵速度。

6. 治疗

一旦发现中毒症状,应及时打开所有通风设施,同时清除粪便,及时转移病鸭至空气新鲜处。冬季应注意做好保温工作。当鸭舍内氨气浓度较高又不能及时通风排出的情况下,建议向舍内墙壁、棚壁上喷洒稀盐酸,可迅速降低氨气的浓度。中毒严重病例可灌服1%稀醋酸5~10毫升/只,或用1%硼酸水溶液洗眼,同时饮用5%糖水,并在饲料中加入维生素C(每吨饲料用100~300克)。增加饲料中多种维生素的添加量,同时在饮水中加入硫酸卡那霉素,剂量为每升水30~120毫克,连用3~5天,或按60~250毫克/千克体重拌料,以防继发其他呼吸道病。

九、一氧化碳中毒

一氧化碳中毒,是由于鸭吸入了较多的一氧化碳,导致全身组织缺氧的一种中毒症。

1. 病因

一氧化碳俗称煤气,主要是煤炭(或木炭)在供氧不足的状态下燃烧不完全而产生的。本病多见于深秋、冬春季节,尤其育雏时,由于煤炉装置不合适或煤烟道不通畅等造成育雏室内通风不良,致使空气中的一氧化碳浓度增高,当室内一氧化碳浓度达到0.04%~0.05%以上时,便可使雏鸭发生中毒。

2. 毒理

一氧化碳进入肺泡后很快会和血红蛋白产生很强的亲和力,使血红蛋白形成碳氧血红蛋白,阻止氧和血红蛋白的结合,进而影响敏感的中枢神经(大脑)和心肌功能,造成组织缺氧,从而使鸭产生中毒症状。

3. 临床症状

急性中毒的症状为病雏表现不安,嗜睡,呆立,运动失调,呼吸困难。随后病雏不能站立,倒于一侧或伏卧,头向前伸,这是一个重要的症候。临死前发生痉挛或惊厥。亚急性中毒时,病雏表现精神沉郁、食欲下降、羽毛粗乱、不爱活动、流泪、咳嗽、呼吸困难、生长缓慢。

4. 病理变化

急性病例的主要病变是血管和各脏器的血液呈鲜红色或樱桃红色,尤其是肺脏更为明显,肺表面可见小出血点,出现肺气肿。亚急性中毒不见明显病变,不易诊断。

5. 诊断

根据发病情况、临诊症状及病理变化诊断。

6. 预防

本病着重于预防,主要是育雏阶段,保持温度适宜,通风良好,以防一氧化碳蓄积。

7. 治疗

发现一氧化碳中毒时,应立即打开门窗通风换气,或将幼雏移入空气新鲜的室内。同时要注意做好保温工作。20%维生素 C 10 毫升和葡萄糖 20 克,溶于 1 升水中以代替饮水。为预防通风换气所致的应激感染,每千克饲料中混入 100 毫克氟哌酸。

十、痛风

痛风临床上出现腿、翅关节肿大,跛行,排白色稀粪,发病率和死亡率都较高。根据尿酸盐沉积的部位分为内脏型痛风和关节型痛风,常常两者同时发生,称为混合型痛风。

1. 病因

饲料中富含粗蛋白的原料,如鱼粉、肉粉、豆粕等添加过多。传染性支气管炎、传染性肾炎沙门氏菌病、大肠杆菌病、艾美耳球虫病或磺胺类药物导致肾脏功能不全或损害时,尿酸排泄出现障碍,容易引起痛风。饲料中钙镁含量过高、草酸含量过高、维生素 A 和维生素 B 缺乏都易引发痛风。各种环境应激也会促使本病的发生。

2. 症状与病变

内脏型痛风:此型较为常见,病鸭精神萎靡,食欲不振,消瘦,贫血,排泄黏液状白色稀粪,其中含有大量白色的尿酸盐。患鸭不愿走动,不愿下水。产蛋鸭产蛋率和孵化率下降。

肾肿大,色淡,外观呈白色花斑样,输尿管扩张变粗,管腔内充满石灰样尿酸盐沉淀物。随着病情加重,心、肝、脾、胸腹膜、肠系膜、气囊都可能出现尿酸盐沉积。

关节型痛风:发病初期,病鸭常卧地,不愿走动,食欲下降,而后腿、翅关节肿大,跛行,严重病例关节变形。关节腔内含有白色黏状液体,有些骨关节面溃疡及关节囊坏死,严重者尿酸盐沉积成痛风石。

3. 防治措施

根据鸭只不同的日龄和生长阶段的营养需要,配制搭配合理的日粮,粗蛋白含量不能过高。注意补充足够的维生素、微量元素和青绿饲料。加强防疫,避免发生可能引起肾炎的传染病和中毒病。不可长期使用或过量使用药物,特别是磺胺类药物。鸭群饲养密度不要过大,通风良好,光照充足,尽量避免应激。目前尚无特效的药物。建议采取以下方法:减少饲料中粗蛋白含量,补充维生素 A、维生素 B 和青绿饲料。适当使用肾肿解毒类药物,以增强尿酸的排泄,减轻尿酸盐的沉积。饲料中适当添加氯化铵、硫酸铵或丙磺舒,有利于尿酸盐的排泄而降低血液中尿酸水平,缓解尿酸盐在组织器官或关节处的沉积,减轻肾脏的损害。一般情况下,每千克饲料添加量为:氯化铵 5~8 克,硫酸铵 2~4 克。禁止使用碳酸氢钠治疗。

第八节　健康养殖鸭常见疾病的鉴别诊断

一、鸭瘟、鸭霍乱与鸭流感的鉴别诊断

鸭瘟最容易误诊为鸭霍乱,尤其在这两种病经常流行的地区。患鸭霍乱的病鸭,除少数慢性病例外,一般不表现头颈肿胀现象;而患病鸭表现出肿头、流泪及瞬膜出血。鸭瘟病鸭的食管和泄殖腔黏膜有结痂性或假膜性的病灶,肝脏有不规则、大小不等、灰白色的坏死灶,在坏死灶的中央有鲜红的出血点或周围有出血环;而鸭霍乱并无此病变。鸭霍乱病例的肺脏常有严重病变,呈现弥漫性充血、出血和水肿,病程稍长的病例会出现大叶性肺炎;而鸭瘟病例的肺脏并无此明显变化,只见颈部皮肤呈现炎性水肿。

鸭流感(特别是高致病性鸭流感的某些血清亚型毒株)引起鸭发病,并导致气管黏膜、肌胃角质层下黏膜、肠黏膜充血出血,肠黏膜也常形成溃疡病灶,极容易与鸭瘟的病变混淆。然而,鸭流感引起的病变,绝对不可能出现鸭瘟病例的肝脏及食管、泄殖腔黏膜的特征性病变。

二、鸭花肝病与几种常见鸭病的鉴别

雏番鸭目前流行的"花肝病",在较长时间内虽然从病例中分离到病毒,但也有学者分离到大肠杆菌、沙门氏菌、多杀性巴氏杆菌、鸭疫里默氏杆菌等,因此,"花肝病"的病原一直未能确定。而引起肝脏出现坏死性肝炎的原因又很多,故又把本病称之为番鸭的"花肝病"。现在已有报道从本病的病例中分离到致病性病毒,并证明是属雏番鸭呼肠孤病毒。雏番鸭呼肠孤病毒性坏死肝炎流行时,常发现同时混合感染某

些病原菌,故需进行鉴别诊断。

1. 与雏番鸭细小病毒病鉴别

雏番鸭细小病毒是引起5周龄内雏番鸭一种急性、亚急性、高发病率和高死亡率的传染病。此病以表现喘气、厌食、腹泻、脱水等症状为主。特征性病变是肠管黏膜发生炎症和胰腺炎,而肝脏和脾脏极少见弥漫性、大小不一和灰白色坏死病灶。而番鸭呼肠孤病毒病的病鸭有极少或没有喘气症状,病变主要见肝脏出现密集的灰白色、针头大小的坏死点。

2. 与鸭疱疹病毒性坏死性肝炎

白点病的鉴别:"白点病"的特点是该病主要侵害8～90日龄的鸭(雏番鸭、半番鸭和麻鸭),患鸭常出现神经症状。其肝脏虽然出现了灰白色的坏死灶,但消化管黏膜可见到出血斑。而"花肝病"却无出血现象。

3. 与鸭病毒性肝炎的鉴别

鸭病毒性肝炎是由肝炎病毒引起的雏鸭(包括其他鸭种)发生的一种急性传染病,其病变特征是肝脏肿大,出现大小不一的出血斑,而"花肝病"却无此病变。

4. 与鸭沙门氏菌的鉴别

由鼠伤寒沙门氏菌、肠炎沙门氏菌等所引起的雏鸭沙门氏杆菌,其特征是严重腹泻,肝脏虽然肿大,实质常有细小的灰黄色坏死灶(即所谓伤寒小结节),但肝脏呈红黑色或古铜色,也有呈灰黄色,还可见到条纹状或点状出血,这点是本病中所没有的。

5. 与鸭氏杆菌病的鉴别

多杀性巴氏杆菌病是由多杀性巴氏杆菌引起的一种败血性传染病,能使多种禽类的各种日龄鸭发病,肝脏具有特征性坏死灶,即数量不等、边缘整齐、针尖大小、稍突出于肝被膜表面、灰白色的坏死灶。除此之外,各器官的浆膜和黏膜均有出血点或出血斑,本病没有这些变化。

6.与鸭疫里默氏杆菌病的鉴别

以囊炎为主,肝脏并无"花肝"的变化。

第九节　健康养殖鸭的抗体检测与药敏试验

一、血清学诊断技术

1.快速全血平板凝集反应

在某些微生物、红细胞的悬液中,加入含有特异性抗体的血清,在有电解质参与下,经过一定时间,抗原与抗体结合,凝聚在一起,形成肉眼可见的凝块,这种现象称为凝集反应。此法操作简单,设备要求不高,而且快速、准确、微量,适用于大群鸭的检疫。

操作方法:取洁净玻璃板一块,用玻璃铅笔划成约 4 厘米的小格,每列 5 格。将诊断抗原充分振荡均匀,用滴管吸取抗原一滴(0.05 毫升),于玻璃板的小方格中央,将待检鸭编号,与玻璃板上的编号一致。用针头刺破翅静脉,使之出血,用铂金耳环蘸取一满环全血(约 0.02 毫升),立即与玻璃片上的诊断抗原混匀,并涂成 1～2 厘米直径的圆形。轻轻转动玻璃板,混匀,2～3 分钟内观察结果,若为阳性,即可出现凝集颗粒或凝集块。

结果判定:每次检验时,都要设抗原与标准阳性血清和标准阴性血清的对照。反应结果判定如下:一(阴性反应),玻片上的混合物保持原来的均匀混浊状态;十(可凝反应),3 分钟以上出现少数细沙粒状凝集,常凝集于中央,底面仍呈一致浑浊者;十十(弱阳性反应),3 分钟左右抗原凝集成小颗粒状,有时分布在边缘,底面仍浑浊者;十十十(阳性反应),2～3 分钟内抗原凝集成很多大小不等的块状凝集,底面略有浑浊者;♯(强阳性反应),数秒钟至 1 分钟内出现很多大块或小块凝集,底液澄清。

2.血凝和血凝抑制试验

许多病毒能够凝集某些种类动物(如鸡、鹅、豚鼠和人)的红细胞。正黏病毒和副黏病毒是最主要的红细胞凝集性病毒,其他病毒包括细小病毒、某些肠道病毒和腺病毒等也有凝集红细胞的作用。

微量血凝试验(HA):"V"形血凝板的每孔中滴加生理盐水 50 微升,吸取抗原滴加于第一列孔,每孔 50 微升,然后由左至右顺序比稀释至第 11 列孔,再从第 11 列孔各吸 50 微升弃去,最后一列不加抗原作对照。于每孔中加入 0.8%~1%红细胞悬液 50 微升,置微型混合器上振荡 1 分钟,或用手持血凝板绕圈混匀,放室温下(18~20℃)30~40分钟,根据血凝图像判定结果。以出现完全凝集的抗原最大稀释度为该抗原的血凝滴,每次四排重复,以几何均值表示结果。计算出含 4 个血凝单位的抗原浓度。计算公式为:抗原应稀释倍数＝血凝滴度/4。

微量血凝抑制试验(HI):在 96 孔"V"形板上进行,用 50 微升移液管加样和稀释。先取生理盐水 50 微升,加入第一孔,再取浓度为 4 个血凝单位的抗原依次加入 3~12 孔,每孔 50 微升,第二孔加浓度为 8个血凝单位的抗原 50 微升。用稀释器吸被检血清 50 微升于第一孔(血清对照)中,挤压混匀后吸 50 微升于第二孔,依次倍比稀释至第 12孔,最后弃去 50 微升。置室温(18~20℃)下作用 20 分钟。用稀释器滴加 50 微升红细胞悬液于各孔中,振荡混匀后,室温下静置 30~40 分钟,判定结果。每次测定应设已知滴度的标准阳性血清对照。

结果判定:在对照出现正确结果的情况下,完全抑制红细胞凝集的最大稀释度为该血清的血凝抑制滴度。

3.琼脂免疫扩散试验

琼脂免疫扩散试验(AGP)是利用可溶性抗原与可溶性抗体的分子均可在琼脂网状基质中移动与扩散的原理进行的。AGP 的主要优点是简便、微量、快速、准确。

操作方法:检验血清抗体(被检鸭血清):用微量移液器分别将各被检血清按顺序在周边孔中每隔一孔加一样品。向中心孔内滴加琼扩抗原。向余下的周边孔内加入阳性血清。将加样完毕的琼脂加盖后,平放于带盖的湿盒内,置 37℃温箱中,24 小时内观察记录结果。

结果判定:被检材料与抗原(阳性血清)之间形成清晰的沉淀线,并与标准阳性血清与抗原之间的沉淀线相吻合,判为阳性反应。

4.酶联免疫吸附试验

酶联免疫吸附试验(ELISA)是免疫酶标记技术中的一个类型,广泛应用于鸡病的血清学诊断。该技术具有简便、敏感、安全、快速的优点,用于鸭群抗体检测有利于了解和掌握鸭群的免疫情况。

方法主要有间接法、双抗体夹心法、竞争法、斑点 ELISA(Dot-ELISA)。

(1)酶联免疫吸附试验操作流程。

预实验:ELISA 在正式试验前必须进行预备试验,以确定酶联合物和抗原的最适浓度,以及底物的最适时间等。

正式试验:用酶标板作试验的测定流程见表 10-1。

(2)结果判定:①直观判定。只需回答"阳性"或"阴性"时,可直观判定。凡待检血清孔的颜色比空白对照孔和阴性血清对照孔的颜色深者均判为阳性。②酶标仪判定。可按吸收光绝对值或被检样品吸收值/阴性对照样品吸收值的比值表示。若样品的吸收值超过规定的吸收值(一般为 0.2~0.4)判为阳性。比值判定法,即比值高于一定数值(一般为 2~3,随样品种类而不同),判为阳性。

5.核酸探针技术

(1)基本原理:根据核酸分子的互补特性,单链的 DNA 或 RNA 可与其碱基顺序互补的另一个单链的 DNA 或 RNA 匹配而结合成稳定的复式结构。通过放射性或非放射性标记已知的核酸片段,当被检核酸序列与之结合时,就可以通过标记信号将未知核酸片段检测出来。核酸探针的标记方法,包括切口平移法、随机引物法、PCR 法等。用于标记的核酸片段可以是 DNA、RNA、cDNA 或合成的寡核苷酸。

表 10-1　抗体和抗原的 ELISA 测定流程

间接法	双抗体夹心法	竞争法
①用包被缓冲液配制的抗原 0.3 毫升在 4℃ 致敏过夜	用以包被缓冲液适当稀释的含特异性抗体的溶液 0.3 毫升在 4℃ 致敏过夜	同双抗体夹心法
洗涤		
②加 0.3 毫升用 PBS-Tween 稀释的血清在室温孵育 2 小时	加 0.3 毫升用 PBS-Tween 稀释的认为含抗原的溶液在室温孵育 2 小时	将被测含抗原的溶液与酶标记的抗原混合,两者用 PBS-Tween 作不同倍数稀释,在试管内或未致敏的孔内置室温至少孵育 30 分钟,将上述混合物 0.3 毫升移吸到每个致敏孔内,在室温孵育 3 小时
洗涤		
③加 0.3 毫升用 PBS-Tween 稀释的酶标记的抗球蛋白溶液,在室温孵育 3 小时	加 0.3 毫升用 PBS-Tween 稀释的酶标记的特异性抗球蛋白溶液,在室温孵育 3 小时	
洗涤		
④加 0.3 毫升新配制的底物溶液(OPD＋H_2O_2) ⑤每孔加 0.05 毫升 12 摩尔/升 H_2SO_4 终止反应 ⑥用分光光度计在内 449 纳米读取每孔内溶液的光吸收值		

（2）一般步骤：

①杂交膜的制备：戴上一次性手套,取载体膜(尼龙膜或醋酸纤维膜),用 10×SSC 预先浸润。将膜铺于含菌落或噬菌斑的琼脂平板上 1～2 分钟,小心将膜取下,菌落面朝上放在变性液浸湿的吸水纸上。将膜转至一叠中和液浸透的吸水纸上处理 3 分钟,现重复一次。以 20×SSC 洗膜后,转至干滤纸上干燥,用钝铅笔在载体膜上画 1 厘米²的方格,然后以 10×SSC 浸湿。将 DNA 样品于 95℃ 煮 5 分钟,冰上冷却,并加入 2 倍体积预冷的 20×SSC。每个样品吸取 2 微升依次点到格子中央。将膜放在变性液中处理 5 分钟。然后转至中和液中处理 1 分钟。用干滤纸吸去水分,在空气中干燥后进行 DNA 固定。

将 DNA 样品进行电泳,完毕后,将琼脂糖凝胶在 0.25 摩尔/升 HCl 中处理至溴酚蓝变色,再处理 10 分钟。用蒸馏水冲洗,将凝胶转入中和处理 30 分钟。再用蒸馏水冲洗,于中和液中处理 15 分钟。在一瓷盘中加入 300～600 毫升印迹缓冲液(20×SSC),并在其上以玻璃板和层析滤纸作桥。将凝胶铺到纸桥上,裁取略大于胶面的杂交膜,做好标记后以去离子水浸透,小心贴于胶面。裁 3 张略大于胶面的滤纸以印迹缓冲液浸湿后加于干膜上。用封口膜封住凝胶四周以防短路,加上一叠吸水纸、一块玻璃板和一个重物。印迹 2～16 小时,取出膜于 2×SSC 中冲洗 5 分钟,吸去多余水分,干燥后进行 DNA 固定。

②核酸印迹的固定:杂交膜在空气中干燥或 80℃烘 10 分钟,用保鲜膜包好,核酸面向下放在紫外灯(波长 312 纳米)下照射 2～5 分钟。80℃烘 2 小时。

③杂交及检测(以放射性 DNA 探针印迹杂交为例):配制预杂交液(5×SSPE,5×Deharts,0.5%SDS),将尼龙膜装入杂交袋,并加入 2.5 毫升预杂交液。热变性 0.5 毫升超声波处理的鲥鱼精 DNA,100℃煮 5 分钟,迅速于冰中冷却,加入预杂交液。赶尽气泡后,将膜封口,于 65℃水浴过夜。将标记的 DNA 探针,100℃煮沸 5 分钟变性,加到含样品 DNA 预杂交液中。赶除气泡,封口后,65℃孵育过夜。洗膜:2×SSPE,0.1%SDS,室温,10 分钟;2×SSPE,0.1%SDS,室温,10 分钟;1×SSPE,0.1%SDS,65℃,10 分钟;0.1×SSPE,0.1%SDS,65℃,10 分钟。取出杂交膜,吸去多余水分,用保鲜膜包好,暗室压 X 光底片,进行放射性显影。以出现特异性核酸条带者为阳性。

6.多聚酶链反应技术

多聚酶联反应(PCR)技术具有极高的敏感性、准确性和特异性,在短短的十来年间取得飞速发展,出现了 RT-PCR、逆转 PCR、非对称 PCR、连接子-PCR、标记 PCR、复合 PCR 和两步控湿法 PCR 等,现已广泛应用于鸭病的诊断和研究。

(1)基本原理:根据已知的待扩增的 DNA 片段序列,人工合成与该 DNA 两条链末端互补的两段寡核苷酸引物,在体外将待检 DNA 序列(模板)在酶促作用下,通过模板多次反复变性、退火、延伸 3 个循环过程进行 DNA 扩增。双链 DNA 的结构靠氢键来维持,当 DNA 的外环境改变时,如温度升高或受到碱影响等,DNA 的氢键就会受破坏,使 DNA 双链分开成为单链,这就是 DNA 变性。DNA 是否变性,变性程度如何,可通过测定 DNA 的 OD_{260} 值来估算,DNA 变性后,OD_{260} 值增大。当 DNA 溶液的浓度为 50 微升/毫升时,双链 DNA 的 $OD_{260}=1.00$;单链 DNA 的 $OD_{260}=1.37$;自由核苷酸的 $OD_{260}=1.60$。

复性又称退火或杂交,在一定条件下,变性 DNA 可以复原为双链的自由状态的 DNA 单链之间的压力,可用 $0.15\sim0.5$ 摩尔/升的 NaCl。另外,复性需一定的温度,消除同一条内部形成的氢键。

最适温度下,有 4 种 dNTP 底物存在时,DNA 聚合沿着引物和模板复合物由 5′端向 3′端延伸,而新合成的引物延伸链则可作为下一轮循环反应的模板。

变性、退火、延伸 3 步被确定为 PCR 的一轮循环,整个 PCR 过程一般需要进行 $25\sim30$ 个循环。

(2)反应的基本条件。

①DNA 聚合酶:DNA 聚合酶在 PCR 反应中起着关键作用,最初是用大肠杆菌聚合酶Ⅰ的大片段进行 PCR 反应。延伸步骤的温度维持在 37℃。由于它在 95℃以上的变性温度下完全失活,因而每一循环的变性步骤之后要添加 DNA 聚合酶;后来改用 TapDNA 聚合酶,此酶能经受 95℃高温,并在 $65\sim70$℃催化聚合反应,使得引物与模板结合的专一性高,聚合反应较顺利。

②模板:DNA 和 RNA 均可作为模板,但 RNA 作为模板时,需用反转录酶反转录成 cDNA 才能进行 PCR 循环。模板核酸可以来自细菌、病毒、霉形体等,但无论何种样品,在做 PCR 之前,均需做适当提纯。

③引物:设计引物应注意,两个引物分别位于模板序列两条链的 5′端同源,与模板 3′端互补。引物不可形成发夹结构,尤其 3′端,不能有同一序列的反相重复,不应有大于 5 bp 的反相重复。两个引物内避

免有同源序列,避免回纹结构。引物与核酸序列数据库中除模板外的其他序列无同源性。引物组成应均匀。避免有相同碱基多聚体。引物的 G+C 含量最好在 $40\%\sim60\%$,T_m 值应在 $55\sim75℃$。引物可以加上酶切点。在 100 微升 PCR 反应液中,引物浓度在 $20\sim50$ 皮摩尔。

④镁离子浓度:由于 TapDNA 聚合酶与许多聚合酶都依赖镁离子,镁离子浓度低,酶无活性,但是镁离子浓度高会导致 PCR 扩增产物特异性差,所以镁离子浓度很重要。当首次做某一 DNA 的 PCR 时,都应进行镁离子的最佳滴定。

⑤脱氧核苷三磷酸:dNTP 在饱和浓度(每种 dNTP 200 微摩尔/升)下使用。

⑥变性温度和时间:变性温度在 PCR 中起着至关重要的作用,因为在 PCR 中首先必须使模板 DNA、cDNA 或引物充分解链,这就要求一定的变性温度,同时也要求一定的变性时间,通常是 94℃5 分钟。

⑦复性温度与时间:复性温度决定 PCR 反应的特异性。尤其是引物的碱基组成与模板 DNA 序列的匹配程度。复性温度一般在 $37\sim68℃$ 之间。复性时间每循环 $1\sim2$ 分钟。

⑧延伸温度与时间:延伸温度一般是 72℃,延伸时间取决于模板长度和浓度。例如 2 KB 模板需 1 分钟,$3\sim4$ KB 模板需 $3\sim4$ 分钟,延伸时间过长会反应出现非特异性。PCR 最后一次延伸一般为 72℃,$5\sim10$ 分钟。

⑨循环次数:循环次数多,易增加误配率。过多的循环会产生平台效应。最适循环数取决于模板的初始浓度。PCR 一般进行 $25\sim30$ 个循环。

⑩滞后时间:变性、复性、延伸的温度转换所需时间称滞后时间,滞后时间越短越好。

二、药敏试验

抗菌药对细菌性传染病的控制起到了非常重要的作用,但由于养殖过程中不科学的、盲目的滥用抗菌药,很多致病性细菌产生了耐药性。随着新型致病菌的不断出现,抗菌药的防治效果越来越差。并且各种致病菌对不同的抗菌药物的敏感性不同,同一细菌的不同菌株对不同抗菌药物的敏感性也有差异。这就需要利用药敏实验进行药物敏感度的测定,以便准确有效地利用药物进行治疗。药敏试验的操作方法,简单介绍如下。

1. 实验材料

(1)普通营养琼脂培养基:可去生化试剂店购买,做不同细菌的药敏试验可选择不同的培养基,如做大肠杆菌的药敏试验可选择普通营养琼脂或麦康凯培养基,做沙门氏菌可选择血清培养基。

(2)药敏试纸:购买或自制(详见实验准备)。

(3)细菌:待做药敏试验的细菌。

(4)其他用具:接种环、酒精灯、打孔器、牛津杯、移液器、滴头。

2. 实验准备

(1)药敏片的准备:购买或自制。

(2)药敏片的制备:取新华 1 号定性滤纸,用打孔机打成 6 毫米直径的圆形小纸片。取圆纸片 50 片放入清洁干燥的青霉素空瓶中,瓶口以单层牛皮纸包扎。经 15 磅 15~20 分钟高压消毒后,放在 37℃ 温箱或烘箱中数天,使完全干燥。

(3)抗菌药纸片制作:在上述含有 50 片纸片的青霉素瓶内加入药液 0.25 毫升,并翻动纸片,使各纸片充分浸透药液,翻动纸片时不能将纸片捣烂。同时在瓶口上记录药物名称,放 37℃ 温箱内过夜,干燥后即密盖,如有条件可真空干燥。切勿受潮,置阴暗干燥处存放,有效期 3~6 个月。

(4)药液的制备(用于商品药的试验):按商品药的使用治疗量的比例配制药液;如商品药百病消按其说明量治疗量 0.01% 饮水,可按这个比例配制药液,可取 10 毫克加入 10 毫升的水中混匀。此稀释液即为用于做药敏试验的药液。

3.实验操作方法

(1)药敏片法:在"超净台"中,用经(酒精灯)火焰灭菌的接种环挑取适量细菌培养物,以划线方式将细菌涂布到平皿培养基上。具体方式;用灭菌接种环取适量细菌分别在平皿边缘相对四点涂菌,以每点开始划线涂菌至平皿的1/2。然后,找到第二点划线至平皿的1/2,依次划线,直至细菌均匀密布于平皿。

将镊子于酒精灯火焰灭菌后略停,取药敏片贴到平皿培养基表面。为了使药敏片与培养基紧密相贴,可用镊子轻按几下药敏片。为了能准确地观察结果,要求药敏片能有规律地分布于平皿培养基上;一般可在平皿中央贴一片,外周可等距离贴若干片(外周一般可贴7片),每种药敏片的名称要记住。

将平皿培养基置于37℃温箱中培养24小时后,观察效果。

(2)牛津杯法:在"超净台"中,用经(酒精灯)火焰灭菌的接种环挑取适量细菌培养物,以划线方式将细菌涂布到平皿培养基上。具体方式;用灭菌接种环取适量细菌分别在平皿边缘相对四点涂菌,以每点开始划线涂菌至平皿的1/2。然后,找到第二点划线至平皿的1/2,依次划线,直至细菌均匀密布于平皿。

以无菌操作将灭菌的不锈钢小管(内径6纳米、外径8纳米、高10纳米的圆形小管,管的两端要光滑,也可用玻璃管、瓷管),放置在培养基上,轻轻加压,使其与培养基接触无空隙,并在小管处标记各种药物名称。每个平板可放4~6支小管。待1分钟后,分别向各小管中滴加一定数量的各种药液,勿使其外溢。置37℃培养8~18小时,观察结果。

将平皿培养基置于37℃温箱中培养24小时后,观察效果。

(3)打孔法:该法较简单,成本低,易操作,比较适用于商品药物的检测。

在"超净台"中,用经(酒精灯)火焰灭菌的接种环挑取适量细菌培养物,以划线方式将细菌涂布到平皿培养基上。具体方式;用灭菌接种环取适量细菌分别在平皿边缘相对四点涂菌,以每点开始划线涂菌至平皿的 1/2。然后,找到第二点划线至平皿的 1/2,依次划线,直至细菌均匀密布于平皿。

以无菌操作将灭菌的不锈钢小管(外径为 4 毫米、孔径与孔距均为 3 毫米,管的两端要光滑,也可用玻璃管、瓷管),放置在培养基上打孔,将孔中的培养基用针头挑出,并以火焰封底,使培养基能充分地与平皿融合(以防药液渗漏,影响结果)。

加样:按不同药液加样,样品加至满而不溢为止。将平皿培养基置于 37℃温箱中培养 24 小时后,观察效果。

4. 结果观察

在涂有细菌的琼脂平板上,抗菌药物在琼脂内向四周扩散,其浓度呈梯度递减,因此在纸片周围一定距离内的细菌生长受到抑制。过夜培养后形成一个抑菌圈,抑菌圈越大,说明该菌对此药敏感性越大,反之越小,若无抑菌圈,则说明该菌对此药具有耐药性。其直径大小与药物浓度、划线细菌浓度有直接关系。

5. 判定标准

药敏实验的结果,应按抑菌圈直径大小作为判定敏感度高低的标准。见表 10-2、表 10-3。

表 10-2　药物敏感实验判定标准　　　　　　　毫米

抑菌圈直径	敏感度	抑菌圈直径	敏感度
20 以上	极敏	10 以下	低敏
15～20	高敏	0	不敏
10～14	中敏		

表 10-3　常用药物敏感实验判定标准参考

抗菌药物	纸片含药量/(毫克/片)	抑菌圈直径/毫米		
		低敏	中敏	高敏
四环素	30	≤14	15～18	≥19
红霉素	15	≤13	14～22	≥23

续表 10-3

抗菌药物	纸片含药量/(毫克/片)	抑菌圈直径/毫米		
		低敏	中敏	高敏
杆菌肽	10 国际单位	≤8	9～12	≥13
氯霉素	30	≤12	13～17	≥18
多黏菌素	300 国际单位	≤8	9～11	≥12
痢特灵	100	≤14	15～16	≥17
氟哌酸	5	≤12	13～16	≥17
环丙沙星	5	≤15	16～20	≥21
恩诺沙星	5	≤14	15～17	≥18
氧氟沙星	5	≤12	13～15	≥16
左旋氧氟沙星	5	≤13	14～16	≥17
丁胺卡那霉素	30	≤14	15～16	≥17
卡那霉素	30	≤13	14～17	≥18
链霉素	10	≤11	12～14	≥15
新霉素	30	≤12	13～16	≥17
氨苄青霉素	10	≤13	14～17	≥17
磺胺类	100	≤12	13～16	≥17

6.影响药敏结果的因素

(1)培养基:应根据试验菌的营养需要进行配制。倾注平板时,厚度合适(5～6 毫米),不可太薄,一般 90 毫米直径的培养皿,倾注培养基18～20 毫升为宜。培养基内应尽量避免有抗菌药物的颉颃物质,如钙、镁离子能减低氨基糖苷类的抗菌活性,胸腺嘧啶核苷和对氨苯甲酸(PABA)能拮抗磺胺药和 TMP 的活性。

(2)细菌接种量:细菌接种量应恒定,如太多,抑菌圈变小,能产酶的菌株更可破坏药物的抗菌活性。

(3)药物浓度:药物的浓度和总量直接影响抑菌试验的结果,需精确配制。商品药应严格按照其推荐治疗量配制。

(4)培养时间:一般培养温度和时间为 37℃ 8～18 小时,有些抗菌药扩散慢如多黏菌素,可将已放好抗菌药的平板培养基,先置 4℃冰箱内 2～4 小时,使抗菌药预扩散,然后再放 37℃温箱中培养,可以推迟细菌的生长,而得到较大的抑菌圈。

思考题

1.当前鸭病流行呈现出的特点有哪些?

2.健康养殖鸭场生物安全控制措施有哪些?

3.健康养殖鸭的病毒病主要有哪几种? 各有什么特点? 如何预防和治疗?

4.健康养殖鸭的细菌病主要有哪几种? 各有什么特点? 如何预防和治疗?

5.健康养殖鸭的寄生虫病主要有哪几种? 各有什么特点? 如何预防和治疗?

6.健康养殖鸭的营养代谢病主要有哪几种? 如何预防和治疗?

7.健康养殖鸭的其他常见病主要有哪几种? 如何预防和治疗?

8.如何将鸭瘟、鸭霍乱与鸭流感进行鉴别诊断?

9.鸭健康养殖抗体检测技术有哪些?

10.鸭健康养殖药敏试验的方法有几种? 如何操作?

参 考 文 献

[1] Y. M. Saif. 2005. 禽病学. 11 版. 苏敬良，高福，索勋，主译. 北京：中国农业出版社.

[2] 陈伯伦. 2008. 鸭病. 北京：中国农业出版社.

[3] 陈国宏. 2000. 鸭鹅饲养技术手册. 北京：中国农业出版社.

[4] 陈烈. 2009. 科学养鸭指南. 北京：金盾出版社.

[5] 陈烈. 2009. 科学养鸭(修订版). 北京：金盾出版社.

[6] 陈烈. 2010. 科学养鹅. 2 版. 北京：金盾出版社.

[7] 龚道清. 2004. 工厂化养鹅新技术. 北京：中国农业出版社.

[8] 顾宪红. 2011. 动物福利和畜禽健康养殖概述. 家畜生态学报，(36)：6.

[9] 侯水生，黄苇，高宗耀. 2008. 健康养鸭问答. 北京：中国农业出版社.

[10] 黄炎坤，韩占兵. 2004. 新编水禽生产手册. 郑州：中原农民出版社.

[11] 黄炎坤，王娟娟. 2011. 家禽的健康养殖源自生产管理的标准化. 中国家禽，33(12)：7-10.

[12] 黄炎坤，等. 2007. 家禽生产. 郑州：河南科学技术出版社.

[13] 金灵，叶慧，高玉云，等. 2011. 家禽环境与健康养殖研究进展. 中国家禽，(33)：8.

[14] 郎丰功. 2000. 山东家禽. 济南：山东科学技术出版社.

[15] 李昂. 2003. 实用养鹅大全. 北京：中国农业出版社.

[16] 萨姆布鲁克·J，拉塞尔·D·W. 2002. 分子克隆实验指南. 3 版. 黄培堂，王嘉玺，朱厚础，等译. 北京：科学出版社.

[17] 宋立，宁宜宝，张秀英，等. 2005. 中国不同地区家禽大肠杆菌血

清型分布和耐药性比较研究.中国农业科学,38(7):1 466-1 473.

[18] 王宝维.2009.中国鹅业.济南:山东科学技术出版社.

[19] 王克华,童海兵.2005.工厂化养鸭新技术.北京:中国农业出版社.

[20] 王丽娜,黄素珍.2011.浅谈畜禽健康养殖的制约因素及解决方案.黑龙江畜牧兽医,2:23-24.

[21] 王培林,王成武.2011.浅谈规模健康养殖.中国畜禽种业,6:33-34.

[22] 王生雨,程好良,刘海军,等.2012.旱养模式下饲养密度和公母配比对肉种鸭生产性能的影响.中国家禽,34(8):21-23.

[23] 王生雨,李惠敏,占志平,等.2012.不同限饲水平对产蛋期肉种鸭生产性能的影响.动物营养学报,24(3):447-452.

[24] 王生雨,连京华,李惠敏.2012.家禽健康养殖技术应用的建议.中国家禽,34(22):46-48.

[25] 王生雨,吕明斌,程好良,等.2012.饲粮代谢能水平对樱桃谷肉种鸭产蛋性能的影响.动物营养学报,24(2):259-264.

[26] 王晓峰.2011.肉鸡健康养殖低碳减排技术措施.中国家禽,33(14):56-57.

[27] 言天久,潘懿,韦平,等.2007.鸭疫里默氏杆菌病病原分离、血清型鉴定及病例防治报告.中国畜牧兽医,34(12):99-100.

[28] 杨宁.2002.家禽生产学.北京:中国农业出版社.

[29] 于学辉,程安春,汪铭书,等.2008.鸭源致病性大肠杆菌的血清型鉴定及其相关毒力基因分析.畜牧兽医学报,39(1):53-59.

[30] 岳永生.2007.养鸭手册.2版.北京:中国农业大学出版社.

[31] 张晓东,田露营.2011.大力推进健康养殖提升畜产品国际竞争力.当代畜禽养殖业,2:3-8.

[32] 张秀美.2004.禽病防治完全手册.北京:中国农业出版社.